常见宝石矿物

图 3-2-1　金刚石

图 1-2-9　玫瑰红红色色调的红宝石与蓝宝石　　　　　图 5-1-1　绿柱石
（美国 Jeffery Scovil 摄影，刘光华提供）

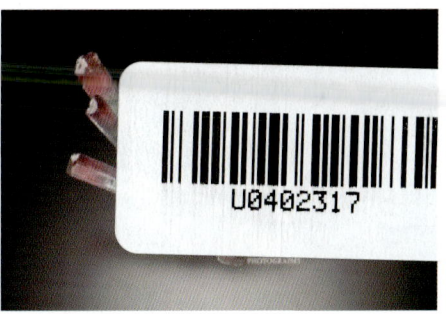

图 1-3-1　不同颜色的绿柱石与各种颜色的电气石（美国 Jeffery Scovil 摄影，刘光华提供）

图 4-3-1　尖晶石　　　　　　图 5-3-1　石榴石　　　　　　图 4-4-1　水晶

常见玉石原石

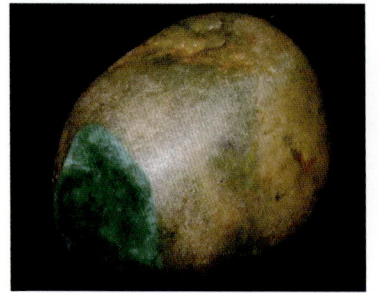

图 5-8-1　翡翠

图 5-9-1　和田玉

图 5-10-1　蛇纹石玉

图 5-11-1　独山玉

图 2-3-3　美国波尔克县绿松石（据GIA）

图 6-3-1　菱锰矿

图 6-6-1　青金石

图 6-4-1　孔雀石

图 6-9-1　海纹石

彩色宝石

图1 彩色钻石

图2 粉碧玺　　图3 绿碧玺　　图4 帕拉伊巴碧玺　　图5 祖母绿

图6 红宝石　　图7 星光蓝宝石　　图8 粉色蓝宝石　　图9 猫眼

图10 尖晶石　　图11 海蓝宝石　　图12 摩根石　　图13 坦桑石

图14 黄水晶　　图15 芬达石　　图16 沙弗莱石　　图17 托帕石

翡翠的种

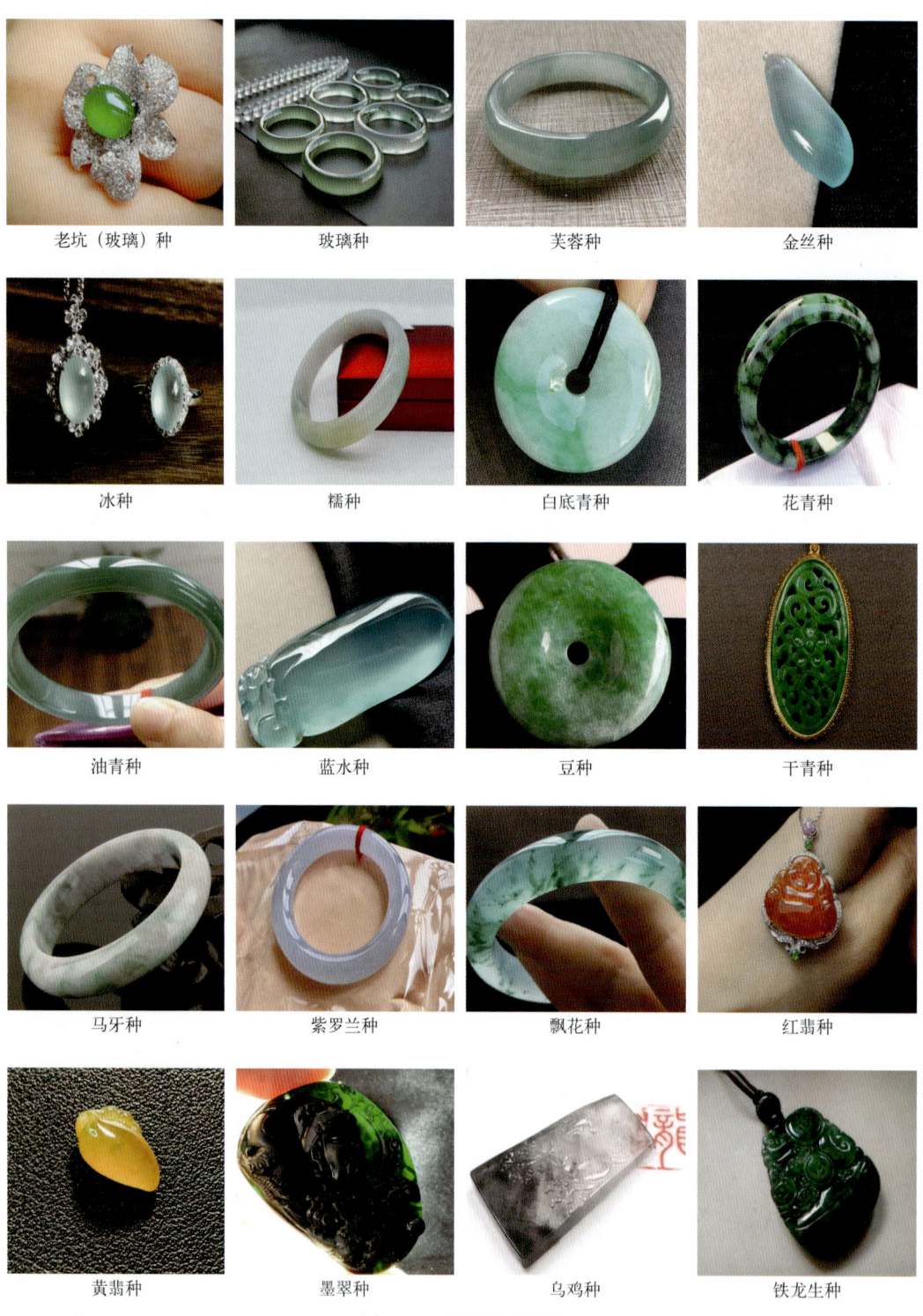

图 5-8-3 翡翠的"种"

玉石首饰与摆件

白玉　　　　青玉　　　　青白玉　　　　墨玉

碧玉　　　　糖玉　　　　黄玉　　　　翠青玉

图5-9-3　不同颜色的和田玉

图5-10-3　蛇纹石玉摆件

图5-11-3　独山玉摆件

图5-13-1(c)　黄冻

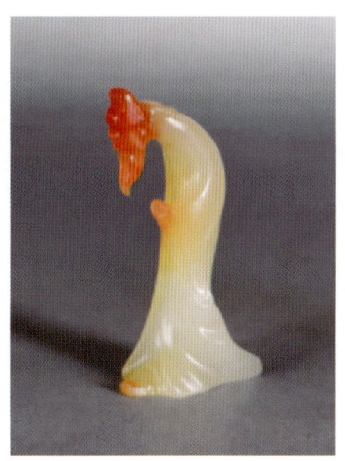

图5-13-1(h)　寿山芙蓉石

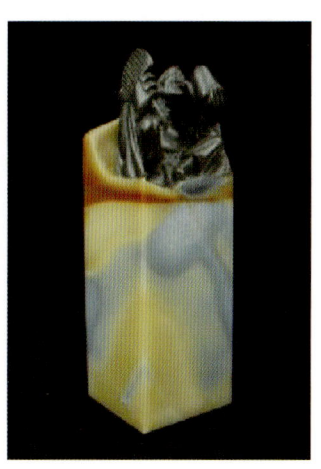

图5-13-2(c)　五彩冻

图 5-13-4(a)　昌化鸡血石

图 5-13-5　巴林石

图 6-3-2　菱锰矿手串

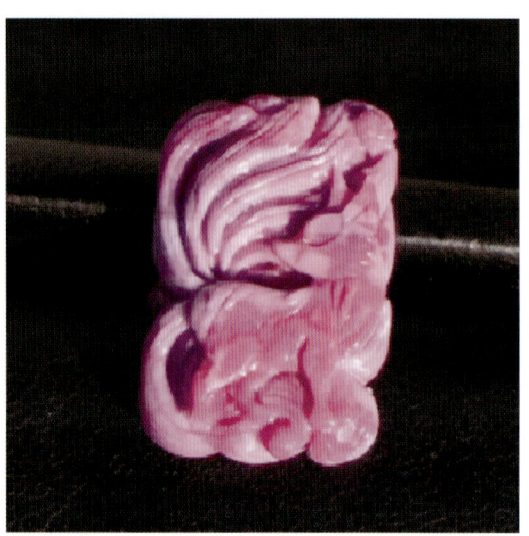
图 6-7-2(c)　"樱花"苏纪石

图 6-8-2　查罗石手串

图 6-9-2　海纹石手串

宝石矿物材料中的"美丽花园"

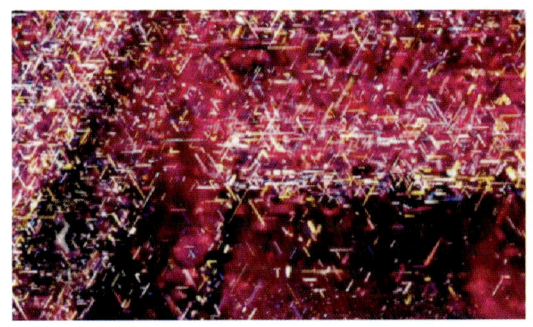

图4-1-2 缅甸红宝石中的金红石针

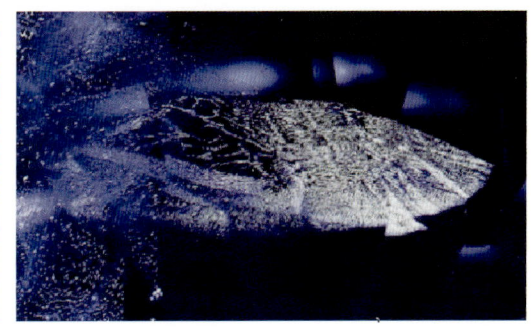

图4-1-3 斯里兰卡蓝宝石中的指纹状气液包裹体

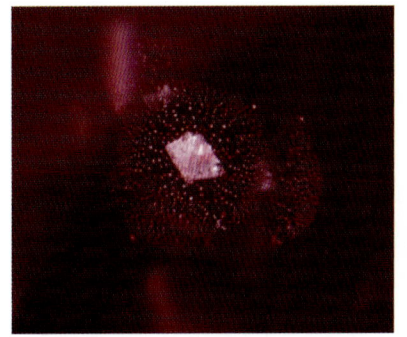

图4-3-2 尖晶石的固体包裹体
（引自：AIGS）

图4-4-2(a) 水晶中的金红石

图4-4-2(c) 水晶中的绿泥石

图5-1-5 祖母绿中的三相包裹体（引自：尘境珠宝）

图5-1-6 祖母绿中的黄铁矿包裹体（引自：尘境珠宝）

图5-1-8 合成祖母绿中的面纱状残余助熔剂

图5-1-9 合成祖母绿中的波纹状生长纹

图5-3-3 翠榴石中的马尾丝状包裹体（引自：GUILD）

图5-4-2 托帕石中的气液包裹体

图5-4-3 托帕石中的管状包裹体

图5-5-2 橄榄石中的睡莲状包裹体

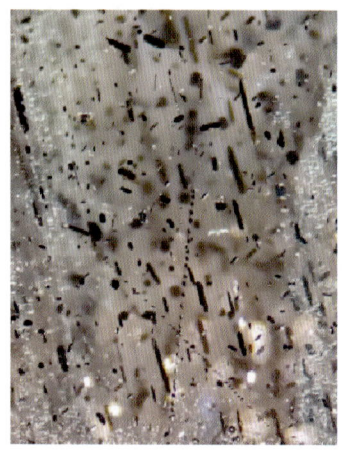
图5-7-2(b) 月光石中的针状包裹体

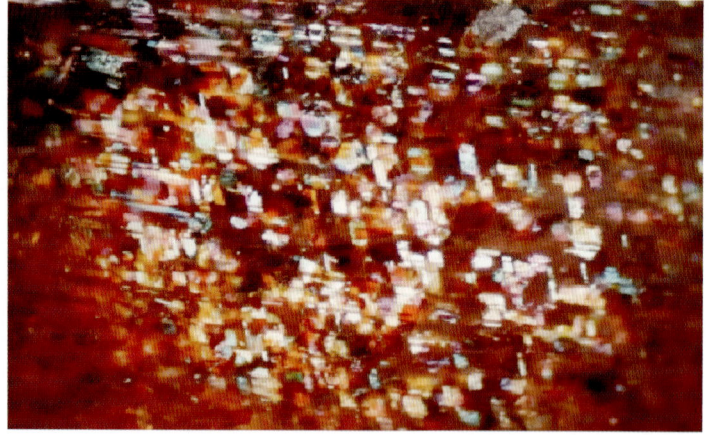
图5-7-2(c) 日光石中的片状包裹体

教育部高等学校材料类专业教学指导委员会规划教材

宝石矿物材料导论与鉴赏

INTRODUCTION AND APPRECIATION
OF GEMSTONE MINERAL MATERIALS

韩秀丽　陶隆凤　曹冲　编著

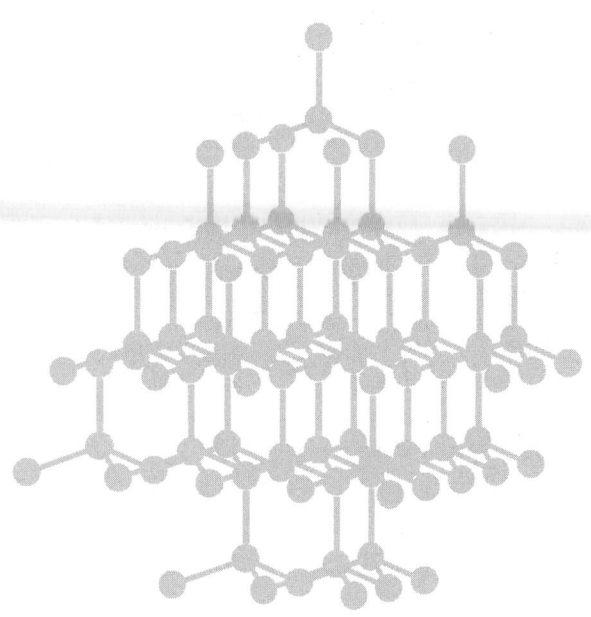

化学工业出版社

·北京·

内容简介

本教材内容以天然宝石矿物为对象，以什么是宝石矿物材料、宝石矿物材料是怎么形成的、如何鉴别和应用宝石矿物材料为主线，系统介绍了宝石矿物材料的基础知识和其形成的地质作用，各类宝石矿物材料的来历、历史故事、物化特性、鉴别方式、质量评价、优化处理方法以及地质成因、资源分布、应用及发展前景。吸纳了宝石学、矿物学与材料学领域的研究新进展、新成果及行业最新动态，保证了教材知识的系统性和前沿性。适当融入了古诗词、名家事迹、工匠精神等思政元素，将传统宝石文化与社会主义核心价值观无声结合。通过线上教学资源、二维码等信息技术手段为读者提供了掌握主干内容和拓展知识的便捷途径。

本教材是一门体现矿物学、宝石学和材料学与课程思政有机融合特色的创新性、科普性通识教材，也可作为全国各高校宝石及材料工艺学专业的本科生课程用书，还可供从事相关教学科研人员参考。

图书在版编目（CIP）数据

宝石矿物材料导论与鉴赏 / 韩秀丽，陶隆凤，曹冲编著. -- 北京：化学工业出版社，2024.11. -- ISBN 978-7-122-46636-5

Ⅰ. TS933.21

中国国家版本馆 CIP 数据核字第 2024JD7822 号

责任编辑：陶艳玲　　　　　　文字编辑：王晓露　王文莉
责任校对：张茜越　　　　　　装帧设计：史利平

出版发行：化学工业出版社
　　　　　（北京市东城区青年湖南街 13 号　邮政编码 100011）
印　　装：北京新华印刷有限公司
787mm×1092mm　1/16　印张 17½　彩插 4　字数 398 千字
2025 年 2 月北京第 1 版第 1 次印刷

购书咨询：010-64518888　　　　　售后服务：010-64518899
网　　址：http://www.cip.com.cn
凡购买本书，如有缺损质量问题，本社销售中心负责调换。

定　价：89.00 元　　　　　　　　版权所有　违者必究

序

"庄生晓梦迷蝴蝶，望帝春心托杜鹃，沧海月明珠有泪，蓝田日暖玉生烟。"在我国，珠宝玉石自古以来不仅是美丽饰物和财富的象征，它们也逐渐与文化、情感、生活密切联系在一起。

随着时代的发展和进步，珠宝玉石学科需要在重视其成分、结构、性质、品质、价值等方面鉴定与评估的基础上，更加重视其科学内涵及外延，首先是宝石学的根基——地质学，尤其是相关的矿物岩石学知识；其次是珠宝玉石材料的更广泛的应用领域。同时，在教学上或面向更广泛的读者时，以学生（学习者）为中心，春风化雨，润物无声，与时俱进发挥课程思政的作用，促进人的素质提升。华北理工大学韩秀丽教授和河北地质大学陶隆凤副教授等编著的本教材应运而生，正是契合了时代的需求。

本教材系统介绍了宝石矿物材料的基础知识与形成它们的地质作用，各类宝石矿物材料的物化特性、鉴别方式、质量评价、优化处理方法以及地质成因、资源分布等，增加了近年来热门宝石矿物材料的研究新进展和新成果，融入了相关古诗词、珠宝文化（尤其是我国的玉文化）和行业动态等思政元素，通过线上教学资源、二维码等信息技术手段为读者提供掌握主干内容和拓展知识的便捷途径。

这是一部具有很强创新性的教材。创新特点之一是向下延伸，增加了很多西方珠宝类教材所缺乏的地质学基础内容，而且收集整理了最新的研究进展，保证了学术上的科学性和先进性；创新特点之二是横向延伸，除了介绍国内外传统的宝石学知识体系之外，还增加了宝石矿物的材料学研究进展及其应用，在很大程度上拓宽了学生或相关领域读者的视野，为本行业企业今后可能的转型升级和开拓发展奠定了基础；创新特点之三是向上延伸，特别注重文化传承与创新（包括但不限于诗词歌赋），注重以文化人，增加了思政元素，具有鲜明的时代性。

一部好的教材，首先是要有先进的治学思想，编著教材的整体思路、框架及脉络非常重要；其次就是章节内容，乃至知识点的翔实和严谨；再次是创新特点，为前一条提供了保障。韩秀丽教授团队在地质学、宝石学和材料学领域长期深耕，在教学、科研、社会服务、文化传承创新和国际合作交流等方面都取得了丰硕的成果，尤其是在"三个学科"交叉、渗透、融合上，积累了宝贵的经验，加之及时跟踪和汇集了近年来热门宝石矿物材料研究的新发现、新进展和新成果，为本教材内容的翔实和严谨提供了基础。

  一部新时代的好教材，还必须做到以学生（学习者）为中心，除了为他们的学习和探究提供延伸方向，也包括采用新技术方法为学习者的深入学习和探究提供引导和便利，还包括课程思政和促进学习者素质的提升。本教材中的课程思政元素、线上教学资源的链接、二维码导读等设置，正是体现了以学生（学习者）为中心的人才培养理念。

  一部好的教材，开卷有益！相信使用本教材的学生（学习者）一定会受益良多。

河北地质大学国际翡翠研究院院长 王礼胜
2025 年 1 月

前 言

中华民族有 8000 余年的宝石矿物材料使用历史。世界上最早关于矿物材料的著作可追溯到战国至汉代的《山海经》。改革开放以来，伴随着我国经济的快速发展，宝石经济也得到了高速发展，宝石矿物材料不仅成为人们生活中不可缺少的首饰原材料，也是国民经济和社会发展的重要原材料，被广泛应用于化工、冶金、建材、国防、航天、通信等领域。

宝石矿物材料学是以矿物学、岩石学和矿床学为基础，并与地质学、宝石学、材料学、工艺美术学等学科互相渗透发展起来的一个新的学科。它研究天然宝石矿物材料的化学成分、矿物组分、结构和构造、物理性质、化学性质和成因机制、产生规律及其资源开发与应用等。

本教材是教育部高等学校材料类专业教学指导委员会规划教材立项建设项目。

本教材是在课程组开设的"宝石学概论""结晶学与矿物学"课程的教案和河北省精品在线开放课程"宝玉石鉴赏"教学资源的基础上，参考并引用了许多专家学者的书籍、期刊资料，跟踪和汇集了近年来热门宝石矿物材料的新发现、研究新进展和新成果，收集了国内外最新的宝石矿物材料研究成果，并结合作者在地质学、宝石学和材料学领域的长期深耕取得的教学、科研、社会服务等成果及从事宝石鉴定 30 年的实践经验编著而成。全书共分 8 章。第 1、2 章介绍宝石矿物材料的基础知识与形成它们的地质作用以及合成宝石矿物材料的基本方法；第 3~8 章分别介绍各类宝石矿物材料的发现背景或历史传奇故事、物理化学特征、鉴别、评价、成因及产地，宝石佩戴与保养及应用研究进展等。为贯彻立德树人的根本任务，深入挖掘课程中蕴含的课程思政元素，注重专业知识与古今中外玉文化的融合，设置了多种形式的开放性话题和主题活动，培养学生的团结协作能力、深度思维和爱国情怀。

当代社会是知识、创新、协作型社会，当今时代是多学科交叉的新信息化时代。本教材的编写充分体现知识传授、价值引领和情感养成的育人目标，将地质学、矿物学、宝石学、材料学等相关基础知识有机融合在一起，体现天然矿物材料形成与宝石鉴赏和应用的相互渗透。讲好宝石故事，融入课程思政，集知识性、趣味性于一体，专业性和科普性并举，通俗性与趣味性同行。本教材的特色具体体现在以下几点。

① 内容上：增加了大多数宝石类教材所缺乏的地质学基础知识，补充了宝石矿物材料形

成的地质作用，让受教育者在欣赏、鉴别精美宝石的同时，认识岩石矿床中的天然宝石矿物材料，感受大自然的鬼斧神工之美；宝石矿物材料各论部分，每章加入了历史背景及名人故事，同时，补充了近年来出现的沙佛莱、舒俱来、帕拉伊巴等热门宝石矿物材料品种，以及各种天然宝石矿物材料的应用与发展前景；为适应"双语"教学的需要，对基本名称、术语进行英文标注，同时增加国内外有关网站和公众号，以帮助学生尽快进入宝石矿物材料领域的国际交流平台。

② 框架上：每章设置了章前概要，让学生清晰地了解各章学习的知识目标、能力目标和素养目标；每章前，引用了习近平主席有关教育教学的讲话，鼓励同学们努力学习，为祖国争光；每节前，引入了有关宝石矿物材料的古今诗词，让学生在学习专业知识的同时，感受中国传统宝石文化的璀璨和魅力，培养学生的爱国情怀；每节中，补充了宝石矿物材料的发展史及传奇故事，启发学生创新思维，培养鉴别能力和社会主义核心价值观；每节的思考题，在重点考查学生学习效果的同时，增加了案例思考题及知识拓展题，为学生学习和探究提供延伸方向，帮助学生养成研究性、探索性学习的习惯，激发学生的内在驱动力。

③ 教学方法或教学组织上：为便于教学内容的更新和教学研讨，采用"线上线下混合"方式，各章节主要内容配有电子学习资源。同时，因书中矿物晶体的彩色照片较多，但篇幅有限，且教材为黑白印刷，设有二维码链接，供读者扫码在线观看或者扫码下载。

本教材由华北理工大学韩秀丽教授和曹冲副教授、河北地质大学陶隆凤副教授共同编著，全书共分 8 章。第 1、2 章由韩秀丽、曹冲编写，第 3~8 章由韩秀丽、陶隆凤编写，全书最后由韩秀丽统编定稿。本教材编写过程中，许莹教授、杨明星教授、王礼胜教授和李昌存教授提出了许多很好的建议并审阅了部分文稿；河北地质大学王礼胜教授提供了宝石资源部分资料和图片，金鑫先生提供了钻石和彩色宝石的部分资料和图片；湖北省工艺美术大师吕洪提供了部分宝石矿物标本及图片；江西应用科技学院副校长刘光华教授提供了部分宝石矿物晶体的精美图片；珠宝V课堂创始人赖瑞君提供了部分彩色宝石矿物晶体的图片；华北理工大学李孟倩、段博文完成了部分表格的整理和图片编辑工作；河北地质大学刘云贵、任建红、宋彦军等教师参加了部分资料的收集工作。谨致以衷心的感谢！

本教材可作为高校宝石及材料工艺学专业的本科生课程用书，或其他专业的公共选修课教材，也可作为从事宝石开采、加工、鉴定、商贸、评估及相关科研人员的参考书。

本教材涉及较多领域的知识融合交叉，加之宝石矿物材料发展迅速，编著者精力及水平有限，书中难免存在疏漏和不足之处，恳请读者批评指正。

编著者
2024 年 10 月

目 录

第1章 宝石矿物材料基础知识

1.1 宝石矿物材料相关概念 / 1
    1.1.1 晶体 / 1
    1.1.2 矿物 / 5
    1.1.3 岩石 / 10
    1.1.4 宝石 / 14
    1.1.5 宝石矿物材料 / 17
思考题 / 18
1.2 宝石矿物形态及物理性质 / 18
    1.2.1 宝石矿物形态 / 18
    1.2.2 宝石矿物物理性质 / 22
思考题 / 31
1.3 宝石矿物材料晶体化学 / 31
    1.3.1 宝石矿物化学成分 / 32
    1.3.2 晶体结构 / 38
思考题 / 40

第2章 宝石矿物材料的形成

2.1 地质作用及分类 / 41
    2.1.1 地质作用概念 / 41
    2.1.2 地质作用分类 / 42
思考题 / 42
2.2 内力地质作用及宝石矿物材料 / 43
    2.2.1 岩浆作用及相关宝石矿物材料 / 43
    2.2.2 伟晶作用及相关宝石矿物材料 / 46
    2.2.3 热液作用及相关宝石矿物材料 / 49

2.2.4　变质作用及相关宝石矿物材料　/ 51

思考题　/ 53

2.3　外力地质作用及宝石矿物材料　/ 54

　　　2.3.1　风化作用及相关宝石矿物材料　/ 54

　　　2.3.2　沉积作用及相关宝石矿物材料　/ 56

思考题　/ 58

第3章　自然元素类宝石矿物材料——金刚石（diamond）

3.1　概述　/ 59

3.2　金刚石的物理化学特征　/ 60

　　　3.2.1　光学性质　/ 61

　　　3.2.2　放大检查　/ 62

　　　3.2.3　力学性质与密度　/ 62

　　　3.2.4　其他性质　/ 62

　　　3.2.5　重要鉴定特征　/ 62

3.3　金刚石（钻石）的分类　/ 62

3.4　金刚石（钻石）的鉴别　/ 63

　　　3.4.1　天然钻石的鉴别　/ 63

　　　3.4.2　钻石与仿制品的鉴别　/ 64

　　　3.4.3　合成钻石的鉴别　/ 64

　　　3.4.4　处理钻石的鉴别　/ 66

3.5　钻石的加工　/ 67

3.6　金刚石（钻石）的评价　/ 69

　　　3.6.1　国际上较有影响的钻石分级标准和机构　/ 69

　　　3.6.2　钻石的4C评价　/ 70

3.7　金刚石的成因与产地　/ 75

　　　3.7.1　成因　/ 75

　　　3.7.2　产地　/ 76

3.8　金刚石（钻石）的佩戴与保养　/ 76

3.9　金刚石的应用及发展趋势　/ 77

思考题　/ 77

第4章　氧化物类宝石矿物材料

4.1　刚玉（ruby and sapphire）族　/ 78

　　　4.1.1　概述　/ 78

　　　4.1.2　刚玉的物理化学特征　/ 79

    4.1.3 刚玉的分类 / 81

    4.1.4 刚玉族宝石的鉴别 / 81

    4.1.5 刚玉族宝石的质量评价 / 87

    4.1.6 刚玉的成因与产地 / 90

    4.1.7 刚玉族宝石的佩戴与保养 / 91

    4.1.8 刚玉的应用及发展趋势 / 92

  思考题 / 92

  4.2 金绿宝石（chrysoberyl）族 / 93

    4.2.1 概述 / 93

    4.2.2 金绿宝石的物理化学特征 / 93

    4.2.3 金绿宝石的分类 / 95

    4.2.4 金绿宝石的鉴别 / 96

    4.2.5 金绿宝石的质量评价 / 98

    4.2.6 金绿宝石的成因与产地 / 99

    4.2.7 金绿宝石应用及发展趋势 / 99

  思考题 / 99

  4.3 尖晶石（spinel）族 / 99

    4.3.1 概述 / 99

    4.3.2 尖晶石的物理化学特征 / 100

    4.3.3 尖晶石的分类 / 101

    4.3.4 尖晶石的鉴别 / 101

    4.3.5 尖晶石的质量评价 / 103

    4.3.6 尖晶石的成因与产地 / 103

    4.3.7 尖晶石应用及发展趋势 / 103

  思考题 / 103

  4.4 石英（quartzite）族 / 104

    4.4.1 水晶（rock crystal） / 104

    4.4.2 石英质玉石（quartzite jade） / 109

    4.4.3 蛋白石（opal） / 116

  思考题 / 122

第5章 硅酸盐类宝石矿物材料

  5.1 绿柱石（beryl）族 / 123

    5.1.1 概述 / 123

    5.1.2 绿柱石的物理化学特征 / 124

    5.1.3 绿柱石族宝石的分类 / 126

    5.1.4 绿柱石族宝石的鉴别 / 127

    5.1.5 绿柱石族宝石的质量评价 / 132

5.1.6 绿柱石族宝石的成因与产地　/ 133

　　　5.1.7 绿柱石族宝石的佩戴与保养　/ 134

　　　5.1.8 绿柱石类宝石矿物材料的应用及发展趋势　/ 135

　思考题　/ 135

5.2 电气石（tourmaline）族　/ 136

　　　5.2.1 概述　/ 136

　　　5.2.2 电气石的物理化学特征　/ 136

　　　5.2.3 电气石族宝石矿物的分类　/ 137

　　　5.2.4 电气石（碧玺）的鉴别　/ 138

　　　5.2.5 电气石的质量评价　/ 139

　　　5.2.6 电气石的成因与产地　/ 139

　　　5.2.7 电气石族矿物材料的应用及发展趋势　/ 140

　思考题　/ 140

5.3 石榴子石（garnet）族　/ 140

　　　5.3.1 概述　/ 140

　　　5.3.2 石榴石的物理化学特征　/ 141

　　　5.3.3 石榴石的分类　/ 142

　　　5.3.4 石榴子石族宝石矿物的鉴别　/ 144

　　　5.3.5 石榴石的质量评价　/ 145

　　　5.3.6 石榴子石族矿物的成因与产地　/ 146

　　　5.3.7 石榴子石族矿物的应用及发展趋势　/ 147

　思考题　/ 147

5.4 黄玉（topaz）族　/ 148

　　　5.4.1 概述　/ 148

　　　5.4.2 黄玉的物理化学特征　/ 148

　　　5.4.3 黄玉的分类　/ 149

　　　5.4.4 黄玉的鉴别　/ 150

　　　5.4.5 黄玉的质量评价　/ 151

　　　5.4.6 黄玉的成因与产地　/ 151

　　　5.4.7 黄玉族矿物的应用及发展趋势　/ 151

　思考题　/ 152

5.5 橄榄石（peridot）族　/ 152

　　　5.5.1 概述　/ 152

　　　5.5.2 橄榄石的物理化学特征　/ 152

　　　5.5.3 橄榄石的分类　/ 153

　　　5.5.4 橄榄石的鉴别　/ 153

　　　5.5.5 橄榄石的质量评价　/ 154

　　　5.5.6 橄榄石族宝石矿物的成因与产地　/ 154

　　　5.5.7 橄榄石族矿物的应用及发展趋势　/ 155

思考题　/　155

5.6　锆石（zircon）族　/　155
　　5.6.1　概述　/　155
　　5.6.2　锆石的物理化学特征　/　155
　　5.6.3　锆石的分类　/　157
　　5.6.4　锆石的鉴别　/　157
　　5.6.5　锆石的质量评价　/　158
　　5.6.6　锆石的成因与产地　/　158
　　5.6.7　锆石的应用及发展趋势　/　158

思考题　/　159

5.7　长石（feldspar）族　/　159
　　5.7.1　概述　/　159
　　5.7.2　长石族矿物的物理化学特征　/　159
　　5.7.3　长石族宝石的分类　/　161
　　5.7.4　长石族宝石的鉴别　/　162
　　5.7.5　长石族宝石的质量评价　/　163
　　5.7.6　长石族宝石矿物的成因与产地　/　164
　　5.7.7　长石族矿物的应用及发展趋势　/　164

思考题　/　165

5.8　辉石（pyroxene）族　/　165
　　5.8.1　硬玉——翡翠（jadeite）　/　165

思考题　/　182
　　5.8.2　透辉石（diopside）　/　182

思考题　/　184
　　5.8.3　锂辉石（spodumene）　/　184

思考题　/　186

5.9　角闪石族——软玉（nephrite）　/　186
　　5.9.1　概述　/　186
　　5.9.2　软玉的物理化学特征　/　187
　　5.9.3　软玉的分类　/　188
　　5.9.4　软玉的鉴别　/　189
　　5.9.5　软玉的质量评价　/　191
　　5.9.6　软玉的成因与产地　/　192
　　5.9.7　软玉的应用及发展趋势　/　193

思考题　/　193

5.10　蛇纹石族——蛇纹石玉（serpentine jade）　/　194
　　5.10.1　概述　/　194
　　5.10.2　蛇纹石玉的物理化学特征　/　194
　　5.10.3　蛇纹石玉的分类　/　195

    5.10.4 蛇纹石玉的鉴别 / 196
    5.10.5 蛇纹石玉的质量评价 / 197
    5.10.6 蛇纹石玉的成因与产地 / 197
    5.10.7 蛇纹石族矿物材料的应用及发展趋势 / 197
  思考题 / 198
  5.11 绿帘石（epidote）族 / 198
    5.11.1 独山玉（Dushan jade） / 198
  思考题 / 203
    5.11.2 坦桑石（tanzanite） / 203
  思考题 / 205
  5.12 葡萄石（prehnite）族 / 205
    5.12.1 概述 / 205
    5.12.2 葡萄石的物理化学特征 / 206
    5.12.3 葡萄石的分类 / 206
    5.12.4 葡萄石的鉴别 / 206
    5.12.5 葡萄石质量评价 / 207
    5.12.6 葡萄石的成因与产地 / 207
    5.12.7 葡萄石的应用及发展趋势 / 207
  思考题 / 207
  5.13 黏土矿物（clay mineral）材料 / 207
    5.13.1 寿山石（Shoushan stone） / 208
    5.13.2 青田石（Qingtian stone） / 211
    5.13.3 鸡血石（chicken-blood stone） / 213
    5.13.4 巴林石（balin stone） / 216
  思考题 / 219

第6章 其他宝石矿物材料

  6.1 磷灰石（apatite） / 220
    6.1.1 概述 / 220
    6.1.2 磷灰石的物理化学特征 / 221
    6.1.3 磷灰石的分类 / 222
    6.1.4 磷灰石的鉴别 / 222
    6.1.5 磷灰石的质量评价 / 222
    6.1.6 磷灰石的成因与产地 / 222
    6.1.7 磷灰石的应用及发展趋势 / 222
  思考题 / 222
  6.2 绿松石（turquoise） / 223
    6.2.1 概述 / 223

  6.2.2 绿松石的物理化学特征 / 223
  6.2.3 绿松石的分类 / 224
  6.2.4 绿松石的鉴别 / 225
  6.2.5 绿松石的质量评价 / 227
  6.2.6 绿松石的成因与产地 / 227
  6.2.7 绿松石的应用及发展趋势 / 228
 思考题 / 228
6.3 菱锰矿（rhodochrosite） / 228
  6.3.1 概述 / 228
  6.3.2 菱锰矿的物理化学特征 / 228
  6.3.3 菱锰矿的鉴别 / 229
  6.3.4 菱锰矿的质量评价 / 230
  6.3.5 菱锰矿的成因与产地 / 230
  6.3.6 菱锰矿的应用及发展趋势 / 230
 思考题 / 230
6.4 孔雀石（malachite） / 230
  6.4.1 概述 / 230
  6.4.2 孔雀石的物理化学特征 / 231
  6.4.3 孔雀石的分类 / 232
  6.4.4 孔雀石的鉴别 / 232
  6.4.5 孔雀石的质量评价 / 233
  6.4.6 孔雀石的成因与产地 / 233
  6.4.7 孔雀石的应用及发展趋势 / 233
 思考题 / 233
6.5 萤石（fluorite） / 233
  6.5.1 概述 / 233
  6.5.2 萤石的物理化学特征 / 234
  6.5.3 萤石的分类 / 235
  6.5.4 萤石的鉴别 / 235
  6.5.5 萤石的质量评价 / 236
  6.5.6 萤石的成因与产地 / 236
  6.5.7 萤石的应用及发展趋势 / 236
 思考题 / 236
6.6 青金石（lapis lazuli） / 236
  6.6.1 概述 / 236
  6.6.2 青金石的物理化学特征 / 237
  6.6.3 青金石的品种 / 238
  6.6.4 青金石的鉴别 / 238
  6.6.5 青金石的质量评价 / 240

6.6.6 青金石的成因与产地 / 240
6.6.7 青金石的应用及发展趋势 / 240
思考题 / 240
6.7 苏纪石（sugilite） / 240
6.7.1 概述 / 240
6.7.2 苏纪石的物理化学特征 / 241
6.7.3 苏纪石的分类 / 242
6.7.4 苏纪石的鉴别 / 242
6.7.5 苏纪石的质量评价 / 242
6.7.6 苏纪石的成因与产地 / 243
6.7.7 苏纪石的应用及发展趋势 / 243
思考题 / 243
6.8 查罗石（charoite） / 243
6.8.1 概述 / 243
6.8.2 查罗石的物理化学特征 / 243
6.8.3 查罗石的鉴别 / 244
6.8.4 查罗石的质量评价 / 244
6.8.5 查罗石的成因与产地 / 244
6.8.6 查罗石的应用及发展趋势 / 245
思考题 / 245
6.9 针钠钙石——海纹石（pectolite） / 245
6.9.1 概述 / 245
6.9.2 海纹石的物理化学特征 / 245
6.9.3 海纹石的鉴别 / 246
6.9.4 海纹石的质量评价 / 246
6.9.5 海纹石的成因与产地 / 247
6.9.6 海纹石的应用及发展趋势 / 247
思考题 / 247
6.10 天然玻璃（natural glass） / 247
6.10.1 概述 / 247
6.10.2 天然玻璃的物理化学特征 / 248
6.10.3 天然玻璃的分类 / 248
6.10.4 天然玻璃的鉴别 / 249
6.10.5 天然玻璃的质量评价 / 250
6.10.6 天然玻璃的成因与产地 / 250
6.10.7 天然玻璃的应用及发展趋势 / 250
思考题 / 250

附录 1 常见宝石矿物的中英文对照表

附录 2 宝石矿物材料的主要化学成分、性质及应用

参考文献

第 1 章
宝石矿物材料基础知识

> 横看成岭侧成峰，远近高低各不同。
> 不识庐山真面目，只缘身在此山中。
> ——宋·苏轼《题西林壁》

 本章概要

知识目标：准确描述晶体、矿物、岩石、类质同象、同质多象、包裹体等基本概念；利用光学、力学等原理与方法，阐明宝石矿物形态和物理性质；理解宝石矿物晶格类型与物理性质的内在联系。

能力目标：正确判别宝石矿物物理性质，具备初步辨别常见宝石矿物材料的基本能力。

素养目标：提升对"美"的认知能力；加深对事物的"现象"与"本质"的辩证关系的理解。

1.1 宝石矿物材料相关概念

1.1.1 晶体

1.1.1.1 概念

晶体（crystal）是具有格子构造的固体。晶体的概念强调了两个重要约束条件，首先，晶体必须是固体物质，其次，晶体必须具有格子构造。

格子构造是指晶体内部质点（原子、离子或分子）在三维空间上呈周期性的重复排列[图 1-1-1(a)]。与晶体相反，有些固体物质的内部质点排列并没有规律，即不具有格子构造[图 1-1-1(b)]，称为非晶体。自然界中绝大多数固体是晶体，例如金刚石（图 1-1-2）、刚玉、石英等，而非晶体物质包括玻璃、琥珀、欧泊等。

1.1.1.2 晶体的基本性质

晶体内部质点的排列遵循格子构造的规律，因此晶体的性质主要由格子构造决定。这些区别于其他非晶体物质的性质称为晶体的基本性质。

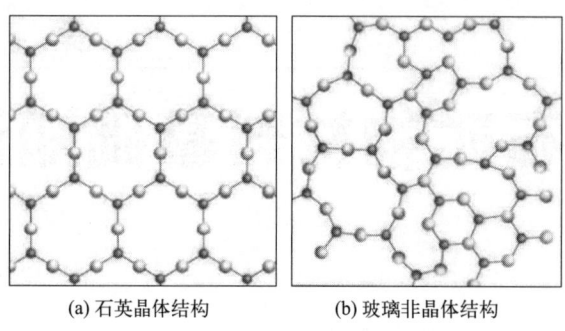
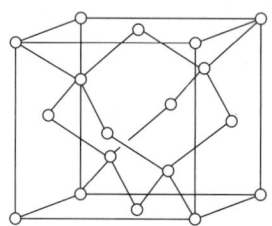

(a) 石英晶体结构　　　(b) 玻璃非晶体结构

图 1-1-1　石英晶体与玻璃非晶体的结构　　　图 1-1-2　金刚石的结构

（1）自限性

晶体自限性（self-confinement）是指晶体在合适的条件下能够自发地形成几何多面体的性质。晶体多面体的形态是其格子构造的外在表现，并且受格子构造制约，它们服从于一定的结晶学规律。

（2）均一性

晶体均一性（homogeneity）是指在同一晶体的各个不同部分具有相同的物理性质与化学性质。也就是说，无论割取晶体的哪个部分，它们的各种性质都是一样的。这主要是因为晶体的各个部分都具有相同的格子构造。

值得注意的是，非晶体也具有均一性，如玻璃的不同部分在折射率、膨胀系数、热导率等方面都是相同的。但非晶体的这种均一性是统计意义上的、平均近似的均一，它与晶体由内部格子构造决定的严格的结晶均一性有着本质的区别。

（3）各向异性

晶体的各向异性（anisotropy）是指同一格子构造中，在不同方向上质点排列一般是不一样的，因此，晶体的性质（例如解理、硬度等）随方向的不同而有所差异。例如，蓝晶石的硬度随方向不同而呈现显著的差别（图 1-1-3），所以又称二硬石。

由格子构造规律可知，晶体结构中质点排列方式和间距，在相互平行的方向上都是一致的，但在不相平行的方向上，一般来说都是有差异的。因此，当沿不同方向进行观察时，晶体的各项性质将表现出一定的差异，这就是晶体具有各向异性的根源。

图 1-1-3　蓝晶石硬度的各向异性

（4）对称性

晶体的对称性（symmetry）是指晶体中的相同部分或性质在不同方向或位置上有规律地重复出现的特性。在晶体的外形上，我们经常看到在一个晶体的不同方向上形状和大小完全相同，这就是晶体外形上的一种对称性。对称性是晶体极其重要的性质，是晶体分类的基础。

晶体的对称性取决于其内部质点的规律性排列，这是由格子构造决定的。所以晶体的对称不仅仅体现在外形上，同时也体现在物理性质（如光学、力学、热学性质等）上，也就是说晶体的对称性不仅包含着几何意义，也包含着物理意义。

① 晶体的对称要素

为了研究和分析晶体的对称性，往往要进行一系列的操作。使晶体中相同部分重复而进行的操作叫对称操作（symmetry operation）。进行对称操作所借助的几何要素（symmetry element）一般包括对称面、对称轴和对称中心等。

对称面是一个假想的平面，将一个晶体划分为互为镜像反映的两个相等部分。用符号 P 表示。例如图 1-1-4(a) 中，P_1 和 P_2 都是对称面，但图 1-1-4(b) 中，AD 却不是图形 $ABDE$ 的对称面，因为它虽然将图形 $ABDE$ 分成两个面积相等的部分，但它们并不互为镜像。

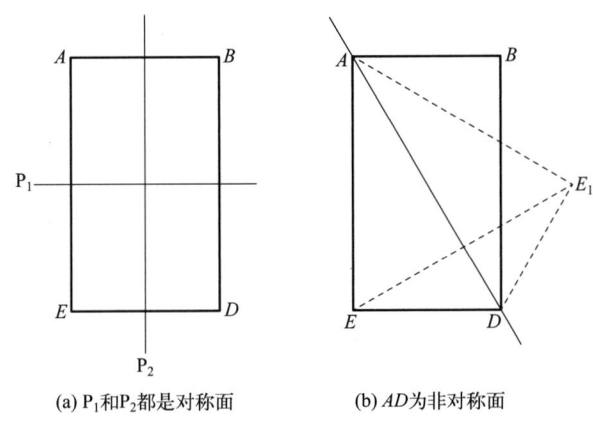

(a) P_1和P_2都是对称面　　(b) AD为非对称面

图 1-1-4　对称面与非对称面

对称轴是一条假想的通过晶体中心的直线，相应的对称操作是围绕此直线的旋转。旋转一周，晶体中相同部分重复的次数叫轴次。晶体外形上可能出现的有意义的对称轴有二次对称轴（L^2）、三次对称轴（L^3）、四次对称轴（L^4）和六次对称轴（L^6）。轴次高于二次的对称轴，即 L^3、L^4、L^6 称为高次轴（图 1-1-5）。

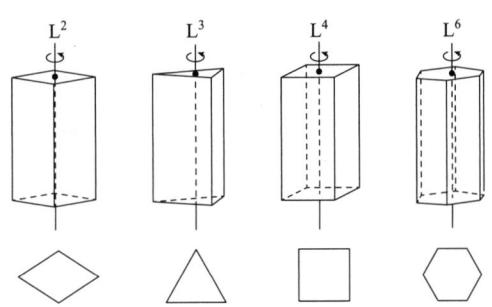

图 1-1-5　晶体中的对称轴 L^2、L^3、L^4 和 L^6（下方的图对应垂直该轴的切面）

对称中心是一个假想的位于晶体中心的点，相应的对称操作就是对此点的反伸。如果通过此点作任意直线，则在此直线上距对称中心等距离的两端必定可找到对应点（图 1-1-6）。

旋转反伸轴（习惯符号 L_i^n）是假想的一条直线或直线上的一个定点。如果物体按照该直线旋转一定角度后，再对此直线的定点进行反伸，可使相同部分重复，所对应的操作是旋转＋反

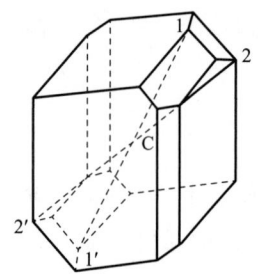

图 1-1-6 具有对称中心（C）的图形（1 和 1′、2 和 2′为对应点）

伸的复合操作，常见的旋转反伸轴有 L_i^1、L_i^2、L_i^3、L_i^4、L_i^6。

② 对称型

一个晶体中所有对称要素的组合称为该晶体的对称型（class of symmetry）。

书写规则：对称轴（由高次到低次）＋对称面＋对称中心。例如，金刚石晶体存在三个 L^4、四个 L^3、六个 L^2、九个对称面 P、一个对称中心 C，则金刚石晶体的对称型为：$3L^44L^36L^29PC$。自然界中所有晶体归纳起来共有 32 种对称型，见表 1-1-1。

表 1-1-1 晶体的 32 种对称型

晶系	对称型							
三斜	L^1					$L_i^1=C$		
单斜	L^2		L^2PC			$L_i^2=P$		
斜方		$3L^2$		L^22P	$3L^23PC$			
三方	L^3	L^33L^2		L^33P		$L_i^3=L^3P$	$L_i^33L^23P=L^33L^23PC$	
四方	L^4	L^44L^2	L^4PC	L^44P	L^44L^25PC	L_i^4	$L_i^42L^22P$	
六方	L^6	L^66L^2	L^6PC	L^66P	L^66L^27PC	$L_i^6=L^3P$	$L_i^63L^23P=L^33L^24L$	
等轴	$3L^24L^3$	$3L^44L^36L^2$	$3L^24L^33PC$	$3L_i^44L^36P$	$3L^44L^36L^29PC$			

1.1.1.3 晶体的分类

对晶体进行科学分类是深入研究晶体其他属性的重要基础。目前，常用的晶体分类方式主要为以下两种，即按晶体的对称性分类和按晶体的光学性质分类。

（1）按对称性分类

对称性是晶体的基本性质，按照对称性能够对晶体进行科学划分，这种分类就是晶体的对称分类。晶体的对称分类体系中共包括 3 个晶族、7 个晶系和 32 个晶类。分类依据及对称特点见表 1-1-2。

表 1-1-2 晶体的对称分类依据及特点

晶族	晶族特点	晶系	晶类	对称特点
高级晶族	多个高次轴	等轴晶系	5	有 4 个 L^3
中级晶族	一个高次轴	四方晶系	7	有 1 个 L^4
		六方晶系	7	有 1 个 L^6
		三方晶系	5	有 1 个 L^3
低级晶族	没有高次轴	斜方晶系	3	多于 1 个 L^2 或 P
		单斜晶系	3	1 个 L^2 或 P
		三斜晶系	2	无 L^2 和 P

注：表中 L 为对称轴，右上角数字表明对称轴轴次，例如 L^3 为三次对称轴，P 为对称面。

宝石矿物材料导论与鉴赏

晶族的划分依据是晶体是否有高次轴（轴次≥3）以及有一个还是多个高次轴，可分为低级晶族（无高次对称轴）、中级晶族（只有一个高次对称轴）和高级晶族（有多个高次对称轴）。

晶系的划分是在晶族划分基础上，根据对称特点的进一步划分。低级晶族晶体可划分为三斜晶系（无对称轴和对称面）、单斜晶系（L^2 或 P 均不多于 1 个）和斜方晶系（L^2 或 P 多于 1 个）。中级晶族晶体可划分为三方晶系（有 1 个 L^3）、四方晶系（有 1 个 L^4）和六方晶系（有 1 个 L^6）。高级晶族晶体只有一个晶系，即等轴晶系，属于等轴晶系的对称型必有四个三次对称轴（$4L^3$）。

（2）按光学性质分类

根据光学性质不同，可以把晶体划分为均质体和非均质体两大类。一般而言，非晶体宝石和等轴晶系的矿物，在各个方向上的光学性质相同，称为光性均质体，简称均质体，如火山玻璃、钻石、石榴石、尖晶石等。中级晶族和低级晶族的宝石矿物，其光学性质随方向而异，称为光性非均质体，简称非均质。宝石中的大部分属于光性非均质体，如红宝石、蓝宝石、橄榄石、水晶、祖母绿等。

光波沿非均质体的特殊方向（如沿中级晶族晶体的 c 轴方向）射入时，不发生双折射，不改变入射光波的振动特点和振动方向。在非均质体中，这种不发生双折射的特殊方向称为光轴（optical axis）。中级晶族晶体只有一个光轴方向，称为一轴晶；低级晶族晶体有两个光轴方向，称为二轴晶。晶体的光学性质分类见表 1-1-3。

表 1-1-3 晶体的光学性质分类

晶体的光学性质	晶体类型	晶系	代表性宝石矿物
均质体	非晶体		天然玻璃、黑曜石
	高级晶族晶体	等轴晶系	金刚石、石榴石、尖晶石
非均质体	中级晶族晶体（一轴晶）	三方晶系	水晶、刚玉、电气石
		六方晶系	绿柱石、磷灰石
		四方晶系	锆石、金红石
	低级晶族晶体（二轴晶）	斜方晶系	金绿宝石、橄榄石、黄玉
		单斜晶系	透辉石、正长石、透闪石
		三斜晶系	斜长石、蓝晶石

1.1.2 矿物

1.1.2.1 定义

矿物（mineral）是指由地质作用形成的固态的天然单质或化合物，它们具有一定的化学成分和内部结构，从而具有一定的几何形态、物理和化学性质，它们在一定的物理化学条件下稳定，是组成岩石的基本单位。

矿物的概念强调了天然性、均匀固体、一定的化学成分和确定的晶体结构几个方面。矿物的天然性，强调其必须是由地质作用或在宇宙天体中产生，而非人工制备的产物。矿物必须是均匀的固体，而非气体和液体。矿物作为岩石和矿石的基本组成单位，其成分是均一的。

每种矿物都具有相对固定的化学成分，且能用化学式进行表达。例如石英、刚玉、金刚石，其化学式分别是 SiO_2、Al_2O_3、C。但是，由于类质同象（详见本章1.3节）等因素的存在，矿物成分可以在一定范围内发生变化。

1.1.2.2 矿物的命名

每种矿物都具有自己独立的名称，但矿物的命名迄今尚无统一原则，或依矿物特征形态、物理性质、化学成分等固有属性命名，或依矿物的发现地或研究者命名。其中，以成分为主，辅以物性和形态等特征的命名能起到顾名思义的作用，是较好的矿物命名方式，且较为常见。下面对矿物命名依据以及对应典型矿物名称举例。

① 以化学成分命名：钙钛矿（$CaTiO_3$）、银金矿（Au、Ag）。

② 以物理性质命名：重晶石（密度大）、孔雀石（孔雀绿颜色）、方解石（菱面体解理）、滑石（滑腻感）。

③ 以形态特点命名：十字石（双晶呈十字形）、石榴子石（形状如石榴籽）。

④ 结合两种特征命名：磁铁矿（Fe_3O_4，强磁性）、红柱石（肉红色，柱状形态）、四方铜金矿（晶系和成分）。

⑤ 以地名命名：高岭石是世界上第一种以中国产地命名的中国新矿物；香花石于1958年发现于我国湖南香花岭，开创了中国科学家发现新矿物的先河。

⑥ 以人名命名：张衡矿（Zhanghengite，纪念我国东汉科学家张衡）；以中国地质科学家姓名命名的有袁复礼石（Yuanfuliite，一种含氧的镁、铁、铝的硼酸盐矿物）、杨主明云母（Yangzhumingite，一种含氟的钾、镁硅酸盐矿物）、马进德矿（Majindeite，一种镁、钼的氧化物矿物）、马驰石（Machiite，一种铝、钛的氧化物矿物）等。

1.1.2.3 矿物的分类

科学分类是认识事物的便捷途径。矿物的分类方案很多，根据地质或矿物成因不同，可以将矿物分为内生矿物、外生矿物和变质矿物三大类。而在工业上，可以简单地将矿物分为金属矿物、半金属矿物和非金属矿物。除了以上分类，还有以单一化学成分和元素地球化学特征为依据的分类方案等。然而，这些分类方案都是从不同角度出发依矿物的某种性质进行划分的，不能揭示矿物之间的相互联系及其内在的规律性，从而无法区分矿物之间的共性与个性。自然界中发现的矿物已超过5900种，这些矿物一方面各自有特定的化学组成和确定的晶体结构，从而表现出一定的形态及物理、化学性质；另一方面，一些矿物之间在化学组成和晶体结构上存在某些相似之处，也会表现出某些相似的特征。因此，以晶体化学为依据的矿物分类是目前矿物学界广泛采用的分类方案（表1-1-4）。

表1-1-4 矿物的晶体化学分类体系

分类体系	划分依据	举例
大类	化合物类型	含氧盐大类
类	阴离子或络阴离子种类	硅酸盐类
亚类	络阴离子结构	架状结构硅酸盐亚类

分类体系	划分依据	举例
族	晶体结构类型	长石族
亚族	阳离子种类	碱性长石亚族
种	一定的晶体结构和化学成分	微斜长石（$KAlSi_3O_8$）
亚种、变种	化学性质、物理性质、形态等方面变异	天河石

矿物的晶体化学分类将矿物分成以下五大类：自然元素、硫化物及其类似化合物、氧化物和氢氧化物、含氧盐和卤化物。其中，含氧盐大类又可以进一步分为硅酸盐、磷酸盐、碳酸盐、硫酸盐和硝酸盐类等。硅酸盐类矿物理论与经济意义重大，它是三大岩的主要造岩矿物，是工业上金属和非金属矿物资源提取的重要矿物材料。宝石矿物材料大多数来源于硅酸盐类矿物，如翡翠（以硬玉为主的辉石族矿物）、祖母绿和海蓝宝石（绿柱石）、碧玺（电气石）等。在所有的硅酸盐矿物中，硅离子与氧离子组成的硅氧四面体$[SiO_4]^{4-}$是硅酸盐晶体构造的基本单位（图1-1-7）。硅氧四面体之间可以由阳离子连接，也可以通过共用氧连接成各种复杂的络阴离子。这些络阴离子在很大程度上决定了矿物的性状，被称为硅氧骨干。按照硅氧骨干的形式，可将硅酸盐矿物分为岛状、环状、链状、层状和架状结构硅酸盐5个亚类。

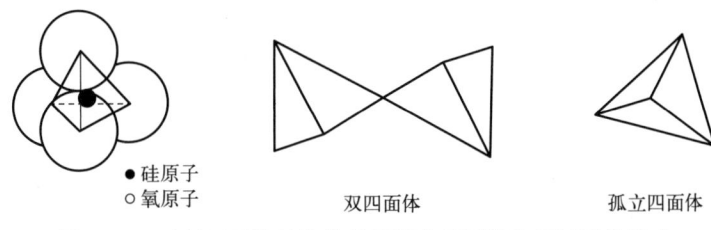

图 1-1-7　硅氧四面体结构单元及孤立四面体和双四面体型式

矿物族一般是指化学组成类似且晶体结构类型相同的一组矿物，例如长石族。矿物种是指具有一定的化学组成和晶体结构的矿物，它是矿物分类的基本单位。对于类质同象（详见本章1.3节）的矿物种，完全类质同象系列按照"50%的原则"分为两个矿物种。例如$Mg_2[SiO_4]$与$Fe_2[SiO_4]$组成一个完全类质同象系列（橄榄石系列），$Mg_2[SiO_4]$与$Fe_2[SiO_4]$就是两个端员组分，相应的端员矿物为镁橄榄石与铁橄榄石。对于同质多象变体，同一物质的不同变体虽然化学组成相同，但它们的晶体结构有明显的差别，因而各自分属不同的矿物种，例如金刚石和石墨，其化学成分都是单质C，但其晶体差异较大，属于两个不同的矿物种。但对于同一矿物的不同类型，尽管可能属于不同的晶系，但其间的差异仅是晶体内部结构层的堆垛顺序不同，它们仍被作为同一个矿物种，如辉钼矿-2H和辉钼矿-3R都属于同一矿物种辉钼矿。同一矿物种中，具有不同物理化学性质或形态等方面变异的矿物称为该矿物的变种，例如天河石是微斜长石矿物的蓝绿色变种。

1.1.2.4　硅酸盐矿物分类

如上所述，硅酸盐类矿物是指金属阳离子与各种形式的硅酸根络阴离子化合而成的含氧盐矿物,它是矿物学中最重要的一类,种类繁多,约占已发现矿物种的1/4,是宝石矿物的主要原料,下面对硅酸盐矿物的5个亚类进行介绍。

(1)岛状硅酸盐矿物亚类

本类硅氧骨干被其他阳离子所隔开,彼此分离犹如孤岛。其络阴离子为具有孤立四面体$[SiO_4]^{4-}$或双四面体$[Si_2O_7]^{6-}$型式的硅酸盐(图1-1-7)。组成矿物的阳离子主要有二价离子(Mg^{2+}、Fe^{2+}、Ca^{2+}、Mn^{2+}、Zr^{2+}、Be^{2+})、三价离子(Al^{3+}、Fe^{3+}、Cr^{3+}、Mn^{3+})和四价离子(Ti^{4+}、Zr^{4+}、Th^{4+})。附加阴离子是O^{2-}、OH^-和F^-。

岛状硅酸盐矿物的结构较紧密,其化学键以共价键(硅氧骨干内部)和离子键(硅氧骨干和其他阳离子之间)为主。离子排列紧密,故反映在性质方面的特点是:具有较大的硬度(6~8)、相对密度(一般大于3)和折射率(1.65~2),物理化学性质稳定。有铁、锰、铬离子参与的矿物通常呈现出强烈的色彩。属于本类的代表性宝石矿物包括石榴石、橄榄石、榍石、黄玉(托帕石)、绿帘石以及蓝晶石等。

(2)环状硅酸盐矿物亚类

本类矿物硅氧四面体以角顶相连形成封闭的环状。其络阴离子有三联环$[Si_3O_9]^{6-}$、四联环$[Si_4O_{12}]^{8-}$、六联环$[Si_6O_{18}]^{12-}$等(图1-1-8)。与岛状硅酸盐矿物不同的是,其阳离子存在一价金属阳离子。属于本类的宝石矿物包括蓝锥矿、绿柱石(祖母绿)、电气石(碧玺)、堇青石(水蓝宝石)。

(3)链状硅酸盐矿物亚类

本类矿物硅氧四面体以角顶相连形成一维无限延伸的链状,有单链、双链、三链乃至多链之分。其中常见的为单链$[Si_2O_6]^{4-}$和双链$[Si_4O_{11}]^{6-}$结构(图1-1-9)。阳离子主要为K^+、Na^+、Ca^{2+}、Li^+、Rb^+、Mg^{2+}、Be^{2+}等惰性气体型离子和过渡型离子Fe^{2+}、Mn^{4+}、Ti^{4+}、Cr^{3+}等。双链矿物中还常见附加阴离子OH^-、F^-、Cl^-等。其化学键以共价键(硅氧骨干内部)和离子键(硅氧骨干和其他阳离子之间)为主。

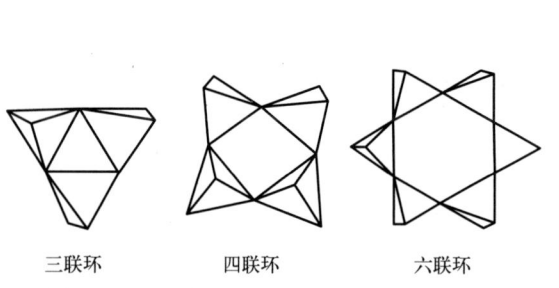

图1-1-8 三联环、四联环和六联环硅氧骨干

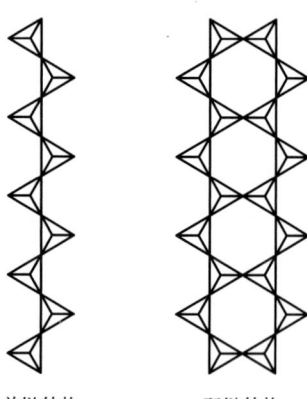

图1-1-9 链状构造硅酸盐矿物两种主要骨干

具有链状结构的硅酸盐矿物,晶体一般呈一向延伸的柱状、针状或纤维状,并有平行于链方向分布的解理。其中,大多数矿物属单斜晶系,少数为斜方和三斜晶系。具有单链结构

的宝石矿物有辉石族矿物硬玉（翡翠的主要矿物），具有双链结构的宝石矿物有闪石族矿物透闪石（和田玉的主要矿物）等。

（4）层状硅酸盐矿物亚类

层状硅酸盐矿物晶体的基本构造层由两种结构单位组成。一种是由（Si-O）或（Al-O）四面体构成，简称四面体层，以字母 T 表示。在四面体中，氧作最紧密堆积，Si 或 Al 处于四面体空隙内。矿物中各个 $[SiO_4]^{4-}$ 之间以三个公共角顶的 O^{2-} 相连，组成向二度空间延展的层状。另一种是由氧（或氢氧）作最紧密堆积构成的八面体层，以字母 O 表示。根据四面体层和八面体层排列，有 TO（如高岭石）、TOT（如滑石）和 TOT·O 型（如绿泥石）等典型构造层（图 1-1-10）。

层状构造硅酸盐的阳离子主要为 Mg^{2+}、Al^{3+}，但 Mg^{2+} 可被 Fe^{2+}、Ni^{2+}、Mn^{2+}、Li^+ 替代；Al^{3+} 可被 Fe^{3+}、Mn^{3+}、Cr^{3+}、V^{3+} 替代。硅氧四面体中的一部分 Si^{4+} 被 Al^{3+} 代替，便引入附加阳离子 K^+、Na^+、Rb^+、Cs^+、Ca^{2+} 等使电价平衡。在附加阴离子 OH^- 中，可被一部分 F^-、Cl^- 代替，有时在某些层状硅酸盐中还有水分子存在。

层状结构决定了层状硅酸盐矿物独特的形态和物理性质。其形态上，多呈假六方片状、板状或短柱状。物理性质上表现为硬度低，密度较小，一般有一组极完全解理，解理面上可显珍珠光泽，薄片具有弹性或挠性等。此类矿物是形成玉石的主要材料，常见的有叶蜡石（印章石的主要矿物）、蛇纹石等。

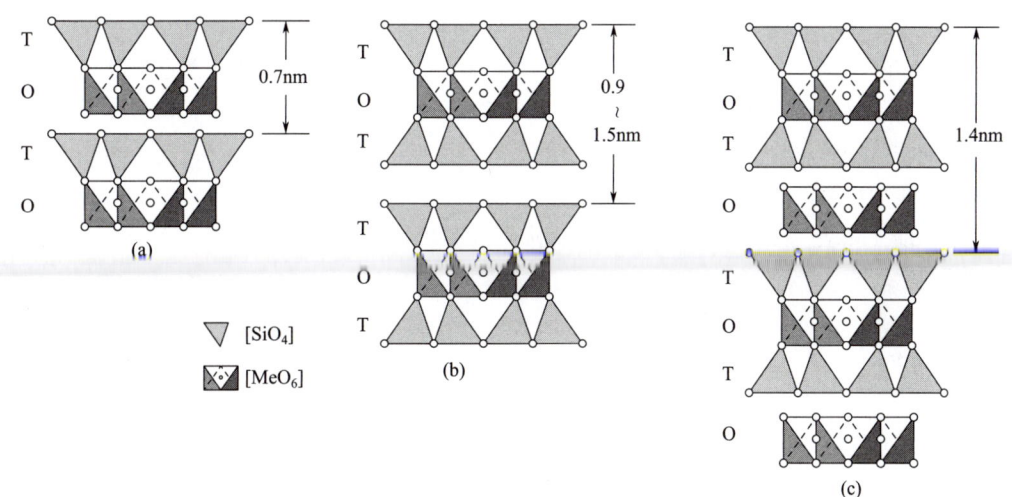

图 1-1-10　硅酸盐矿物层状结构类型
(a) TO 型；(b) TOT 型；(c) TOT·O 型

（5）架状硅酸盐矿物亚类

本类矿物的结构特征是每个硅氧四面体的四个角顶，均与毗邻的硅氧四面体共用。如果 Si 不被其他元素置换，这个结构电荷是平衡的，只能形成氧化物石英族矿物。当结构中有 Al^{3+} 或 Be^{2+} 等离子替代 Si^{4+} 时，便会出现多余的负电荷。这时，需要其他阳离子加入来平衡电荷，从而形成本亚类矿物。经分析，Si^{4+} 被 Al^{3+} 代替后，所形成的络阴离子有 $[AlSi_3O_8]^-$、$[Al_2Si_2O_8]^{2-}$、$[Al_2Si_3O_{10}]^{2-}$ 等，且络阴离子中氧、铝、硅的原子个数比满足 $(Si+Al):O=1:2$。

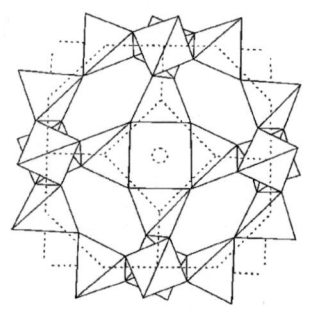

图 1-1-11 架状硅酸盐矿物硅氧骨干

本亚类矿物结构中，硅氧四面体（包括铝氧四面体等）在三维空间以架状连接（图 1-1-11）。其连接方式多种多样，形成的四面体骨架间有巨大的空隙甚至孔道。四面体 Si 被置换导致剩余负电荷低，因此本类中常见的阳离子以半径大、电荷低为特征，包括 K^+、Na^+、Ca^{2+}、Ba^{2+}，有时有 Cs^+、Rb^+ 等，而 Mg^{2+}、Fe^{2+}、Mn^{2+} 等离子出现较少。此外，一些附加阴离子（OH^-、F^-、Cl^-）和中性水分子也常出现在空隙内。

架状结构结合力较强，因此矿物具有较高的硬度，且很少含 Fe^{2+}、Mn^{2+} 等色素离子，其颜色一般呈浅色。因结构中存在着较大的空隙，架状硅酸盐矿物密度较小，折射率较低。属于本类的宝石矿物包括石英（水晶）、长石（月光石和日光石）、微斜长石（天河石）、拉长石等。

1.1.2.5 其他类型矿物

氧化物类矿物是一系列金属和非金属元素与氧阴离子（O^{2-}）化合（以离子键为主）而成的化合物，其中包括含水氧化物。这些金属和非金属元素主要有 Si、Al、Fe、Mn、Ti、Cr 等。属于简单氧化物的宝石矿物有刚玉（Al_2O_3），包括红宝石、蓝宝石；SiO_2 类矿物（SiO_2 和 $SiO_2 \cdot nH_2O$）的紫晶、黄晶、白水晶、烟晶、芙蓉石、玉髓、欧泊及金红石（TiO_2）等。属于复杂氧化物的宝石矿物有尖晶石 $[(Mg, Fe)Al_2O_4]$ 和金绿宝石（$BeAl_2O_4$）等。

磷酸盐类矿物含有阴离子 $[PO_4]^{3-}$。由于阴离子半径较大，因而要求半径较大的阳离子（如 Ca^{2+}、Pb^{2+} 等）与之结合才能形成稳定的磷酸盐。此类矿物成分复杂，往往有附加阴离子。属于此类的宝石矿物有磷灰石 $[Ca_5(PO_4)_3(F, Cl, OH)]$ 和绿松石 $[CuAl_6(PO_4)_4 \cdot (OH)_8 \cdot 4H_2O]$ 等。

有些元素可呈单质独立出现，形成自然元素大类矿物。属于此类的典型宝石矿物是金刚石（成分为 C）。

1.1.3 岩石

1.1.3.1 岩石的定义

岩石（rock）是天然产出的、具有一定结构构造的矿物集合体（少数岩石可由玻璃或胶体或生物遗骸组成）。它可以由一种或几种矿物组成，例如大理岩由方解石组成；花岗岩由石英、长石和云母等矿物组成。岩石构成了地壳及上地幔的固态部分，是地质作用的产物。

1.1.3.2 岩石的分类

岩石的种类很多，按其成因可分为三大类：岩浆岩（magmatic rock）、沉积岩（sedimentary rock）和变质岩（metamorphic rock）。

（1）岩浆岩概述

岩浆岩是岩浆喷出地表或侵入地壳后由于温度降低而冷却固结形成的岩石。由于在岩浆冷凝和结晶过程中失去了大量挥发分，所以岩浆岩的成分和岩浆的成分是不完全相同的。根据岩浆岩产出状态，岩浆岩可分为喷出岩和侵入岩两种基本类型。喷出岩是岩浆喷出地表，在空气中或海水中迅速冷凝形成的岩石，如玄武岩和安山岩。侵入岩是岩浆在地表以下缓慢冷却后凝固而成的岩石，如闪长岩和花岗岩[图1-1-12(a)]。

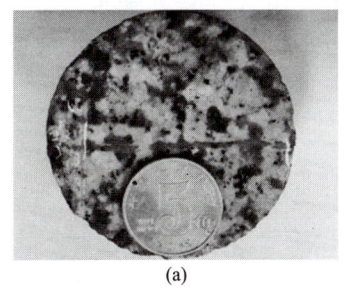  

(a) (b) (c)

图1-1-12 常见岩石
(a) 花岗岩；(b) 细粒石英砂岩；(c) 粗粒白色大理岩

岩浆岩除少数由玻璃质组成外，都是由矿物组成的。组成岩浆的矿物，一般统称为造岩矿物。常见的造岩矿物有十几种，包括石英、钾长石、斜长石、辉石、角闪石、黑云母、白云母、橄榄石等。岩浆岩的化学成分以O、Si、Al、Fe、Ca、Na、K、Mg、H、Ti、Mn、P 12种元素的含量最高，占岩浆岩元素总量99%以上，为主要造岩元素。岩浆岩中除了上述的主要造岩元素外，还有很多的微量元素，如Li、Be、Nb、Ta、Sr、Ba、U、Th、Zr、Hf、Rb、Cs、W、Sn、Mo、Cu、Pb、Zn、Cr、Ni、Co、V等，这些元素虽然量微，但可以局部富集成矿。有些微量元素是宝石矿物非常好的致色元素，如红宝石的鲜艳红色、祖母绿的鲜艳绿色是由微量的Cr致色，坦桑石的漂亮蓝色是由微量V致色，天河石的亮蓝绿色是由微量Rb、Cs引起的。

根据岩浆岩中SiO_2含量，可将岩浆岩分为超基性岩、基性岩、中性岩和酸性岩四大类别。超基性岩主要由橄榄石和辉石两种矿物组成，不存在长石和石英，基性岩主要由辉石和基性斜长石组成；中性岩主要由角闪石和中长石组成；而酸性岩主要由石英、酸性斜长石、钾长石、黑云母、白云母等矿物组成。具体岩石类型及特征见表1-1-5。

岩浆在地表或地下不同深度冷凝时，因温度、压力等条件不同，即使是同样成分的岩浆所形成的岩石，也具有不同的形貌特征。这种差异主要表现在岩石的组构（结构和构造）上。岩浆岩结构是指岩石中矿物颗粒本身的特点（结晶程度、晶粒大小和晶粒形态等）及颗粒之间的相互关系所反映出来的岩石构成的特征，其所表现出的特点取决于岩石形成时的物理化学条件（如岩浆的温度、压力、黏度、冷却速度等）。其中，按照岩浆岩结晶程度，可以将岩浆岩结构分为全晶质、半晶质和玻璃质结构。根据矿物晶形发育的完整程度还可将岩浆岩分为自形、半自形和他形结构。按照岩石中矿物颗粒的绝对大小，可以分为伟晶、粗粒、中粒和细粒结构。按照岩石中矿物颗粒的相对大小，岩浆岩可分为等粒、不等粒、斑状和似斑状结构。岩浆岩构造（structure）是指组成岩石的不同矿物集合体的形态、大小、排列和空间分布所反映出来的岩石特征，它除了与岩浆本身的特点有关外，还与岩浆岩形成时的地质因素（构造运动、岩浆的流动等）有关。常见的构造类型有块状构造、斑杂状构造、条带构造、气孔和杏仁构造、晶洞构造、流纹构造等。

表1-1-5 三大岩类型及相关特征

岩石成因类型	划分依据	主要类型	主要组成矿物	典型结构	典型构造	代表性岩石
岩浆岩	SiO_2质量分数：<45%	超基性岩	橄榄石和辉石	显晶质，自形、半自形、他形粒状结构；隐晶质，斑状或似斑状结构（喷出岩）	块状、带状、斑杂状构造（侵入岩）；气孔、杏仁、枕状、流纹构造（喷出岩）	橄榄岩（侵入岩）、金伯利岩（喷出岩）
	SiO_2质量分数：45%~52%	基性岩	辉石、基性斜长石和少量角闪石			辉长岩和辉绿岩（侵入岩）、玄武岩和煌斑岩（喷出岩）
	SiO_2质量分数：52%~65%	中性岩	角闪石、中长石（碱性长石）			闪长岩和正长岩（侵入岩）、安山岩和粗面岩（喷出岩）
	SiO_2质量分数：>65%	酸性岩	石英、钾长石、钠长石、黑云母			花岗岩（侵入岩）、流纹岩（喷出岩）
沉积岩	物理风化和火山喷发产生的碎屑	碎屑岩类	碎屑物质（石英和长石）和基质	碎屑结构	层理构造和层面构造等	砾岩、砂岩、粉砂岩、集块岩、火山角砾岩、凝灰岩
	化学风化产生的黏土	黏土岩类	黏土矿物	泥状结构	页理、虫迹、波痕、水底滑坡等	泥岩、页岩
	化学风化形成的溶液	化学岩和生物化学岩类	石英、玉髓、蛋白石、磷灰石、方解石、白云石、石膏、石盐等	颗粒结构、结晶结构和生物骨架结构	结核、缝合线、晶体印痕、假晶、叠层构造和生物扰动构造	铝质岩、铁质岩、锰质岩、磷质岩、碳酸盐岩、蒸发岩和可燃性有机岩
变质岩	接触热变质作用	接触变质岩	长石、云母、角闪石、石英等	变余结构、变晶结构、角砾状结构	块状、斑点状、斑状、千枚状、片状、片麻状、条带状构造等	角岩、大理岩
	区域变质作用	区域变质岩	长石、云母、角闪石、白云母、黑云母等	变余结构、变晶结构	板状、千枚状、片状、片麻状构造等	千枚岩、片岩、片麻岩、变粒岩、麻粒岩
	动力变质作用	动力变质岩	石英为主	碎裂结构、糜棱结构	角砾状构造	碎裂岩、糜棱岩
	接触交代变质作用	交代变质岩	硅灰石、透辉石、石榴子石、阳起石、绿泥石等	交代结构	块状构造	矽卡岩（主要组成矿物为硅灰石、透辉石、石榴子石、阳起石、绿帘石等）
	混合岩化作用	混合岩	长石、石英、角闪石、辉石等	变晶结构	脉状、网状、眼球状、阴影状、皱纹状和条带状构造等	混合岩

（2）沉积岩概述

沉积岩是在地表和地表下不太深的地方形成的地质体。它是在常温常压条件下，由风化作用、生物作用和某些火山作用产生的物质经搬运、沉积和成岩等一系列地质作用而形成的。根据沉积作用方式和岩石成分差异，可将沉积岩分为碎屑岩类、黏土岩类以及化学岩和生物化学岩类。碎屑岩类主要由母岩物理风化及火山喷发产生的碎屑物质经搬运和机械沉积作用而成，例如砾岩、砂岩［图1-1-12（b）］和粉砂岩等。黏土岩类主要由母岩化学风化产生的黏土矿物经搬运和机械沉积而成，少部分可能是化学沉积的，例如泥质岩。化学岩和生物化学岩类主要由母岩化学风化作用形成的溶液物质经化学或生物化学作用沉积而成，例如硅质岩、碳酸盐岩、蒸发岩等。

沉积岩的结构可分为五种基本类型，分别是：碎屑结构、泥状结构、颗粒结构、生物骨架结构和结晶结构。碎屑结构主要由砾、砂等较粗的陆源碎屑（或他生矿物颗粒）机械堆积形成，这些碎屑颗粒之间的物质称为填隙物。泥状结构主要由极细小（泥级）的固态质点机械堆积形成。颗粒结构主要由一些特殊的颗粒，如生物碎屑、鲕粒等机械堆积形成。生物骨架结构主要由造礁生物原地生长繁殖形成，在生物骨架之间的空隙中常有自生颗粒、泥级质点或胶结物充填。结晶结构也称化学结构，主要由原地化学沉淀的矿物晶体形成。所谓"原地"是指晶体的大小、形态和相对位置都是在矿物沉淀时形成的。

沉积岩的构造根据形态和成因可以分为三大类：物理成因、化学成因和生物成因构造。物理成因构造可进一步划分为层理构造和层面构造。化学成因构造包括结核、缝合线、晶体印痕以及假晶等。生物成因构造主要有生物生长构造（叠层构造）和生物扰动构造两种类型。

（3）变质岩概述

变质岩是地球上已形成的岩石（岩浆岩、沉积岩、变质岩），随着地壳的不断演化，其所处的地球动力学环境也在不断改变，为了适应新的地质环境和物理化学条件（包括温度、压力、应力和化学成分等）的变化，其矿物成分、结构、构造发生一系列改变而形成的新型岩石，例如石灰岩经历高温、高压环境会变质形成大理岩［图1-1-12（c）］。根据变质作用类型，变质岩可分为动力变质岩、区域变质岩、接触变质岩、交代变质岩和混合岩。

变质岩的原岩可以是地壳中各种类型的岩浆岩、沉积岩和变质岩，所以其化学成分变化范围很大。变质作用可以分为等化学变质和异化学变质，等化学变质（isochemical metamorphism）是变质作用过程中 SiO_2、Al_2O_3、Fe_2O_3、FeO、MnO、MgO、CaO、Na_2O 和 K_2O 等主要造岩氧化物的含量基本不变，仅仅使原岩丢失挥发分。异化学变质（allochemical metamorphism）是改变原岩中的阳离子组成的变质作用，又称交代作用（metasomatism）。因此，变质岩的化学成分既有对原岩的继承性，又有变异性。

变质岩的矿物成分比岩浆岩和沉积岩更复杂。按成因划分既有稳定矿物，即变质作用形成的矿物，又有不稳定矿物，即变质作用不彻底保留的原岩矿物。按照稳定范围划分，可分为特征变质矿物和贯通矿物。特征变质矿物只稳定于很狭窄的温度和压力范围内，对外界条件变化反应灵敏，因此具有对变质岩形成条件的指示意义，例如红柱石-蓝晶石-夕线石；贯通矿物是在很宽的温度和压力范围内都稳定存在的矿物，如方解石、石英，不具有变质条件指示意义。

变质岩的结构可分为四种基本类型，分别是变余结构、变晶结构、碎裂结构和交代结构。变质岩的构造分为定向构造和非定向构造两大类。定向构造包括板状、千枚状、片状、片麻状、条带状和眼球状构造等；非定向构造包括块状、斑点、瘤状和角砾状构造等。不同变质岩常见结构、构造见表1-1-5。

三大类岩石在地表和地壳内部的分布情况也不相同。地壳表层以沉积岩为主，其约占大陆面积的75％和海洋底面的绝大部分。地壳深处则主要由岩浆岩和变质岩组成，约占地壳体积的95%。由于三大类岩石之间的界限有时并不能截然分开，其间有逐渐过渡的关系，因此，它们虽然各有其特征，但彼此之间常有密切的联系，其相互关系和演变的情况如图1-1-13所示。

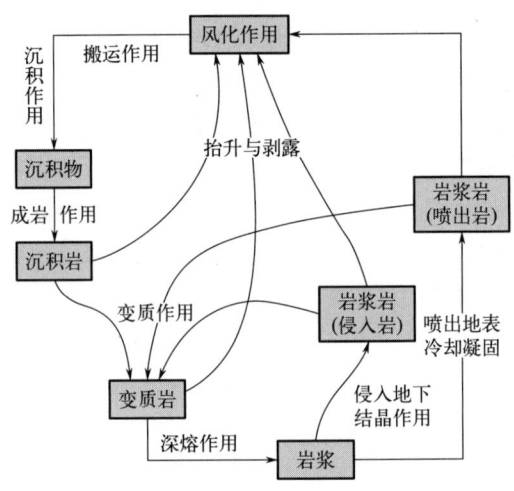

图1-1-13 三大类岩石相互转化关系

1.1.4 宝石

1.1.4.1 宝石的概念与分类

根据我国珠宝玉石首饰行业相关的国家标准，珠宝玉石可简称宝石，泛指一切经过琢磨、雕刻后可以成为首饰或工艺品的材料，是对天然珠宝玉石和人工宝石的统称。狭义宝石仅指上述概念中的天然珠宝玉石，即自然界产出的色彩瑰丽、晶莹剔透、坚硬耐久且稀少，可琢磨、雕刻成首饰和工艺品的矿物、岩石和有机材料。宝石由无机物和有机物两类组成，无机物宝石占90%以上，如钻石［图1-1-14（a）］、祖母绿［图1-1-14（b）］、红宝石和蓝宝石等。有机宝石是指由生物作用所形成的符合宝石工艺要求的有机物，如珍珠［图1-1-14（c）］、琥珀［图1-1-14（d）］等。

宝石矿物分类有不同方案。由于宝石仍属于矿物范畴，所以矿物的晶体化学分类同样适用于宝石。除了晶体化学分类以外，宝石还可以按照价值和稀缺程度以及成因进行分类。

（1）按价值和稀缺程度分类

① 高档宝石 指传统的、历来被人们所珍视的、价值较高的宝石。目前国际珠宝界公认

   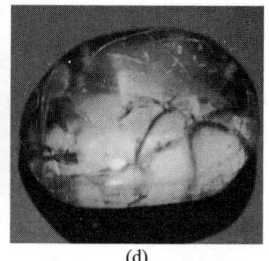

图 1-1-14　宝石（据 GIA）
(a) 钻石（金刚石）；(b) 祖母绿（绿柱石）；(c) 珍珠；(d) 琥珀

的高档宝石品种有钻石、祖母绿、红宝石、蓝宝石、金绿宝石（变石、猫眼）。

② 中低档宝石　指那些虽具有美丽、耐久和稀少等特点，但与高档宝石品种相比价值较低的宝石。这类宝石品种繁多，如电气石、绿柱石、石榴石、尖晶石、水晶等。

③ 稀少宝石　有些宝石品种由于其产量低，不足以在市场上广为流通，通常在宝石实验室、陈列室或收藏家手中才能出现，其价值要视具体情况而定。如塔菲石，产自斯里兰卡，有米黄色、淡紫色、淡红色等颜色，最早发现的一块原石仅 1.419ct（1ct＝0.2g）。据统计，迄今为止能琢磨成刻面宝石的塔菲石仅有几块。

（2）按照成因分类

以天然形成或人工制造为依据，将宝石矿物材料分为两大类：天然珠宝玉石和人工宝石。再根据宝石的组成和性质进一步划分。具体分类方案见表 1-1-6。

表 1-1-6　宝石矿物材料按成因分类表

宝石矿物材料	天然珠宝玉石	天然宝石
		天然玉石
		天然有机宝石
	人工宝石	合成宝石
		人造宝石
		拼合宝石
		再造宝石

① 天然珠宝玉石

天然珠宝玉石（natural gem）的广义定义是指由自然界产出的具有美观、耐久、稀少性和工艺价值等特点，可加工成装饰品的物质。按照组成和成因不同进一步分为天然宝石、天然玉石和天然有机宝石。

天然宝石（natural gemstone）绝大部分为矿物晶体。宝石矿物的分类方法与矿物学的分类方法基本一样，其分类体系的级序由大到小为：类、种和亚种。"类"是指宝石矿物的化学组成类似，晶体结构类型相同的一组矿物。"种"是指具有基本上相同的化学组成和晶体结构的一种矿物。人们给予每一种宝石矿物的名称，如金刚石、红宝石、蓝宝石都是宝石的种名，宝石矿物种是分类的基本单位。同一类宝石矿物由若干种宝石矿物组成，如石榴石类包括镁铝榴石、铁铝榴石、锰铝榴石、钙铝榴石和钙铁榴石及钙铬榴石宝石矿物种。"亚种（变种）"是"种"的进一步细分，它们之间主要化学成分和晶体结构都一样，只是颜色、透明度不同或具有不同的特殊光学效应，如蓝宝石中的蓝色蓝宝石、黄色蓝宝石、星光蓝宝石等变种。

天然玉石（natural jade）是指由自然界产出的，具有美丽、耐久、稀少性和工艺价值等特点的矿物集合体（岩石），少数为非晶体材料，例如翡翠源于硬玉岩。根据玉石材料的硬度、自然界产出量的多少以及工艺特点，将玉石分为高档、中低档和雕刻石三大类。

a. 高档玉石：硬度（H）较大，H 为 6.5～7，例如翡翠和软玉。

b. 中低档玉石：硬度 H 为 4～6，如玛瑙、岫玉、青金岩等。

c. 雕刻石：硬度 H 为 2～4，例如寿山石、鸡血石、青田石等。

天然有机宝石（natural organic gemstone）是指由自然界生物生成，部分或全部由有机物质组成，可用于首饰及装饰品的材料，如珍珠、琥珀、珊瑚等。人工养殖珍珠，由于其养殖过程和产品特征与天然珍珠的自然性及产品特征基本相同，也被划为天然有机宝石。

② 人工宝石

人工宝石（artificial gem）是完全或部分由人工生产或制造的被用作首饰及装饰品的材料统称，包括合成宝石、人造宝石、拼合宝石和再造宝石。

合成宝石（synthetic stone）是完全或部分由人工制造且自然界有已知对应物的晶体、非晶体或集合体，其物理性质、化学成分和晶体结构与所对应的天然珠宝玉石基本相同，如合成红宝石、合成祖母绿、合成金刚石（钻石）等。

人造宝石（artificial stone）是由人工制造且自然界无已知对应物的晶体、非晶体或集合体，如钇铝榴石（YAG）。

拼合宝石（composite stone）是由两块或两块以上材料经人工拼合而成，且给人以整体印象的珠宝玉石，如拼合欧泊。

再造宝石（reconstructed stone）是通过人工手段将天然珠宝玉石的碎块或碎屑熔接或压结成具有整体外观的珠宝玉石，如再造琥珀、再造珍珠等。

人工宝石的合成方法很多，常用方法主要有焰熔法、熔体提拉法、冷坩埚法、助熔剂法、水热法、高温高压法等。下面就以上几种方法做简要介绍。

a. 焰熔法就是用氢气（H_2）和氧气（O_2）燃烧形成高温火焰，将原料熔化后渐渐冷却而结晶成晶体，主要用于合成熔点较高的宝石，例如合成红宝石、蓝宝石、尖晶石等。

b. 熔体提拉法是将构成晶体的原料放在坩埚中加热熔化，在熔体表面接籽晶提拉熔体，在受控条件下，使籽晶和熔体在交界面上不断进行原子或分子的重新排列，随着温度降低逐渐凝固而生长出单晶体。控制晶体形状的提拉法又叫导模法。

c. 冷坩埚法不使用专门的坩埚，而是直接用拟生长的晶体材料本身作为"坩埚"，使其内部熔化，外壳不熔；其巧妙之处是在其外部加设冷却装置，把表层的热量吸走，使表层不熔，形成一层未熔壳，起到坩埚的作用。该方法主要生产合成立方氧化锆宝石。

d. 助熔剂法是一种在高温熔融液中生长晶体的方法，原料熔融于助熔剂中形成饱和熔融液，然后缓慢冷却或蒸发熔剂，使晶体从过饱和熔融液中不断结晶出来，这种生长过程与自然界中矿物晶体从岩浆中结晶的过程相似。该方法优点是生长温度低、适应性强。几乎所有的晶体，都可以通过寻找合适的助熔剂用这种方法生长出来。

e. 水热法是利用高温、高压的水溶液来溶解那些在大气条件下不溶或难溶于水的物质，并达到一定的过饱和度，再进行结晶和生长晶体。该方法主要用来生产水晶，特别是彩色水晶。

f. 高温高压法是人工模拟天然钻石的形成环境（高温、超高压条件），让非钻石结构的碳转化为钻石结构的碳。该方法主要生产钻石和翡翠。由于受超高压设备和高温条件限制，生产成本较高，故人工合成钻石仍十分昂贵。

g. 化学气相沉积法，也称为化学气相沉积（CVD），主要利用气态或蒸汽态的物质在气相或气固界面上发生反应生成固态沉积物的过程，这种方法广泛应用于提纯物质、研制新晶体、沉淀各种单晶、多晶或玻璃态无机薄膜材料等领域。该方法主要用来合成钻石。

1.1.4.2 宝石矿物需具备的条件

自然界中发现的矿物、岩石虽已超过 5900 种，但可做宝石原料的仅 230 余种，而国际珠宝市场上的主要高中档宝石只不过 20 多种，尚不及 10%。可见矿物岩石必须具备一些特定的条件才能成为宝石，宝石是众多矿物、岩石的精华。

（1）美丽

美丽是体现宝石价值的首要条件。宝石的美由颜色、透明度、光泽、纯净度等众多因素构成。这些因素相互弥补又相互衬托，当上述因素都恰到好处时，宝石才能光彩夺目、美丽绝伦。

（2）耐久

宝石不仅应绚丽多姿，而且需要经久不变，即具有一定的硬度、韧性和化学稳定性等。宝石的耐久性是由其稳定的物理化学性质所决定的，但这一条件对某些宝石可适当放宽，如有机宝石、大理岩等。

（3）稀有性

宝石的稀有性包括品种方面的稀有性和质量方面的稀有性。因品种稀有性而影响价格的宝石有紫晶、拉长石等。紫晶，半透明至透明，紫色、紫红色给人以高雅之感，最初仅见于欧洲大陆，被人们视为珍宝，价值很高，但当在其他国家大量发现以后，价格大跌；拉长石曾以其稀有的变彩效应备受人们喜爱，但自加拿大、苏联发现大型矿山后，它就变成普通宝石品种了。因质量方面的稀有性而身价倍增的高档宝石祖母绿，它的矿物品种绿柱石在自然界的分布和产出并不少，但是由于绿柱石裂隙发育、瑕疵严重（图 1-1-15），能加工成无瑕者非常稀少。

图 1-1-15　发育裂隙的绿柱石（海蓝宝石）

1.1.5　宝石矿物材料

矿物材料是指天然产出的具有一种或几种可利用的物理化学性能或经过加工后达到以上条件的矿物或岩石，包含天然的金属矿物、无机非金属矿物和人工合成矿物等。

矿物材料具有多用性、多样性、储量大、价格低廉、替代性强、应用领域广等特点，按照其主要用途，可以分为结构矿物材料、功能矿物材料、环境矿物材料和宝石矿物材料等多种类型。例如石墨具有硬度低和导电性强等特性，在工业上常被用作导电材料和润滑剂，是一种功能矿物材料；电气石是一类环状硅酸盐矿物，具有热释电性、压电性、天然电极性、红外辐射特性、释放负离子特性，可用于水污染治理（重金属离子吸附、调节水体的酸碱平衡、降解有机物）、空气污染处理、医疗与保健、去污、涂料防腐等方面，为环境矿物材料。

宝石矿物材料是天然产出的具有美丽、耐久、稀有性等宝石特征或经加工后达到以上宝石特征的矿物或岩石。例如绿柱石、硬玉岩。

思考题

1. 晶体与非晶体的本质区别是什么？
2. 晶体的均一性和各向异性是否矛盾，如何运用局部和整体的辩证思维来解释？
3. 宝石和矿物有什么区别和联系？
4. 岩石根据成因，可以分为哪几类，其特征各是什么？
5. 宝石需具备哪三大特征？如何理解这些特征？
6. "夫美也者，上下、内外、小大、远近皆无害焉，故曰美"，这是我国古代春秋时期伍举对"美"的描述，请你结合实例，谈谈对晶体"美"的认知。

1.2 宝石矿物形态及物理性质

宝石矿物的物理性质、化学组成与晶体结构复杂多样，因此其形态和物理性质也表现出了各不相同的特征。其中，光学性质主要取决于金属阳离子的性质和结构的紧密程度，而晶体的习性和力学性质主要取决于结构的键强和强键的取向。

1.2.1 宝石矿物形态

晶体形态是其成分和内部结构的外在反映。一定成分和内部结构的矿物，具有一定的晶体形态特征。另外，晶体的形态还受其生长时外界环境的影响。因此，宝石矿物形态是"理想"与"现实"的综合体。宝石矿物的形态分为单体形态、规则连生体形态和集合体形态。单体形态指宝石矿物单晶体的形态，分为理想晶体的形态和实际形态；规则连生体形态主要指两种或两种同种晶体有规律地生长在一起；集合体形态指矿物集合体的外貌。

研究宝石矿物的形态在鉴定宝石矿物、研究宝石矿物成因、指导寻找宝石矿床及利用宝石矿物资源方面均具有十分重要的意义。

1.2.1.1 矿物单体形态

（1）理想形态

单形（simple form）是指由对称要素联系起来的一组晶面的总和。同一单形的所有晶面同形等大（图 1-2-1）。例如立方体的六个面都是大小一致的正方形，八面体由八个相等的等边三角形组成。

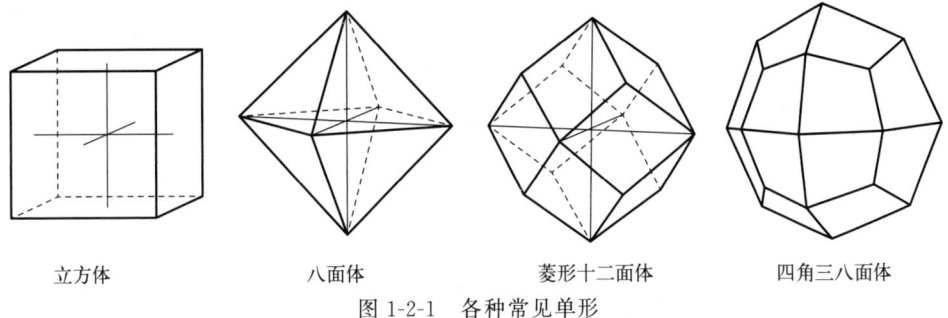

图 1-2-1　各种常见单形

单形可分为开形（open form）和闭形（close form）两种。开形是指其晶面不能包围成一个封闭空间的单形，如柱类、单锥类单形和平行双面等；闭形是指其晶面可以包围成一个封闭的空间的单形，如立方体和八面体单形。

聚形（combinate form）由两个或两个以上的单形聚合在一起，这些单形共同圈闭的空间外形形成聚形。但单形的聚合不是任意的，必须是属于同一对称型的单形才能聚合（图 1-2-2）。

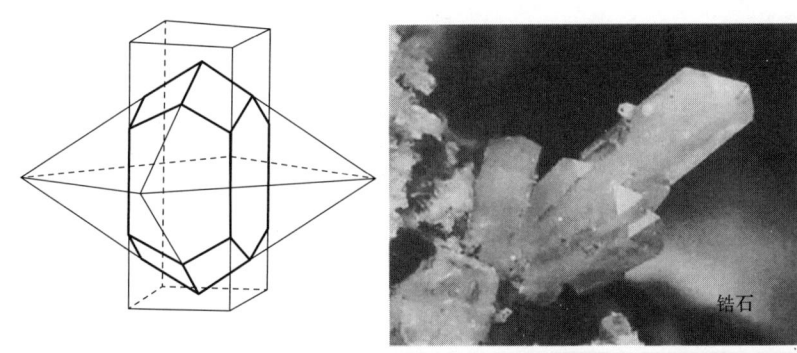

图 1-2-2　四方柱和四方双锥的聚形

（2）结晶习性

矿物绝大部分是晶体，它们在自然界中都表现为一定的晶体形态。在相同的外界条件下，一定成分的同种矿物，总有自己常见的形态，矿物晶体的这种性质称为结晶习性（crystal habit）。根据矿物晶体发育程度，有不同的描述方法，当晶体表现为某一单形发育占优势时，可用单形来描述，如萤石的八面体习性、石榴子石（商贸中，常将石榴子石称为"石榴石"）的五角十二面体习性等。按照宝石矿物晶体在三维空间的延伸比例，将宝石矿物形态分为以下三种类型。

① 三向等长型　晶体沿三个方向大致发育相等，矿物形态常呈粒状，如橄榄石、石榴子石［图 1-2-3(a)］等。

② 二向延展型　晶体沿两个方向特别发育，矿物形态常呈板状、片状，如重晶石、云母［图 1-2-3(b)］等。

③ 一向延伸型　晶体沿一个方向特别发育，矿物形态呈柱状、长柱状、针状、纤维状，如绿柱石、电气石、辉锑矿［图 1-2-3(c)］、α-石英等。

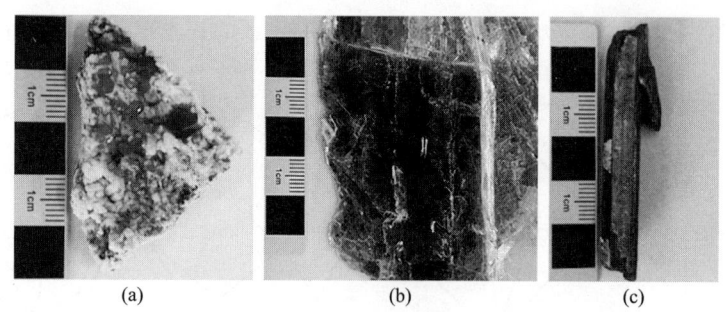

图 1-2-3 宝石矿物形态
(a) 粒状石榴子石；(b) 片状云母；(c) 长柱状辉锑矿

矿物的晶体习性一方面受晶体结构的制约，如角闪石和辉石之所以呈柱状习性，是由于它们具有链状结构（详见 1.1.2 小节）；另一方面，矿物形成时的外界环境对晶体习性的影响也十分重要。例如在碱性岩里形成的锆石，柱面不发育，所以以双锥状习性为主，而在正常花岗岩中则以柱状习性为主。矿物形成时的空间条件也是影响晶体习性的重要因素，如在花岗岩中的石英颗粒，一般都呈不规则的粒状，很难看到晶形，但在晶洞中，因为有自由空间，可以发育出完好的柱状晶体。

1.2.1.2 规则连生形态

晶体的规则连生可分成两种类型，即平行连生和双晶。

（1）平行连生

平行连生（parallel grouping）指同种晶体的个体彼此平行地连生在一起，连生着的两个晶体相对应的晶面和晶棱都相互平行 [图 1-2-4(a)]。平行连生从外形来看是多晶体的连生，但它们内部的格子构造都是平行而连续的 [图 1-2-4(b)]，从这点来看它与单晶没什么差异。

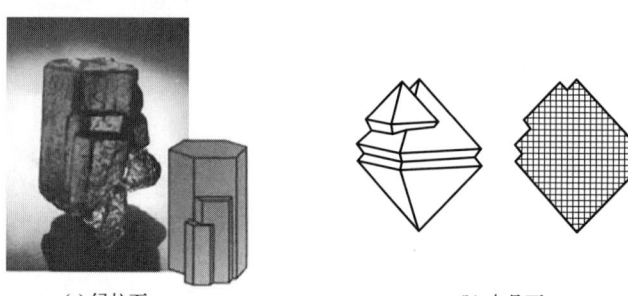

(a) 绿柱石　　　　　　　　　　(b) 尖晶石

图 1-2-4 平行连生

（2）双晶

自然界中，大多数晶体并非是在理想状态下生长的，有的晶体长歪了，有的晶体成群生长长成晶簇，还有很多晶体长成双晶（twin crystal）。双晶是两个或两个以上的同种晶体按一定的对称规律形成的规则连生，相邻的两个个体相应的面、棱并非平行，但它们可以借助对称操作——反映、旋转或反伸，使两个个体彼此重合或平行。进行对称操作时所借助的辅助几何要素称为双晶要素，包括双晶面、双晶轴和双晶中心。根据双晶个体连生的方式，可将双晶分为接触双晶、聚片双晶、穿插双晶、轮式双晶等类型。

接触双晶（contact twin）：由两个个体组成，彼此以简单的平面相接触，如尖晶石双晶、水晶膝状双晶［图1-2-5(a)、(c)］。

聚片双晶（polysynthetic twin）：指一系列接触双晶，由多个个体以同一双晶律连生，接合面相互平行，常以薄板状产出，每个薄板与其直接相邻的薄板呈相反方向排列，而相间的薄板则有相同的结构取向，如钠长石的聚片双晶［图1-2-5(b)］。

穿插双晶（贯穿双晶，penetration twin）：由两个个体相互穿插而形成，如萤石的立方体穿插双晶和长石卡氏双晶［图1-2-5(d)、(e)］。穿插双晶的接合面往往不是一个连续的平面。

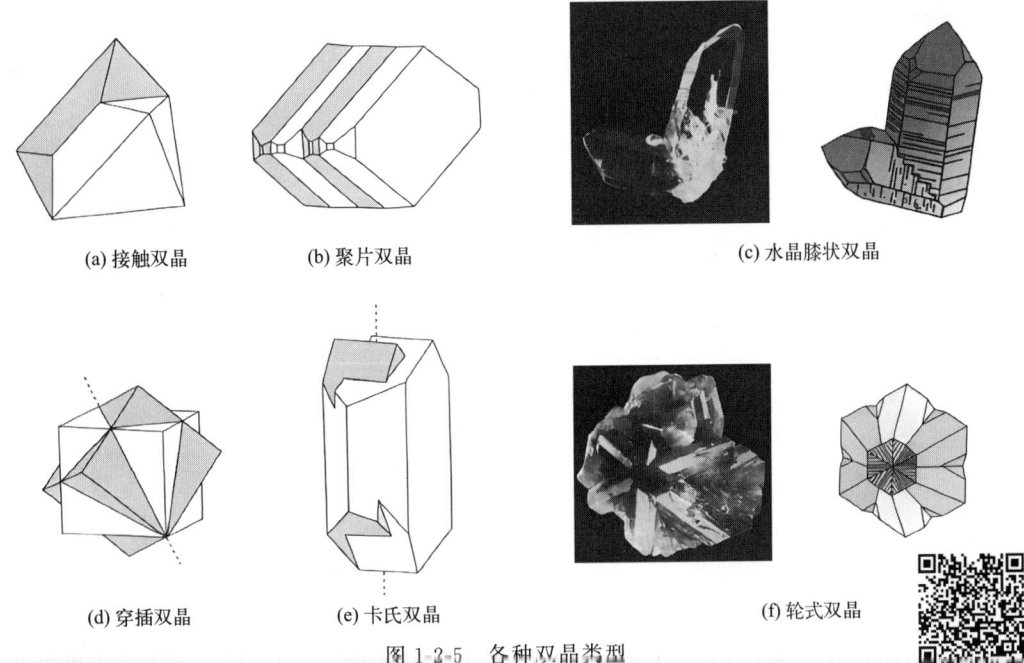

图 1-2-5　各种双晶类型

轮式双晶（cyclic twin）：由两个以上的单体，按同一种双晶律组成，表现为若干组接触双晶或贯穿双晶的组合，各接合面互不平行而依次呈等角度相交，双晶总体呈环状或辐射状，按其单体的个数可分别称为三连晶、四连晶等。金绿宝石的三连晶如图1-2-5(f)所示。

1.2.1.3　矿物集合体形态

多个同种宝石矿物单体聚集在一起的集合体形态可以说是千姿百态。矿物集合体分为显晶质集合体和隐晶质集合体。一般来讲，显晶质集合体由单体呈粒状、片状和柱状矿物集合而成，分别称为粒状、片状和柱状集合体。隐晶质集合体主要包括晶腺、葡萄状、肾状集合体。

放射状集合体指呈长柱状或针状的矿物单体，它们以一点为中心，向外呈放射状排列而形成的集合体，例如红柱石的放射状集合体，又称为菊花石。纤维状集合体指纤维状的矿物单体，其延长方向相互平行密集排列所形成的集合体，如纤维石膏［图1-2-6(a)］、阳起石猫眼等。晶簇指以洞壁或裂隙壁作为共同基底而生长的单晶体群所组成的集合体，如石英晶簇［图1-2-6(b)］和方解石晶簇。

晶腺指具有同心层状构造，且外形近似呈球状的矿物集合体，如胶体成因的条带状玛瑙。葡萄状、肾状集合体指胶体成因的逐层堆积而成的，外形呈钟乳状或肾状的集合体，如孔雀石葡萄状集合体［图 1-2-6(c)］（其横断面常具层状和放射状构造，也称皮壳状构造）和赤铁矿肾状集合体［图 1-2-6(d)］等。

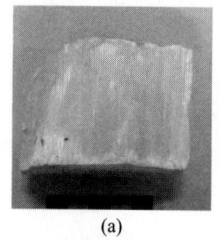
(a)

(b)

(c)

(d)

图 1-2-6　矿物的集合体形态
（a）纤维状集合体——纤维石膏；（b）簇状集合体——石英晶簇；
（c）葡萄状集合体——孔雀石；（d）肾状集合体——赤铁矿

1.2.2　宝石矿物物理性质

在国民经济中，矿物的物理性质有着广泛的应用，如高硬度的刚玉作为研磨材料，具有压电性的石英在电子工业中作振荡元件，重晶石因密度大可作为钻井泥浆的加重剂。随着近代科学的发展，矿物广泛地进入了新的技术领域，尤其是尖端科学技术的发展，需要具有某些特殊性能的矿物材料。冰洲石因可获得偏振光而成为激光偏光材料；石墨因相对密度小、耐高温等特性，在航空、航天等领域作为轻质材料。因此，研究矿物性能将大大促进国民经济和高科技的发展。当前，随着美国禁"芯"令的颁布，高端芯片领域国际竞争日趋激烈，高纯石英（SiO_2 质量分数大于 99.9%）由于其耐温、耐酸、低膨胀和极佳的光谱透过性的特殊物理性能，满足了半导体工业对载具材料中碱金属和重金属含量的苛刻要求，越来越受到关注。宝石矿物的物理性质取决于其本身的化学成分和内部结构。宝石矿物的物理性质主要包括光学性质（颜色、光泽、透明度等）、力学性质（解理、硬度等）以及其他性质（导电性、压电性等）。

1.2.2.1　光学性质

宝石矿物的光学性质（optical properties）是指宝石矿物对可见光的反射、折射、吸收等所表现出来的各种性质，主要包括颜色、光泽、透明度、发光性等。

（1）宝石矿物的颜色

矿物之美体现在多个方面，首要便是颜色。自然界中矿物的颜色千变万化，甚至同一种矿物呈现不同的颜色。宝石艳丽多彩给人以美的享受，宝石颜色的种类和色调深浅及均一程度，是决定宝石档次和价值的重要根据，同时，也是鉴定宝石的重要依据。那么，矿物为何会呈现出色彩多变的颜色呢？其中大有学问。

① 原理

自然光呈现白色，实际上它是由红、橙、黄、绿、靛、蓝、紫七种颜色的光混合而成的。

将自然光按图 1-2-7 排列，则任意两对角扇形区的颜色，以适当比例浓度混合，仍呈白色。这种成对的颜色，通常称作互补色。

图 1-2-7 互补色

由于大多数宝石矿物属于透明矿物，透明的宝石颜色以透射光为主，兼有对光的反射，颜色主要由透过的光谱组成所决定。当自然光透过宝石后，人眼观察到宝石的颜色是宝石矿物对自然光谱选择性吸收后呈现的残余色（补色）。如红宝石的色调为红色，是因为红宝石中杂质铬离子不同程度地选择性吸收了光源中黄绿光和蓝紫光，而透射出橙光、红光及部分蓝光（未被吸收的残余色的组合）。不透明宝石以反射为主，兼有透射和吸收，颜色则以反射光谱为主。

② 成因分类

根据宝石矿物颜色的成因可将宝石颜色分为自色、他色和假色。

自色（**idiochromatic color**）即矿物自身固有的颜色，它主要由矿物主要化学成分元素致色。对于同一种矿物而言自色比较固定，例如橄榄石的橄榄绿色［图 1-2-8(a)］、孔雀石的翠绿色［图 1-2-8(b)］、辰砂的朱红色、蓝铜矿的蓝色等。在鉴定矿物上具有重要意义。

图 1-2-8 橄榄石的橄榄绿色（a）和孔雀石翠绿色（b）

他色（**allochromatic color**）是由矿物的非固有成分（外来杂质）引起的颜色，但不包含物理光学效应引起的颜色。同种矿物，所含杂质不同而呈现不同的他色，例如红宝石［图 1-2-9(a)］和蓝宝石［图 1-2-9(b)］，尽管成分都是氧化铝，但是颜色具有明显差异。红宝石的红色是由刚玉中 Al^{3+} 被 Cr^{3+} 替换引起的，但是 Cr^{3+} 并不是刚玉的固有化学成分；蓝宝石的蓝色是由刚玉中含有的 Fe^{2+} 和 Ti^{2+} 等微量元素引起的。又如纯净的水晶为无色透明，但不同杂质的混入，可使水晶呈现紫色（紫水晶）、玫瑰色（蔷薇水晶）、烟灰色（烟水晶）等。他色的具体颜色随着混入物组分的不同而异，因此，矿物他色不固定，一般不能作为鉴定矿物的依据。

假色（**pseudochromatic color**）是由物理光学效应所引起的颜色，是自然光照射在矿物表面或进入矿物内部所产生的干涉、衍射、漫射等引起的颜色。假色是某些矿物的独有特性，所以只对某些矿物具有辅助的鉴定意义。矿物中常见假色有锖色［图 1-2-10(a)］、晕色［图 1-2-10(b)］、变彩［图 1-2-10(c)］等。

图 1-2-9　玫瑰红红色色调的红宝石（a）与蓝宝石（b）（美国 Jeffery Scovil 摄影，刘光华提供）

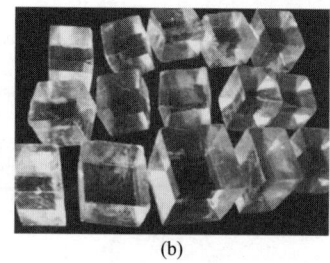
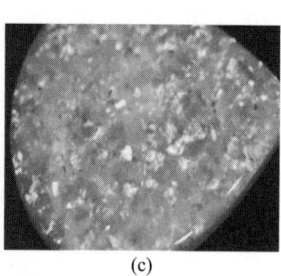

图 1-2-10　斑铜矿的鲜艳锈色（a）、冰洲石解理面上的晕色（b）以及欧泊的变彩（c）（据 GIA）

（2）宝石矿物的光泽

矿物的光泽（luster）是指矿物表面对光的反射能力。矿物的手标本鉴定中，依据反射能力大小，一般将矿物的光泽分为四级：玻璃光泽、金刚光泽、金属光泽、半金属光泽。

对于宝石矿物来讲，绝大部分为玻璃光泽和金刚光泽，金属光泽和半金属光泽者极少。另外，反射光受宝石矿物颜色、表面平坦程度、集合体结合方式等的影响，所以宝石矿物还可以产生一些特殊的光泽，如油脂光泽、树脂光泽、丝绢光泽等。

玻璃光泽（vitreous luster）：具有中等折射率（$n=1.3\sim1.9$）和大多数透明宝石所具有的光泽。玻璃光泽的宝石矿物，表面具有玻璃般的光亮，透明-半透明。具有强玻璃光泽的宝石矿物有金绿宝石；具有玻璃光泽的宝石矿物有祖母绿和尖晶石；具有亚玻璃光泽的宝石矿物有欧泊和萤石［图 1-2-11(a)］。

金刚光泽（adamantine luster）：具有很高折射率（$n=1.9\sim2.6$）的宝石所产生的光泽。金刚光泽的宝石矿物，表面具有金刚石般的光亮，透明-半透明，以钻石［图 1-1-14(a)］为代表。

油脂光泽（greasy luster）：在一些颜色较浅，具有玻璃光泽或金刚光泽的宝石的不平坦断面上或集合体颗粒表面所见到的一种光泽。如石英晶面为玻璃光泽，断面可为油脂光泽［图 1-2-11(b)］，集合体的石英岩断口也为油脂光泽。另外，石榴石和磷灰石的断口也多为油脂光泽。

珍珠光泽（pearly luster）：在珍珠的表面或一些解理发育的浅色透明宝石矿物表面，所见到的一种柔和多彩的光泽，如珍珠和鱼眼石。

丝绢光泽（silky luster）：一些透明的原具玻璃光泽或金刚光泽的宝石矿物，当它们以纤维状集合体的形式出现时，或一些具有完全解理的矿物表面所见到的一种像蚕丝和丝织品那样的光泽，如石膏［图 1-2-11(c)］、孔雀石、虎睛石。

树脂光泽（resinous luster）：一些颜色为黄-黄褐色的宝石，断面上可以见到一种类似于松香等树脂所呈现的光泽。如琥珀，其断面上常见到树脂光泽，但当琥珀磨抛出一个非常好的平面时，可呈现一种近似的玻璃光泽。

蜡状光泽（waxy luster）：在一些透明-半透明矿物组成的隐晶或非晶体致密玉石块体上，由于反射面不平坦，产生一种比油脂光泽暗些的光泽，如叶蜡石［图 1-2-11(d)］和绿松石。

(a) (b) (c) (d)

图 1-2-11 具有不同光泽的典型矿物
(a) 萤石的亚玻璃光泽；(b) 石英断口的油脂光泽；(c) 纤维石膏的丝绢光泽；(d) 叶蜡石的蜡状光泽

（3）宝石矿物的透明度

矿物的透明度（transparency）是指矿物允许可见光通过的程度。宝石的透明度可以用透射系数 τ 来表示，假设入射光的强度为 I_0，当光穿过一定厚度的介质后，强度减弱到 I，则 $\tau = I/I_0$。τ 的值介于 0~1 之间，τ 越接近 1，宝石的透明度越高。

宝石矿物的透明度范围跨越很大，无色宝石可以达到透明，给人以清澈如冰的感觉，而完全不透明的宝石则较少。在宝石的肉眼鉴定中，通常将宝石的透明度大致划分为五个级别：透明、亚透明、半透明、微透明、不透明。

① 透明　能容许绝大部分光透过，当隔着宝石观察其后面的物体时，可以看到清晰的轮廓和细节，如水晶。

② 亚透明　能容许较多的光透过，当隔着宝石观察其后面的物体时，虽可以看到物体的轮廓，但无法看清物体的细节。

③ 半透明　能容许部分光透过，当隔着宝石观察其后面的物体时，仅能见到物体轮廓的阴影，如一些质量较好的电气石。

④ 微透明　仅在宝石边缘棱角处有少量光透过，隔着宝石已无法看见其背后的物体，如黑曜岩。

⑤ 不透明　基本上不容许光透过，光线被宝石全部吸收或反射，如孔雀石。

（4）宝石矿物的发光性

矿物发光性是指矿物在外来能量的激发下，发出可见光的性质。能激发矿物发光的因素很多，如摩擦、加热、阴极射线、紫外线、X 射线等。在宝石学中经常遇到的是紫外线激发下的荧光和磷光。

荧光：宝石矿物在受外界能量激发时发光，激发源撤除后发光立即停止，这种发光现象称为荧光。

磷光：宝石矿物在受外界能量激发时发光，激发源撤除后仍能继续发光的现象称为磷光。宝石矿物的发光性与晶格中微量杂质元素（质量分数通常小于1％）和某些晶体缺陷（陷阱）的存在密切相关。

与宝石鉴定有关的发光类型主要为光致发光和阴极射线致发光。在实验室中，宝石的荧光特点可作为宝石鉴定的依据之一。

（5）宝石的特殊光学效应

① 猫眼效应（chatoyancy）

在平行光线照射下，以弧面型切磨的某些珠宝玉石表面呈现一条明亮光带，该光带随样品或光线的转动而移动的现象，就像猫的眼睛一样，故称为猫眼效应。

猫眼的形成条件（图1-2-12）：a.一组包裹体密集而平行地排列，这些包裹体可以是针状矿物、管状矿物、细长片晶等；b.琢磨成弧面型宝石，底面平行于包裹体的方向；c.弧面型宝石的长轴方向垂直于包裹体方向；d.弧面型宝石的高度应适当。

具有猫眼效应的宝石有金绿宝石、碧玺、绿柱石、石英、磷灰石、方柱石、红柱石等，其中以金绿宝石猫眼效果最佳。具有猫眼效应的金绿宝石，可直接称为猫眼，这是唯一一种无须注明矿物而直接称为猫眼的宝石（图1-2-13）。而能产生猫眼效应的一些其他宝石如石英（包括虎睛石）、碧玺不能直接称为猫眼，应描述成石英猫眼、碧玺猫眼等。

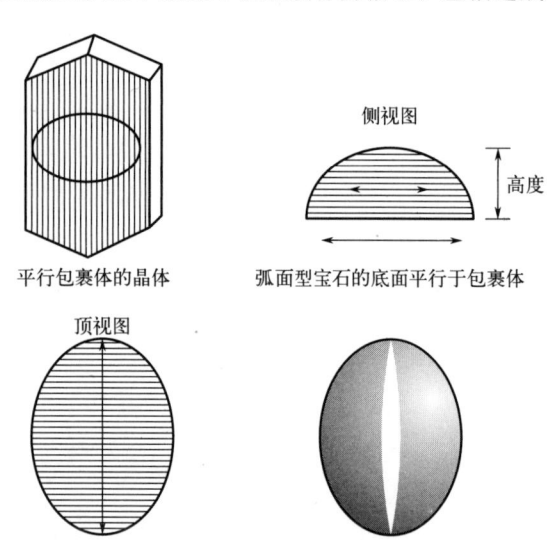

图1-2-12 猫眼产生的条件

图1-2-13 金绿宝石的猫眼现象（据GIA）

② 星光效应（asterism）

在平行光线照射下，以弧面型切磨的某些珠宝玉石表面呈现出两条或两条以上交叉亮线的现象，称为星光效应。每条亮带称为星线，通常多见两条、三条和六条星线，可分别称其为四射（或十字）、六射和十二射星光。星光效应多是由内部含有密集平行定向排列的两组、三组或六组包裹体所致。

星光效应的形成条件：a.至少两个方向定向排列的密集的针管状包裹体；b.弧面型宝石底面平行于包裹体所在平面；c.加工弧面型宝石的高度应适当。

能显示出星光效应的宝石有红宝石、蓝宝石、铁铝榴石、尖晶石、透辉石、粉晶（芙蓉石）等。如图1-2-14所示，刚玉三组平行排列的包裹体分别于三个横晶轴所在的平面，彼此以120°相交。当宝石切磨成弧面型且其底面平行于这三组包裹体所在的平面时，光从宝石内部的每组包裹体反射，导致三条相交的反射光带，在表面显示出六射星光效应（图1-2-15）。

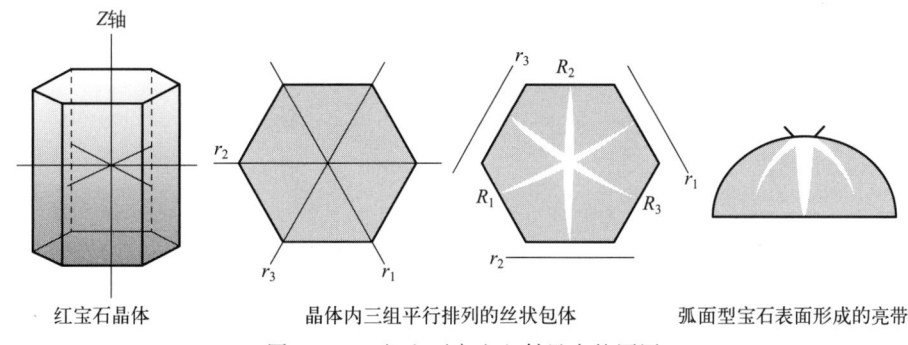

图1-2-14 红宝石产生六射星光的原因

图1-2-15 红宝石（a）和蓝宝石（b）的六射星光（据GIA）

③ 晕彩效应（iridescence）

光波因薄膜反射或衍射而发生干涉作用，致使某些光波减弱或消失，某些光波加强，而产生的颜色现象称为晕彩效应。拉长石的晕彩，可称为拉长石晕彩。

④ 变彩效应（play-of-color）

变彩效应指光从某些特殊的结构反射出时，由干涉或衍射作用而产生的颜色或一系列颜色，随观察方向不同而变化的现象。在欧泊中，二氧化硅小球堆积形成了三维立体光栅，且二氧化硅小球之间的空间提供了细小的孔隙使入射的白光从极小和规则排列的结构或包裹体衍射产生明亮的晕彩色（图1-2-16）。

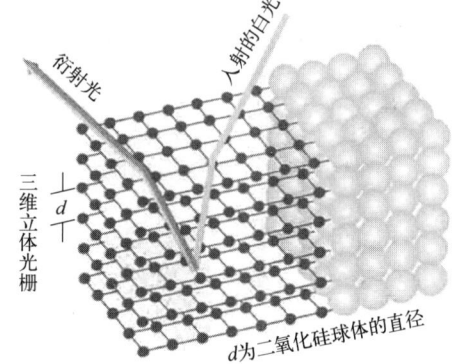

图1-2-16 欧泊变彩效应形成原理

⑤ 变色效应（color change effect）

宝石矿物的颜色随入射光光谱能量分布或入射光波长的改变而改变的现象称为变色效应。

变色效应产生的必备条件：宝石的可见光吸收光谱中存在着两个明显相间分布的色光透过带，而其余光均被较强吸收，透射光的波长与透射强度成正比。例如，变石是金绿宝石的一个亚种，在日光下呈绿色，在白炽灯光下呈红色。这是因为变石含过渡元素 Cr。Cr 在红宝石中形成红色，在祖母绿中形成绿色，而在变石中 Cr 需要的能量正好处于红色和绿色之间，因此宝石的颜色取决于所照射的光源。变石在绿光充足的日光下呈现绿色，在红光充足的白炽灯光中呈现红色（图 1-2-17），因而被称为"白昼里的祖母绿，黑夜里的红宝石"。

图 1-2-17　变石（日光下宝石呈蓝绿色，白炽灯光下呈红紫色）（据 GIA）

1.2.2.2　力学性质与密度

宝石矿物在外力（如打击、刻划、挤压或拉伸、扭力等）作用下所表现的物理机械性质，称为力学性质（mechanical properties）。宝石矿物的力学性质主要包括硬度、解理、韧性和脆性等。

（1）硬度

宝石抵抗外来压入、刻划或研磨等机械作用的能力称为宝石的硬度（hardness）。宝石的硬度与其晶体结构、化学键、化学组成等有关。宝石硬度是宝石矿物物理性质中比较固定的性质，因而也是宝石矿物的一种重要鉴定特征。常用的相对硬度表是莫氏硬度（H_M）表，共分为十个级别，详见表 1-2-1。在莫氏硬度中，金刚石最硬（$H_M=10$），滑石最软（$H_M=1$）。如果一个未知矿物能够刻划正长石（$H_M=6$），但又能被石英（$H_M=7$）刻动，这个未知矿物的莫氏硬度就介于 6 到 7 之间，近似记为 6.5。

表 1-2-1　莫氏硬度表

序号	矿物	硬度等级	照片	序号	矿物	硬度等级	照片
1	滑石	1		2	石膏	2	

序号	矿物	硬度等级	照片	序号	矿物	硬度等级	照片
3	方解石	3		7	石英	7	
4	萤石	4		8	黄玉	8	
5	磷灰石	5		9	刚玉	9	
6	正长石	6		10	金刚石	10	

空气中灰尘的主要成分是石英，其硬度为7，所以莫氏硬度大于7的宝石才耐磨。反之，硬度小于7的宝石，抛光面由于经常受到空气中灰尘的撞击磨蚀，表面会变"毛"而失去其原有光泽。所以莫氏硬度计可帮助鉴定宝石、确定宝石的档次。但需要注意的是，硬度测试为损伤性测试，一般不用于琢磨好的宝石。

宝石硬度特别是差异硬度的存在，为宝石加工提供了重要的基础。不同硬度的宝石选择不同的研磨和抛光材料。宝石不同方向的差异硬度为钻石的琢磨提供了可能性。钻石的硬度在平行八面体方向上大于立方体和菱形十二面体，所以钻石的切割或研磨通常沿平行于立方体和菱形十二面体的方向进行。

（2）解理

解理（cleavage）是指宝石矿物晶体在外力作用下，沿一定的结晶方向裂开呈光滑平面的性质。这些裂开的平面称为解理面。由于晶体具有各向异性，在不同的结晶方位上键力存在差异，解理往往是沿面网化学键力最弱的方向产生。根据解理产生的难易程度，可将矿物的解理分为以下五个等级。

① 极完全解理（eminent cleavage）　解理面大而平坦，极光滑，解理片极薄，如云母、石墨的解理，在宝石中少见。

② 完全解理（perfect cleavage）　常裂成规则的解理块，解理面较大且光滑平坦，如金刚

石、黄玉、萤石、方解石、石盐的解理。

③ 中等解理（good or fair cleavage）　解理面不大，平坦光滑程度较差，解理块上既有解理面又有断口，如金绿宝石、正长石解理。

④ 不完全解理（poor or imperfect cleavage）　解理面小且不光滑平坦，碎块上主要是断口，如磷灰石、绿柱石的解理。

⑤ 极不完全解理（cleavage in traces）　仅在显微镜下偶尔可见零星的解理面，如磷灰石、锆石、橄榄石的解理。

大多数宝石矿物无解理或存在不完全至极不完全解理。

宝石的解理可以作为鉴定宝石矿物的依据，同时在宝石加工等方面也具有重要的指导意义。宝石的解理发育情况，在某种程度上影响宝石的抛光效果。如黄玉底面解理发育，故在加工时应尽量避免刻面与解理面方向平行，否则会出现粗糙不平的抛光面；金刚石的八面体解理有助于工匠沿解理方向劈开金刚石；方解石（冰洲石）的菱面体解理也是工匠常用的劈开方向。解理是宝石可能具有的固有性质，不管它是否遭受力的作用，它总是存在或不存在的。它的存在服从于宝石的对称性，常用与解理平行发育或可能发育的单形符号表示。如结晶完美的钻石尽管它不存在任何裂隙，但它平行｛111｝方向的完全解理总是存在的，即一旦遭受力的作用，它就会沿平行｛111｝方向破裂产生解理面。

（3）韧性和脆性

韧性又称打击硬度，指宝石抵抗破碎的能力。很难破碎的性质称为韧性，易破碎的性质称为脆性。

值得一提的是，金刚石是世界上最硬的物质，但韧性不够。锆石硬度为6.5~7.5，因为其脆性很大，所以容易产生特有的"纸蚀现象"。常见宝石的韧性从高到低的排序为：黑金刚石、软玉、翡翠、刚玉、金刚石、水晶、海蓝宝石、橄榄石、绿柱石、黄玉、月光石、金绿宝石、萤石。钻石是硬度最高的物质，但同时也是脆性宝石，加上其有解理，因此不宜受碰撞。多晶集合体材料的韧性通常比较好，例如软玉、硬玉特别适用于雕琢各种新颖别致的玉器工艺品。

1.2.2.3　密度

矿物的密度（density）是指单位体积矿物的质量，单位为 g/cm^3，矿物手标本鉴定中通常使用相对密度。它指矿物在空气中的质量与4℃同体积的水的质量之比，数值与密度相同，无量纲。矿物的相对密度通常可以分为三级：轻矿物的相对密度小于2.5，如石盐（2.1~2.2）和石膏（2.3）等；中等矿物的相对密度为2.5~4，例如石英（2.65）、方解石（2.72）、金刚石（3.52）等；重矿物的相对密度大于4，如重晶石（4.5）、自然金（15.6~16.3）。

密度是宝石重要的性质之一，且与宝石的晶体化学和晶体结构密切相关，如原子量、离（原）子半径的大小和结构堆积的紧密程度等。晶体结构与其形成过程的物理化学环境有关。石墨与金刚石同由碳元素组成，但二者结晶环境不同，晶体结构各异，密度也相差甚远：石墨的密度为 $2.09~2.23g/cm^3$，金刚石的密度为 $3.47~3.56g/cm^3$。密度的测定与计算十分复杂，在宝石学中并不测量宝石的密度，而是测定其相对密度。

密度在宝石鉴定中应用很广泛，很多人都知道一个常识：购买宝石时，几乎所有的品种，包括翡翠、和田玉、玛瑙、水晶等，用手掂量几下，如果感觉沉甸甸的，就说明很可能是天然的，如果感觉轻飘飘的，就说明很可能是玻璃或塑料仿造的。

1.2.2.4 其他物理性质

宝石矿物除了以上主要的物理性质外，还包括导电性、压电性、热电性和静电性等。

① 导电性　当在宝石的两端加上电压时，有电流通过，这种性质称为导电性，具导电性的宝石矿物有合成金刚石和天然蓝色金刚石。利用导电性可区分天然蓝钻石和改色蓝钻石，人工改色蓝钻石不导电。

② 压电性　当在宝石矿物的某一方向施加压力或张力时，可使其具有导电性，这种性质叫压电性，最具压电性的宝石矿物是石英和电气石。

③ 热电性　通过加热改变宝石矿物的温度时，可在晶体两端产生电压或电荷，这种性质称作热电性，电气石具有这种性质。

④ 静电性　将琥珀和其他绝缘材料摩擦时，能产生静电荷，可吸附小纸片等碎屑，这种性质称作静电性，用静电性可区分琥珀和其他仿制品。

思考题

1. 根据矿物单形在三维空间的展布情况，可将矿物的形态分为哪些类别？
2. 双晶与平行连晶的区别有哪些？
3. 歪晶与晶体的理想形态有何区别与联系？生活中，如何辩证地看待"理想"与"现实"的关系？
4. 宝石矿物的常见光泽有哪些？请举例说明。
5. 宝石矿物的主要力学性质有哪些？它们在宝石鉴定或加工过程中都有哪些作用？
6. 矿物的颜色、透明度与光泽概念有何联系？如何利用"联系的辩证思维"进行解释？
7. 如何利用"现象与本质的辩证关系"理解宝石矿物颜色（自色、他色和假色）的呈色机制？请举例说明。

1.3 宝石矿物材料晶体化学

晶体化学是研究矿物化学成分和晶体结构及其与物理性质关系的一门学科。宝石矿物的化学成分和晶体结构是决定一个宝石矿物种的两个最基本的因素。只考虑其化学成分不考虑结构，不能确定一个宝石种；同样，只考虑其结构而不考虑化学成分也不能确定一个宝石种。例如，化学成分为碳（C）的固体，只有当C以立方对称排列时，才能确定其为金刚石（钻石）；而如果C以六方对称排列，只能确定为石墨。因此，化学成分是宝石矿物存在的物质基础，晶体结构是其存在的表现形式，二者是相互依存的，密不可分。很显然，矿物的化学成分和结构是决定宝石矿物一切性质的最基本因素，也是鉴定宝石矿物的重要依据。

1.3.1 宝石矿物化学成分

1.3.1.1 化学成分类型

宝石矿物化学成分可分为两种类型：一类是由同种元素结合形成的单质，即自然元素类，如钻石（C）；另一类是由不同元素组成的化合物。化合物如前所述，可以分成简单化合物，例如红宝石和蓝宝石（Al_2O_3）和水晶（SiO_2）；复杂化合物如绿松石[$CuAl_6(PO_4)_4(OH)_8·4H_2O$]。

元素周期表中的绝大多数元素可以在地壳中找到，元素之间结合形成矿物的难易程度主要与核外电子层结构、原子半径等因素有关。元素之间结合形成离子时，各离子都力图通过得失或共用电子使自己的外电子层达到稳定的2、8或18个电子的结构。根据形成离子的最外电子层结构，可将元素分成三种基本类型（表1-3-1）。

① 惰性气体型离子　周期表左边的碱金属和碱土金属以及一些非金属元素的原子，失去或得到一定数目的电子成为离子时，其最外电子层结构与惰性气体原子的最外电子层结构相似，具有8个（s^2p^6）或2个（s^2）电子，称为惰性气体型离子。常见元素有K、Na、Ca、Mg、Al等，多与氧结合生成氧化物和含氧盐（主要是硅酸盐），形成大部分宝石矿物材料。

② 铜型离子　周期表长周期右半部的有色金属和重金属元素，失去电子成为阳离子时，其最外电子层具有18（或18+2）个电子，与一价铜离子（$s^2p^6d^{10}$）相似，称为铜型离子。常见元素有Cu、Pb、Zn等，多与硫结合生成金属硫化物，大部分为金属矿物。

③ 过渡型离子　周期表上Ⅲ～Ⅷ族的副族元素，失去电子成为阳离子时，其最外电子层为具有8到18个电子的过渡型结构，所以称为过渡型离子，在周期表上也居于惰性气体型离子与铜型离子之间的过渡位置。常见元素有Fe、Mn、Ti、Cr等，多为色素离子，是彩色宝石矿物致色的主要原因。

表1-3-1　元素的离子类型

He	Li	Be											B	C	N	O	F
Ne	Na	Mg											Al	Si	P	S	Cl
				3a			3b										
Ar	K	Ca	Sc	Ti	V	Cr	Mn	Fe	Co	Ni	Cu	Zn	Ga	Ge	As	Se	Br
Kr	Rb	Sr	Y	Zr	Nb	Mo	Tc	Ru	Rh	Pa	Ag	Cd	In	Sn	Sb	Te	I
Xe	Cs	Ba	TR①	Hf	Ta	W	Re	Os	Ir	Pt	Au	Hg	Tl	Pb	Bi	Po	At
Rn	Fr	Ra	Ac①		3a			3b				4				2	
1	2																

注：1表示惰性气体原子；2表示惰性气体型离子；3表示过渡型的电子；3a表示亲氧性强；3b表示亲硫性强；4表示铜型离子。

① TR与Ac分别为稀土族及锕族元素。

1.3.1.2 类质同象和同质多象

（1）类质同象概念

正如前节所述，矿物化学成分在一定范围内是可以变化的。这主要有两方面的原因，一是类质同象（isomorphism）替代；二是外来物质机械混入，即含有不进入晶格的包裹体。类质同象是指在晶体结构中部分质点为他种质点所替代，只引起晶格常数不大的变化，而晶体结构保持不变的现象。如果相互替代的质点可以任意比例替代，即替代是无限的，则称为完全类质同象，此时，它们可以形成一个成分连续变化的类质同象系列，例如橄榄石中 Mg^{2+} 与 Fe^{2+} 的替换。如果质点替代只局限于一个有限的范围内，则称为不完全类质同象。例如闪锌矿中 Zn^{2+} 最多有 26％ 被 Fe^{2+} 替换。此外，当相互替代的质点电价相同时（如 Fe^{2+} 和 Mg^{2+}）称为等价类质同象，如果相互替代的质点电价不同（如 Al^{3+} 替代 Si^{4+}）则称为异价类质同象，后者必须有电价的补偿以维持电价平衡。

（2）类质同象形成条件

类质同象能否进行，取决于离子（原子）本身的性质（包括其半径、电价和化学键性等）和地质环境两个方面。离子半径相近，化学键性相似，电价平衡条件下容易发生类质同象替换。当然，类质同象替换也受地质环境（例如矿物结晶时的温度、压力和溶液或熔体中组分的浓度）制约。

（3）类质同象对宝石物理性质的影响

类质同象对宝石矿物的物理性质具有重要的影响。首先表现在对宝石矿物颜色的影响，因为大部分宝石矿物是由于少量类质同象混入物而呈现各种美丽诱人的颜色。

① 刚玉　纯净的刚玉是无色的，其化学成分为 Al_2O_3，当其中 Al^{3+} 被微量 Cr^{3+} 所替代时呈现玫瑰红红色色调，称为红宝石［图 1-2-9(a)］；当 Al^{3+} 被微量 Ti^{2+} 和 Fe^{2+} 所替代时呈现漂亮的蓝色，称为蓝宝石［图 1-2-9(b)］。

② 翡翠　翡翠主要由硬玉矿物组成，硬玉的化学组成为 $NaAlSi_2O_6$。纯净的硬玉岩是白色的，当硬玉化学组成中的 Al^{3+} 被 Cr^{3+}、V^{3+} 替代时呈鲜艳的绿色。

③ 绿柱石　纯净的绿柱石是无色的。当绿柱石的 Be、Al 被不同元素替代时，可以呈现不同的颜色，如绿色、黄绿色、蓝色、黄色和粉红色等［图 1-3-1(a)］。当绿柱石中含有 Cr、V 等元素时，就呈现美丽的翠绿色，这就是祖母绿［图 1-1-14(b)，图 1-3-1(a)］；当含有 Fe 和 Sc 等元素时，呈现漂亮的蓝色，这就是海蓝宝石；当含有 Cs、Mn 等元素时则呈现粉红色-红色；当含有 Fe 或 U 时则呈现黄色色调或黄绿色色调。

 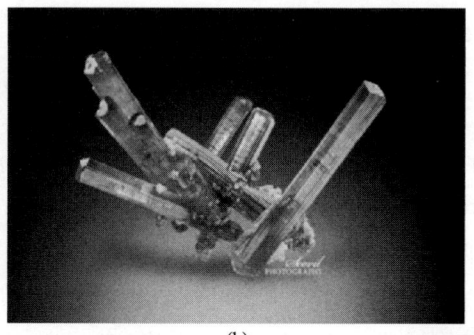

(a)　　　　　　　　　　　　(b)

图 1-3-1　不同颜色的绿柱石（a）和各种颜色的电气石（b）
（美国 Jeffery Scovil 摄影，刘光华提供）

④ 电气石　电气石化学成分（Na，Ca）$R_3Al_6Si_6O_{18}$（O，OH，F）$_4$，当电气石化学组成中 R 位以 Fe 为主时，则电气石呈深蓝色甚至黑色，当 R 位以 Mg 为主时则电气石呈黄色-褐色，当电气石富含 Li 和 Mn 时则呈玫瑰色或浅蓝色，当电气石富含 Cr 时则呈深绿色［图 1-3-1(b)］。

类质同象不仅使宝石矿物的化学成分发生一定程度的改变，而且也在一定程度上影响它的折射率和相对密度等物理性质。现举几个实例加以说明。

a.电气石　电气石的颜色受类质同象的种类影响，实际上电气石的相对密度和折射率也与类质同象有密切联系。镁电气石中的 Mg^{2+} 和锂电气石中的 Li^+ 和 Al^{3+} 都有可能被 Mn^{2+} 和 Fe^{2+} 替换，随着电气石中 Mn 和 Fe 含量的增加，电气石的密度、折射率和双折射率也随之增大。

b.橄榄石　橄榄石组成中 Mg 和 Fe 可以呈现完全类质同象替换，随着 Fe 含量的增加，橄榄石的颜色加深，相对密度和折射率也增大，莫氏硬度也略有增加。

c.绿柱石　在绿柱石组成中，Be 被 Li 替代时，亏损的电荷主要由半径较大的 Cs 来平衡，含 Cs 越高的绿柱石，相对密度、折射率和双折射率也越高。

（4）同质多象概念

化学组成相同的物质，在不同的物化条件下结晶成具有不同晶体结构的晶体的现象称为同质多象（polymorphism）。典型的同质多象是钻石和石墨，尽管它们化学成分都是碳，但是晶体结构的不同导致两者在物理性质方面差异很大，钻石具有作为宝石的重要特征，而石墨是重要的工业用润滑剂。

1.3.1.3　宝石矿物中的水

水在宝石矿物中极为常见，是矿物中的重要组成成分之一。按照矿物中水的存在形式和在晶体结构中的作用，可分为两种基本类型：一类是与矿物晶体结构无关的**吸附水**；另一类是与矿物晶体结构有一定关系的**结晶水和结构水**。

① 吸附水　纯粹由于吸附作用而存在于矿物中的水，称为吸附水。它包括附着于矿物表面的薄膜水和充填于矿物或集合体间的细微裂隙内的毛细管水。这些水与矿物晶体结构毫无关系，故不计入矿物的化学成分。例如蛋白石，其分子式为 $SiO_2 \cdot nH_2O$（n 为 H_2O 分子数，不固定）。常压下温度达到 100～110℃ 时，吸附水就基本上从矿物中逸出而不破坏晶格。吸附水可以呈现气态、液态或固态。

② 结晶水　结晶水以水分子的形式存在于矿物晶格中，参与矿物晶格，有固定的配位位置。其含量固定，并与其他组分含量成正比关系，例如绿松石就是一种含结晶水的磷酸盐，分子式为 $CuAl_6(PO_4)_4(OH)_8 \cdot 5H_2O$，其中 H_2O 含量（质量分数）达 19.47%。结晶水从矿物中逸出的温度一般不超过 600℃，通常为 100～200℃。当结晶水失去时，晶体的结构将被破坏并形成新的结构。

③ 结构水　结构水是以 OH^- 和 H^+ 等离子形式参与矿物晶格中的水。它们在晶格中有一定位置，而且数量固定，与其他离子的连接相当牢固，并且在高温（一般在 600～1000℃ 之间）条件下，才能逸出。许多宝石矿物都含有这种结构水，例如：碧玺 $NaMg_3Al_6(Si_6O_{18})(BO_3)_3(OH)_4$、十字石 $Fe_2Al_9(SiO_4)_4O_6(O,OH)_2$、黄玉 $Al_2SiO_4(OH,F)_2$ 和磷灰石 $Ca_5(PO_4)_3(F,Cl,OH)_2$。

1.3.1.4 晶体化学式

矿物的化学式就是将矿物成分用元素符号表示出来,它是以矿物的化学全分析资料为基础计算出来的。表示方法有两种,分别是**实验式**和**结构式**。

(1) 实验式

只表示矿物中各组分数量比的化学式。例如绿柱石 $Be_3Al_2Si_6O_{18}$,对于含氧盐也可用氧化物的组合形式表示,绿柱石又可写成 $3BeO·Al_2O_3·6SiO_2$。

实验式的计算方法是:将化学全分析中各组分的质量分数,分别除以该组分的原子量(或分子量),再将所得的商数化为最简单的整数比,最后用这些整数标定各相应组分的相对含量,最后得到实验式(表 1-3-2)。用实验式表示矿物,优点是计算简单,书写方便;缺点是不能体现矿物成分与晶体结构之间的相互关系。

表 1-3-2 实验式(绿柱石)的确定

成分	质量分数(化学全分析结果)	分子数 换算(以分子量除)	结果	分子数比	化学式
BeO	14.01	14.01/25.1	0.5582	3	$3BeO·Al_2O_3·6SiO_2$
Al_2O_3	19.26	19.26/102.2	0.1885	1	或归并成
SiO_2	66.37	66.37/60.3	1.1007	6	$Be_3Al_2Si_6O_{18}$
合计	99.64				

(2) 结构式

结构式改进了实验式的表达,它既能表示矿物中各组分的种类及其数量比,又能表明各组分在结晶构造中的相互关系。结构式是以化学全分析结果和 X 射线结构分析资料为基础,并以晶体化学原理为依据计算出来的。

由晶体化学得知,在绝大多数晶体矿物中,化学元素是以离子状态(阳离子、阴离子、络阴离子)存在的,并且离子之间广泛地存在着类质同象替代,除主要阴、阳离子外,还会引入其他离子,在书写结构式时,需要一一加以区分。结构式的书写原则如下。

① 阳离子写在式子的最前面,当存在两种以上的阳离子时,要按碱性由强到弱的顺序排列,如白云石 $CaMg[CO_3]_2$。

② 络阴离子用方括弧括起来,以基本结构单位的身份出现,如重晶石 $Ba[SO_4]$、绿柱石 $Be_3Al_2[Si_6O_{18}]$ 等。

③ 呈类质同象替换的元素,用圆括号括起来,含量多的一般写在前面,并用逗号分开。例如橄榄石 $(Mg,Fe)_2[SiO_4]$。

④ 对含水化合物,一般把所含结晶水、沸石水和层间水的数量写在化学式的最后面,并用圆点分开。例如石膏 $Ca[SO_4]·2H_2O$。结构水写在化学式最后,例如 $Al_4[Si_4O_{10}](OH)_8$。

⑤ 附加阴离子通常写在络阴离子后面,例如磷灰石 $Ca_5[PO_4]_3(F,Cl)$ 等。

1.3.1.5 宝石矿物中包裹体

（1）包裹体的概念

包裹体的概念来源于矿物学，在宝石学中给予了沿用和扩展。宝石包裹体的概念有狭义和广义之分。狭义包裹体的概念是指宝石矿物生长过程中被包裹在晶格缺陷中的原始成矿熔浆，其至今仍存在于宝石矿物中，并与主体矿物有相的界线。广义包裹体的概念是指影响宝石矿物整体均一性的所有特征。即除狭义包裹体外，还包括宝石的结构特征和物理特性的差异，如带状结构、色带、双晶、断口和解理，以及与内部结构有关的表面特征等。宝石学中多涵盖的是广义包裹体概念。

（2）包裹体分类

包裹体的分类通常考虑包裹体与宝石形成相对时间以及包裹体相态两种标准，下面就两种分类做介绍。

① 依据包裹体与宝石形成的相对时间分类

依据包裹体与宝石形成的相对时间，可将包裹体分为原生包裹体、同生包裹体和次生包裹体。

原生包裹体是指比宝石形成更早，在宝石形成之前就已结晶或存在的一些物质，在宝石晶体形成过程中被包裹到宝石内部。宝石中的原生包裹体都是固相的，合成宝石一般不存在原生包裹体。

同生包裹体是指在某些情况下，若包裹体矿物与宝石晶体沿结合面的原子结构相似，当宝石晶体停止生长时，包裹体矿物可聚集并生长在宝石晶体的表面；晶体的重新生长会覆盖这些生长在表面的矿物，使之成为包裹体。此类包裹体可以是固相的，也可以是含有呈各种组合关系的固体、液体和气体，甚至空洞或裂隙等。下面就几种典型的同生包裹体进行阐述。

同生固相包裹体。在高温下结晶均匀的固溶体矿物，当温度缓慢下降时，固溶体的溶解度减小达到过饱和状态，而出溶成为两个彼此不同的矿物，使宝石晶体中含有片状或针状矿物晶体，而且它们的方向往往与寄主晶体的某个结构方向平行。例如：从刚玉中出溶的金红石结晶成三组针状的晶体，相互的交角为120°，而且均平行于刚玉的底轴面。钛化合物如金红石、榍石和钛铁矿是宝石中最常见的出溶矿物。这是由于 Ti 元素的丰度大，易于为寄主晶体所容纳并从寄主晶体晶格中出溶。大量的出溶针状物可在刚玉、石榴石和尖晶石等宝石中产生猫眼和星光效应。

同生气液包裹体。有的宝石内部可含有管状的孔道或规则形状的孔洞。这是由宝石晶体在生长的过程中生长阻断或生长速度过快造成的。在生长过程中，孔道或孔洞的形状可能会发生改变或愈合。如海蓝宝石中的"管状"包裹体可以呈断断续续的"雨丝状"。

合成宝石的包裹体大都属于同生包裹体，它们可以是固态、气态或液态。但它们往往从形态和组成上与天然宝石明显不同，可作为区分天然与合成宝石的主要或诊断性特征。

次生包裹体是指宝石形成后产生的包裹体，它是宝石晶体形成后由于环境的变化，如受应力作用产生裂隙，外来物质沿其渗入及裂隙充填所形成的包裹体，甚至可能是由于放射性元素的破坏作用所形成的包裹体。次生包裹体的来源主要有两类：次生裂隙及外来物质充填胶结和放射性元素的破坏作用。前者如水晶或玛瑙中的树枝状铁或锰氧化物包裹体，后者如"锆石晕"。

合成宝石往往不存在次生包裹体。但对于优化处理的宝石，可含有一些次生包裹体。如红蓝宝石的热处理，往往会导致内部固相包裹体的体积发生变化，使之发生爆裂继而在周围产生次生裂隙；也会使宝石中存在的 Fe、Ti 出溶，而形成金红石针；也可使同生的针状金红石包裹体熔蚀，形成呈点状排列的金红石。这些也都可以作为宝石热处理的鉴定特征。

② 依据包裹体相态分类

根据包裹体的相态特征，可将包裹体分为固相包裹体、液相包裹体、气相包裹体。

固相包裹体主要指在宝石中呈固相存在的包裹体，如红宝石中的金红石、祖母绿中的黄铁矿和方解石、水晶中的赤铁矿等［图 1-3-2(a)］。液相包裹体指以单相、两相的流体为主的包裹体，最常见的液体为水、溶解盐（石盐水、含碳酸的水），有机液体也偶尔出现。例如蓝宝石中的指纹状包裹体、萤石和黄玉中的两相不混溶的液相包裹体等。气相包裹体指主要由气体组成的包裹体，如琥珀中的气泡、祖母绿中的 CO_2 气相包裹体、合成红蓝宝石和玻璃中的气泡等。

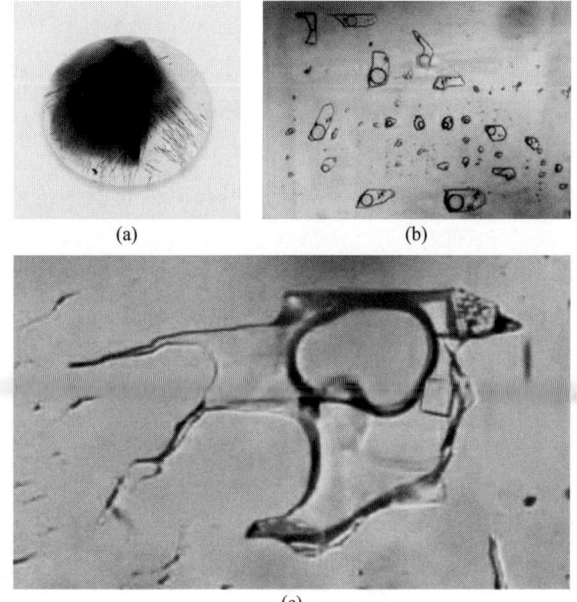

图 1-3-2　不同种类的包裹体

(a) 水晶中固相包裹体（红色赤铁矿）（据 Troilo et al.，2015）；
(b) 祖母绿中的气-液两相包裹体；(c) 祖母绿中的气-液-固三相包裹体（据 Rondeau et al.，2008）

在实际宝石中，往往可见到两种或两种以上相态包裹体共存的现象，从而可将其分为单相、两相、三相或多相包裹体。单相包裹体指以固相［图 1-3-2(a)］、液相或气相单一相态存在的包裹体，多为单相的固相包裹体，在合成宝石中也常见单相的气相包裹体（即气泡）。两相包裹体可以是气-液［图 1-3-2(b)］、液-液（如黄玉中的两相不混溶的液相包裹体）、液-固两相包裹体。三相包裹体主要指同一包裹体内含有气-液-固三相或液-液-气三相包裹体，如祖母绿中常见的由石盐-气泡-水构成的三相包裹体［图 1-3-2(c)］。天然宝石中存在于液相包裹体中的气相包裹体多为低压水蒸气、二氧化碳或甲烷。它们多是由于温度或压力的下降而从溶液中逸出的气体。存在于液相包裹体中的固相包裹体多为盐类晶体，它们也是液相包裹体由温度或压力的下降造成溶液过饱和而从溶液中析出的晶体。主要晶体为钠、钾、钙、镁的氟化物、氯化物、碳酸盐或硫酸盐。其中最常见的是石盐（氯化钠）、钾盐（氯化钾）和石膏（硫酸钙）。

（3）研究宝石包裹体的意义

研究宝石内含物有重要的地质意义。宝石中矿物包裹体的种类、矿物组合和成分及其形成的温度、压力条件，可反映宝石形成的物质来源、形成环境和热力学条件。例如金刚石中包裹体的矿物组合和成分特征可以指示金伯利岩成因，山东和辽宁金刚石包裹体主要为橄榄石，其次为镁铝榴石、铬尖晶石及单斜辉石，与两地金伯利岩中地幔岩包裹体成分一致，这表明金刚石形成的地球化学环境与地幔岩存在成因联系。此外，利用金刚石中单斜辉石包裹体成分，可以估计金刚石形成的温度与压力条件。

同一类型宝石，随产地不同，其包裹体成分存在一定差异。南非的金伯利岩金刚石包裹体主要为石榴子石，其次为单斜辉石，以榴辉岩组合为主。而罗伯茨维克特金伯利岩中的金刚石的包裹体矿物主要为斜方辉石、橄榄石和铬尖晶石，属于超镁铁岩组合。在一个地区，一特定的地质条件下产出的某种宝石矿物中，常含特征性的矿物包裹体。例如哥伦比亚木佐矿山产出的祖母绿中含方解石、黄铁矿及罕见的碳钙铈矿包裹体。这种具有产地指示意义的包裹体可以帮助我们推测寄主宝石产地（详见第2章）。

宝石内含物的存在有时会提高宝石的价值，有时会降低宝石的价值。一般情况下，宝石矿物中过多的包裹体会降低宝石的透明度，影响宝石的颜色和光泽，从而降低宝石的质量和价值。然而，宝石矿物中有规律排列的包裹体，会使宝石具有特殊的光学效应，从而显著提高宝石的价值。例如，红宝石含有规则排列的金红石包裹体，可使其产生星光效应和猫眼效应。蓝宝石的六射星光或十二射星光［图1-2-15（b）］就是金红石包裹体的功劳。

1.3.2 晶体结构

1.3.2.1 化学键和晶格类型

在晶体结构中，质点之间的作用力即化学键对晶体的物理和化学性质具有显著的控制作用。因此，根据晶体中化学键的类型可将晶体结构划分为不同的晶格类型。

（1）离子键与离子晶格

离子键（ionic bond）的本质为静电作用力。晶体结构中的阴阳离子既相互吸引又相互排斥，当引力和斥力达到平衡时，便形成了稳定的离子键。阴、阳离子可以从任何方向同时与若干异号离子相结合，所以离子键不具方向性和饱和性。为了保持电性中和，晶体中的阴、阳离子须保持一定的数量比例。当晶体结构中的化学键以离子键为主时，则其结构为离子晶格（ionic crystal lattice）。离子晶格的晶体的物理性质特征表现为透明或半透明，呈玻璃或金刚光泽，导电性差，但熔化后导电。离子键的键力通常较强，故晶体的膨胀系数较小；晶体的机械稳定性、硬度与熔点等变化很大。大多数氧化物、卤化物、含氧盐及部分硫化物都以离子键为特征。宝石矿物化学键大多数属于离子键。

(2) 共价键与原子晶格

共价键 (covalent bond) 是若干原子以共用电子的方式形成的,由于它受原子中电子壳构型的控制,因而具有明显的方向性和饱和性。以共价键为主要化学键的晶体结构称为原子晶格 (atomic crystal lattice)。一般来说,共价键是相当坚固的,所以具有原子晶格的晶体硬度大,熔点高,不导电,晶体透明至半透明,呈玻璃至金刚光泽。与键强有关的物理性质的差异取决于原子的化合价及半径的大小。金刚石是典型的具有原子晶格的晶体。

(3) 金属键与金属晶格

金属键 (metallic bond) 的特点是价电子的"公有化"。以金属键为主要化学键的晶体结构为金属晶格。金属晶格的自由电子易吸收可见光,故金属晶体不透明,具有高反射率,呈金属光泽,导电性良好,具延展性,硬度一般较低。

(4) 分子键与分子晶格

在晶体中,如果结构单位为中性分子,则它们之间存在微弱的分子键(亦称范德华键)。分子晶格 (molecular crystal lattice) 是一个个分子靠范德华键结合而成的结构。分子键的作用力是很弱的,所以分子晶格的晶体一般熔点低,可压缩性大,热膨胀率大,热导率小,硬度低,透明,不导电。但某些性质也与分子内的键性有关。具分子晶格的晶体虽然可见于自然非金属元素、硫化物和氧化物等不同类别的矿物中,但其数量并不多见。

1.3.2.2 晶体结构类型

(1) 典型结构的概念

不同晶体的结构,若其对应质点的排列方式相同,我们称它们的结构是等型的。结构型常以某一种晶体为代表而命名,这些作为代表的晶体结构称为典型结构。如石盐 (NaCl)、方铅矿 (PbS)、方镁石 (MgO) 等晶体的结构等型,我们以其中的 NaCl 晶体作为代表,命名为 NaCl 型结构。所谓"NaCl"结构即为一典型结构,而方铅矿、方镁石等晶体具有"NaCl型"结构。

(2) 典型晶体结构型

在晶体化学分类中,一般常根据晶体结构中最强化学键在空间的分布和原子或配位多面体联结的形式,将晶体结构划分为如下几种类型。

① 配位型

晶格中只有一种化学键存在,它可以是离子键、共价键或金属键。键在三维空间做均匀分布。配位多面体以共面、共棱或共角顶联结,同一角顶所联结的配位多面体不少于三个。如金刚石 (C) 的结构。

② 架状型

最强键也在三维空间做均匀分布。但配位多面体主要是共角顶,同一角顶联结的配位多面体不超过两个,这是使结构开阔的一个原因。如 α-石英 (SiO_2) 的结构。

③ 岛状型

结构中存在着原子团（岛），在团内联结的键强远大于团外的联结。如橄榄石（Mg，Fe）$_2$[SiO$_4$]的结构。

④ 链状型

最强的键趋向于单向分布。原子或配位多面体联结成链状，链间以弱键或数量较少的强键相联结。如辉石（Mg，Fe）$_2$[Si$_2$O$_6$]、金红石 TiO$_2$ 的结构。

⑤ 层状型

最强的键沿二维空间分布，原子或配位多面体联结成平面网层。层间以分子键或其他弱键相联结，如石墨（C）的结构。

思考题

1. 什么叫类质同象，宝石矿物中常见的类质同象有哪些，这些类质同象对宝石价值的提升是否具有意义？
2. 水在宝石矿物中有几种存在方式？它们与晶体结构的关系如何？举例说明。
3. 宝石矿物的结构式和实验式有何区别？
4. 宝石内含物（包裹体）的研究意义有哪些？分别举例说明。
5. 宝石内含物对于提高宝石价值是一把"双刃剑"，一般情况下，宝石矿物中过多的包裹体会降低宝石的透明度，影响宝石的颜色和光泽，从而降低宝石的质量和价值。然而，宝石矿物中有规律排列的包裹体，会使宝石具有特殊的光学效应，进而显著提高宝石的价值。宝石内含物蕴含了福祸相依的哲学道理，谈谈这种哲学思想对你的学习和生活态度有何裨益。

第 2 章 宝石矿物材料的形成

> 日照澄洲江雾开，淘金女伴满江隈。
> 美人首饰侯王印，尽是沙中浪底来。
> ——唐·刘禹锡《浪淘沙·其六》

 本章概要

知识目标：准确描述各种内力和外力地质作用的基本概念和分类；正确阐明与常见宝石矿物材料（例如刚玉、金刚石、绿柱石和石英等）形成有关的各类地质作用。

能力目标：具备阐述与各类常见宝石矿物材料（例如刚玉、金刚石、绿柱石和石英等）形成有关的地质作用过程的基本能力。

素养目标：感受地球造物主的鬼斧神工，提升对地球家园的热爱和情怀。

宝石是大自然对人类的馈赠，古人不清楚宝石具体来历，因此赋予了各种宝石诸多神秘色彩，也因此有了很多关于宝石的神话和传说。随着科学的发展，尤其是地球科学的发展，地质学逐渐从博物学中脱离出来，成为了一个单独的学科。宝石作为一种有用矿物资源，正是地质作用的产物，其形成也随着矿床学的不断发展，逐渐被人们熟知。因此，地质学的不断发展也为宝石矿物材料的形成研究提供了诸多有力证据。

科学理解宝石矿物材料的地质成因，可以有效指导宝石矿的找矿勘查实践，讲好宝石前生今世，提升人们对宝石的关注程度和兴趣，进而提升宝石的鉴赏与收藏价值。

2.1 地质作用及分类

2.1.1 地质作用概念

地质作用（geological process），是指发生在地球上的由自然动力所引起岩石圈（或地球）的物质组成、内部结构和地表形态变化的作用。引起各种地质作用的自然动力称为地质营力，如吹扬的风，流动的地表水、地下水、海（湖）水、冰川以及火山喷发、地震等。地球在漫长的地质历史中，地质作用从未停止过，并以各种形式表现出来，导致岩石圈中原有的物质组成、内部结构和地表形态遭到破坏，与此同时形成了新的物质组成、内部结构和地表形态。

2.1.2 地质作用分类

按引起地质作用的能量来源，地质作用可分为内力地质作用和外力地质作用。

内力（endogenous）地质作用是由内地质营力引起，使地壳或岩石圈的物质成分、内部结构以及地表形态发生改变的作用，这些地质作用主要发生在地下深处，其能源主要来自地球内能。根据地质营力，内力地质作用可进一步分为岩浆作用、伟晶作用、变质作用和热液作用等（表2-1-1）。这些作用或者造成岩浆的侵入、喷出，或者造成热液充填或交代，或者造成岩石成分或结构构造的变化。这些地质作用改变了地壳的面貌，形成了丰富多样的宝石矿物资源。

表 2-1-1 地质作用类型

地质作用	外力地质作用	按地质营力	地面流水地质作用
			海洋地质作用
			地下水地质作用
			冰川地质作用
			风的地质作用
			湖泊地质作用
			生物地质作用
		按作用程序	风化作用
			剥蚀作用
			搬运作用
			沉积作用
			成岩作用
	内力地质作用		岩浆作用
			伟晶作用
			变质作用
			热液作用

外力（exogenous）地质作用是由外地质营力引起，使地壳物质成分和地表形态发生改变的作用，这些地质作用主要发生在地壳表层，其能量来源于太阳能和日月引力能，同时通过大气、水、生物等因素引起的地质作用。外力地质作用按照地质营力可分为地面流水、海洋、地下水、冰川、风、湖泊和生物地质作用，按照作用的程序，可进一步分为风化、剥蚀、搬运、沉积和成岩作用。

宝石形成的地质作用过程往往可以分为以下几种类型：岩浆作用、伟晶作用、热液作用、变质作用、风化作用和沉积作用，宝石的形成也几乎离不开这几种重要的作用。

思考题

1.地质作用按照能量来源不同，可分为哪两种类型？

2. 在古代，宝石的形成通常被赋予神秘色彩，并形成了诸多宝石文化。试着举例你所了解的与古代宝石形成有关的神话传说，并说明蕴含其中的中国传统文化。

2.2 内力地质作用及宝石矿物材料

2.2.1 岩浆作用及相关宝石矿物材料

2.2.1.1 岩浆作用概述及分类

岩浆（magma）是在地球深部的上地幔和地壳形成的、以硅酸盐为主要成分的、炽热、黏稠、富含有挥发物质的高温熔融体。岩浆的主要成分是 O、Si、Al、Fe、Ca、Mg、Na、K、Mn、P 等元素，此外，还含有大量的挥发性组分，除了常见的 H_2O、CO_2、SO_2 外，还有 O_2、N_2、H_2 等。

岩浆作用（magmatism）指地球内部的物质经过部分熔融、熔体汇聚，并通过岩浆通道向上迁移，直到侵入地表以下或者喷出地表的全过程。岩浆作用主要有两种方式：侵入作用与喷出作用。岩浆侵入作用是指岩浆上升到一定位置，由于上覆岩层的外压力大于岩浆的内压力，迫使岩浆停留在地壳之中冷凝结晶成岩。岩浆喷出作用是指当岩浆的内压力大于上覆岩层的外压力时，岩浆可以喷出地表，进而冷凝结晶成岩，这种岩浆活动也称为火山作用。喷出作用形成的岩石叫作喷出岩，也叫火山岩，例如安山岩和玄武岩。侵入作用是岩浆从深部起源上升但没有到达地表就冷凝下来固结成岩，冷凝后的岩石叫作侵入岩，例如橄榄岩和辉长岩等。

2.2.1.2 相关宝石矿物材料

（1）侵入岩中的宝石矿物

侵入岩是没有直接进入地表，而是侵入地壳某一深处后，随着岩浆的缓慢冷却而形成的岩石。由于岩浆有足够多的时间冷却，因此形成的矿物颗粒尺寸相对较大。侵入岩中常见的宝石主要是变彩拉长石，其次可能伴生辉石和橄榄石等宝石矿物。

拉长石属于中性斜长石，主要存在于侵入岩中的辉长岩-斜长岩，可以说辉长-斜长岩是变彩拉长石的母岩。岩石为粗粒和斑状结构，主要矿物成分为拉长石（作为斑晶产出）和中长石（作为基质矿物产出），拉长石一般呈板状。此外，还有紫苏辉石、普通辉石、偶见橄榄石。拉长石具有艳丽的金黄色和紫蓝色变彩，或金黄色和红色的变彩。

宝石级拉长石的重要产地是加拿大拉布拉多北部中海岸，该地拉长石与紫苏辉石伴生，呈粗大颗粒状（直径达几厘米），其次是来自美国俄勒冈的来克县沃伦谷和得克萨斯的阿尔平、加州的莫多克县。马达加斯加则产有大块的玉石级拉长石，乌克兰基辅也产大量拉长石，只是质量较差，其他还有芬兰等地。中国湖北神农架和内蒙古也有宝石级拉长石的产出。

（2）喷出岩中的宝石矿物

喷出岩中宝石主要有三种：金伯利岩中的金刚石（钻石）、玄武岩中的刚玉（蓝宝石）以及碱性玄武岩深源包体中的橄榄石。此外，还有一些伴生的宝石，例如铬透辉石、橄榄石、石榴石、辉石、锆石等。

在地幔极深处形成的宝石，只有当地幔物质经过地质作用而被带到地表或近地表时，才可能予以研究和回收。刚玉宝石，如泰国庄他武里-达叨地区的红宝石，可能形成于地幔之中，并且由于玄武岩质火山喷发而被带到地表。金刚石是通过被称为"岩筒"的独特类型的火山通道从地幔深处被带出的。当地壳由于断裂作用变薄时，地幔物质包括橄榄岩，就可能冲入地表的板状岩体中。

① 金刚石（钻石）

就世界范围而言，金刚石（钻石）主要产在金伯利岩和钾镁煌斑岩两种母岩体内，其中金伯利岩中的金刚石是最常见类型（图 2-2-1）。形成金刚石的最理想的条件是：温度为 1200~1800℃，压力为 $(60\sim70)\times10^8$ Pa。只有在地幔 200~300km 的深处才具备这样的条件。因此，金刚石是先形成于地幔深处，然后被岩浆带入地壳浅部或地表才有可能被发现（图 2-2-2）。当岩浆携带金刚石在向上侵位的过程中，随着温度、压力等物理化学条件的改变，早期结晶的金刚石会被运载岩浆熔蚀，或者被其他矿物交代。因此，这类金刚石矿的形成需要一个快速的输运条件和保存机制。世界范围内，火山道或火山筒是通过相对较薄的地壳到达其下伏地幔的少数窗口之一，偶尔会刺穿地壳将地幔物质如金刚石带到地表。很明显，火山筒为地幔深部金刚石快速运输到地表创造了机遇。

图 2-2-1 南非太古代克拉通金伯利岩中出产的宝石级金刚石（据 Shirey and Shigley，2013）

在世界范围内，约有 20 个重要的岩筒。这些岩筒的地理分布很有趣，都位于很稳定的大陆区域（即克拉通）（图 2-2-2）。稳定的地质环境为金刚石矿的形成提供了条件。

② 刚玉（蓝宝石）

蓝宝石多数存在于碱性玄武岩中。蓝宝石是如何在地球内部形成并被运送到地表的？这与金刚石是相似的。同位素地球化学证据表明，蓝宝石的形成与寄主岩石并没有直接关系，而是岩浆从地球深部进入地表之后携带上来的捕虏体，也就是说，蓝宝石在岩浆形成或者喷发之前就已经形成了，岩浆只是一个将它们带入地表的载体。具体形成过程可以描述如下。首先，地壳内部的源岩经历了高温和高压的作用，导致其中的矿物质重新排列和结晶，形成了红宝石和蓝宝石等宝石。随后，由于地壳板块的移动和火山喷发等地质作用，这些岩石被带到了地表。地壳板块运动、地质活动以及火山喷发过程使得地下含宝石的岩石得以抬升或释放到地表，因此我们能够在地表发现和采集这些宝石。

蓝宝石的形成也需要稳定的物质来源供给和稳定的温度压力环境。因此，蓝宝石以及相

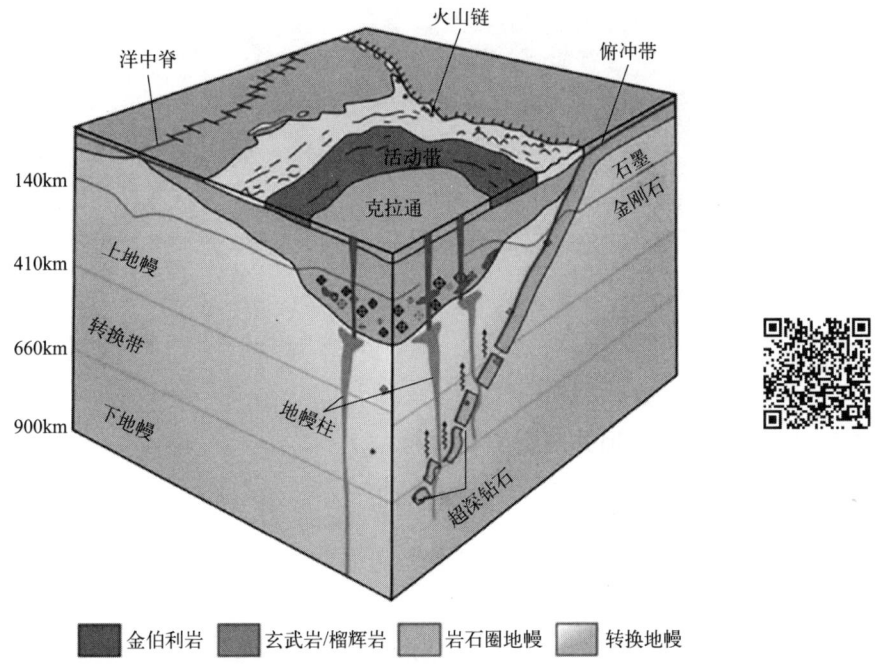

图 2-2-2 钻石形成的地质构造模式（据 Shirey and Shigley，2013）

伴生的宝石的形成必定与稳定的地块有关。以中国东部为例，中生代稳定的克拉通地块，岩石圈的厚度可以高达 200km，这为蓝宝石等宝石形成提供了良好的条件。我国蓝宝石产地主要分布在山东昌乐（图 2-2-3）、海南文昌、福建明溪、江苏六合，上述四地并称为我国的"四大蓝宝石产地"。

图 2-2-3 山东昌乐碱性玄武岩中的蓝宝石（据 GIA）

③ 橄榄石

橄榄石宝石产于碱性橄榄玄武岩的深源地幔包体中，非玄武岩结晶产物，与玄武岩无直接关系。深源包体（绿色部分）呈大大小小的椭球状、角砾状，不均匀地分布于玄武岩中，主要矿物成分为橄榄石、尖晶石和辉石（图 2-2-4）。橄榄石宝石通常呈透镜状、条带状和团块状集合体分布在深源包体中，多见于火山口附近。

玄武岩型橄榄石是橄榄石宝石矿的主要来源，世界著名产地有中国和挪威。而中国以河北万全区汉诺坝和吉林蛟龙两个橄榄石矿最为著名。

第 2 章 宝石矿物材料的形成

图 2-2-4　玄武岩中的橄榄石包裹体
（a）来自越南中央高原地区（据 Nguyen et al.，2016）；（b）来自意大利撒丁岛的橄榄石捕虏体（Adamo et al.，2009）

2.2.2　伟晶作用及相关宝石矿物材料

2.2.2.1　伟晶作用概述

（1）伟晶作用

伟晶作用指形成伟晶岩及其有关矿物的地质作用，是含挥发分的熔浆，在稳定的地质和物理化学条件下，经过结晶作用和气液交代作用所发生的矿物质的聚集作用。伟晶作用是岩浆作用的继续，矿物在 400～700℃ 之间，外压大于内压的封闭系统中，富含挥发分和稀有、放射性元素的残余岩浆进行缓慢结晶，因而可以形成巨大、完好的晶体。

（2）伟晶岩矿物组成

伟晶岩具有丰富的组成矿物，远胜于其他类型岩石。据统计，花岗伟晶岩中含有 40 余种元素和 300 余种矿物，包括造岩矿物、含挥发性组分矿物、稀有金属矿物及各种稀少矿物。图 2-2-5 是采自新疆阿勒泰可可托海 3 号脉伟晶岩矿中的一块伟晶岩矿石，肉眼可见里面含有绿柱石、石英、微斜长石、锂辉石、电气石等多种矿物。

图 2-2-5　新疆可可托海 3 号脉矿床中的伟晶岩

（3）伟晶岩典型结构分带

在伟晶岩矿床中，由伟晶岩的不同结构类型组成的条带，沿伟晶岩体的走向和倾斜方向，呈有规律分布。发育完好的伟晶岩体一般可分四个带：边缘带、外侧带、中间带和内核，其中内核带是不常见的。图 2-2-6 是新疆可可托海伟晶岩矿区的一个伟晶岩结构分带剖面，从下到上依次发育边缘带、外侧带、中间带。

边缘带　主要由细粒的石英、长石组成，又称长英岩带。有时与围岩产生复杂的化学反应使矿物成分复杂化。该带厚度约为几厘米，形状不规则，有时并不连续。边缘带与围岩界线是明显的，但有时为渐变关系。

图 2-2-6　新疆可可托海伟晶岩结构分带剖面

外侧带　主要由文象花岗岩和斜长石、钾微斜长石、石英、白云母等矿物组成，又称文象伟晶岩带，有时也有绿柱石等稀有矿物出现。该带的厚度比边缘带大，矿物颗粒较粗大，但变化也大，有时不对称也不连续。

中间带　位于外侧带和内核带之间，主要呈粗粒结构，似文象结构和块状结构。矿物成分除块状的长石、石英和云母外，还可能有绿柱石、锂辉石等。该带厚度变化比较大，有的为几十厘米，有的可达数十米，是伟晶岩矿床的主要部分。

内核带　矿物颗粒结晶特别粗大，常由石英、石英-长石或石英-锂辉石等矿物组成。多分布于伟晶岩体膨胀部分的中央，或发育良好的厚大伟晶岩体的中心部位。值得注意的是，在一些伟晶岩体膨胀部分的中心，或巨厚的伟晶岩体的中心，相当于内核部位，可形成晶洞构造。常常有宝石矿物产出。大而纯净、质优的黄玉、海蓝宝石、碧玺、紫锂辉石等宝石矿物常分布于晶洞中。晶洞的空间对大而完美的晶体的自由生长是十分有利的。

2.2.2.2　相关宝石矿物材料

就宝石的种类和质量而言，地球上产出的各类岩石中伟晶岩较为重要。在伟晶岩中发现的宝石比在其他类型矿床中发现的都要多。伟晶岩中产出的常见宝石有绿柱石、碧玺（电气石）、托帕石（黄玉）、金绿宝石、石榴子石（锰铝榴石和铁铝榴石）、水晶（紫晶、烟晶、芙蓉石）、锂辉石、天河石、变彩拉长石、红（蓝）宝石、丁香紫玉（锂云母集合体）等。一些罕见宝石，如蓝柱石、天蓝石、磷铝锂石等也主要产于伟晶岩中。下面以绿柱石、电气石和黄玉为例简要介绍。

（1）绿柱石（海蓝宝石）

绿柱石又称"绿宝石"，主要产于花岗伟晶岩中，伟晶岩岩体是在岩浆活动晚期的气液充填围岩的裂隙中形成的，由于有充分的结晶时间因而结晶单晶体都很大，这意味着在其中的矿物晶体都具有很大的尺寸。但这些巨大晶体被石英、长石等包裹着，并由于各种原因而使之成为连绵的碎片，很少能发育成宝石。然而，如果伟晶岩中存在气体空隙或晶洞，在它们里面可以形成透明和少瑕疵的绿柱石晶体，从而能作为宝石材料。例如，我国新疆可可托海 3 号脉伟晶岩是绿柱石最重要的产地，其产出的绿柱石有诸多品种，包括普通绿柱石［图 2-2-7(a)］、蓝色绿柱石（海蓝宝石）[图 2-2-7(b)]和白色绿柱石（透绿柱石）[图 2-2-7(c)]等。

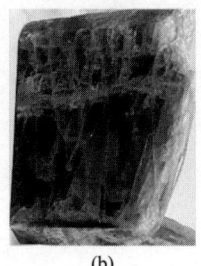

图 2-2-7　新疆可可托海 3 号脉伟晶岩产出的绿柱石
(a) 普通绿柱石；(b) 海蓝宝石；(c) 透绿柱石

（2）电气石（碧玺）

宝石级碧玺，除了褐色的镁电气石产于大理岩，可用于首饰或玉雕的宝石矿物材料碧玺主要产在含宝石的稀有金属伟晶岩中。我国的碧玺矿床主要产于新疆、内蒙古、云南等地。新疆碧玺主要产于阿勒泰地区富蕴的花岗伟晶岩矿床中。碧玺就是该矿区盛产的名贵宝石之一，因其颜色丰富、色泽艳丽、晶莹剔透受到了大众的喜爱。新疆阿勒泰富蕴可可托海矿区产出的电气石主要存在于伟晶岩的外侧带和中间带，以针柱状为主，有时呈集合体形式存在。1994 年 8 月在富蕴可可托海二矿库汝尔特矿区产出了达 11kg 的特大绿碧玺单晶体，被称为阿尔泰碧玺之王。越南的陆安地区是越南宝石级碧玺矿的唯一产地，陆安地区含电气石的花岗伟晶岩出露于罗伽姆带中，主要有 4 处伟晶岩产碧玺，分别为明田、安富、凯特朗和新立。明田和安富伟晶岩产出的碧玺颜色多样，成分主要为锂电气石，另有少量钙电气石和镁电气石（图 2-2-8）。

图 2-2-8　越南陆安地区碧玺原石特征（据 Nhung et al.，2017）

（3）黄玉（托帕石）

黄玉主要产于花岗伟晶岩中。巴西的米纳斯吉拉斯花岗伟晶岩型黄玉矿是世界范围内最为重要的黄玉来源，占世界产量的 90% 以上，最好的帝王级黄玉产于此（图 2-2-9）。我国伟晶岩型黄玉宝石主要产于云南、广东、内蒙古等地。

以我国内蒙古阿拉善地区花岗伟晶岩中的黄玉为例。该地区花岗伟晶岩赋存在中粗粒黑云钾长花岗岩中，伟晶岩脉一般长 5~10m，宽 0.2~

图 2-2-9　巴西欧鲁普雷图矿产出的帝王托帕石（原石 615 克拉）（据 GIA）

宝石矿物材料导论与鉴赏

48

1m。岩脉平面呈囊状、透镜状，具有明显分带现象，由边缘至中心可分四个带。边缘带由细粒长石石英组成，厚度小。外侧带主要矿物为斜长石、微斜长石、石英和云母等，矿物颗粒较粗。中间带主要由粗粒和文象结构的微斜长石和石英组成，部分岩脉中可见有黄玉宝石矿物。内核带主要由石英组成，该带中心常有晶洞，是黄玉和水晶等宝石矿物主要赋存部位。该地产的黄玉颗粒较粗，最大者可达10cm，颜色为无色到微带蓝色、浅绿色、浅黄色等。

2.2.3 热液作用及相关宝石矿物材料

2.2.3.1 热液作用概述及分类

热液作用是指含矿物质热水溶液在与围岩作用过程中，由于浓度、温度、压力等变化，使矿物质集中的作用。成矿热液可有3种来源：①由岩浆分泌的热液；②由变质作用形成的热液；③由地表水在深处环流加热而成的热液。形成热液型宝石矿的成矿作用方式有充填作用和交代作用两种。

该类型宝石的产出具有如下基本特征。①宝石矿生成时间晚于母岩。②宝石矿的产出明显受构造裂隙控制，往往沿断层分布。③矿区普遍具有热液蚀变现象，不同围岩和不同的热液成分形成不同的围岩蚀变类型，如钠长石化、钾长石化、硅化、绢云母化、绿泥石化、云英岩化、碳酸盐化、黄铁矿化、叶蜡石化、迪开石化、高岭土化、蛇纹石化、绢云母化等。④宝石矿形成温度为50～500℃，根据形成温度，可将热液型宝石矿分为高温热液型（300～500℃），例如电气石和黄玉；中温热液型（200～300℃），例如蛇纹石和透闪石；低温热液型（50～200℃），例如辰砂。⑤宝石矿产出深度变化较大，从近地表一直到地下5～6km。

2.2.3.2 相关宝玉石矿物材料

热液型宝石矿种类繁多，是许多宝石的主要来源或重要来源，主要类型有以下几种：①与蚀变基性-超基性岩有关的热液作用形成的宝石矿，包括翡翠、软玉和蛇纹石玉矿；②与蚀变火山岩有关的热液作用形成的宝石矿，包括玛瑙等；③其他热液作用形成的宝石矿，如水晶、祖母绿等。下面以翡翠、祖母绿和水晶三种常见宝石为代表来介绍其成因。

（1）硬玉岩（翡翠）

翡翠是以硬玉为主的矿物集合体，主要矿物为硬玉。世界范围内，翡翠矿主要产于缅甸帕敢硬玉岩带（图2-2-10）。该带翡翠矿产于蛇纹石化橄榄岩体内，缅甸硬玉岩占世界上商业用硬玉岩类（翡翠）的95%以上。以硬玉为主要组成的硬玉岩，其共同特点是呈脉状、构造块状、透镜状或扁豆状充填于蛇纹岩化超基性岩中。已有的矿物学和地球化学数据表明，硬玉岩的成岩是由含硬玉质的热液流体在低温高压条件下形成的。硬玉岩形成的温度压力条件界定在温度小于400℃，压力在5～11MPa范围内。世界范围内目前发现的硬玉岩产地有19处，但是大部分都达不到宝石级。从硬玉岩到翡翠，还需要经历成玉作用。从成矿流体中结晶沉淀或交代围岩而形成硬玉岩后，经历后期糜棱岩化过程，使得重结晶作用发生，粒度较粗的硬玉经过应力变形，而使得颗粒变得细小，透明度也大大提高，在构造作用下，逐渐变成宝石级翡翠。因此，翡翠的形成经历了成岩和成玉两个阶段。

图 2-2-10　缅甸翡翠原石（据 GIA）

翡翠产地主要是缅甸，其次是美国、危地马拉、日本、俄罗斯、哈萨克斯坦等国，但商业上用于饰品的翡翠 98％产于缅甸。

（2）绿柱石（祖母绿）

祖母绿是绿柱石家族的一员，但与其他绿柱石成员（例如海蓝宝石）不同，其形成主要与热液作用有关。哥伦比亚是世界上高档祖母绿的主要产地，祖母绿矿为热卤水型。该矿主要位于东科迪勒拉山脉西缘的穆佐-考斯科维茨和东缘的沃尔-加查卡。祖母绿矿的围岩是早白垩世富含有机质的碳质岩、灰岩、页岩，伴有强烈的钠长石化和碳酸盐化。祖母绿产在穿插在碳质岩、灰岩中的方解石脉、白云石-方解石脉和黄铁矿-钠长石脉中。共生矿物主要有方解石、白云石、黄铁矿、钠长石、重晶石、萤石和氟碳钙铈矿（图 2-2-11）。与祖母绿矿化有关的热液是与蒸发岩相互作用的盆地残余热卤水，热卤水携带成矿物质在有利空间下与页岩中有机质发生热还原反应，从而释放 Cr、V、Be 等相关元素，促进了祖母绿的生长与形成，如木佐的祖母绿产在黑色页岩的方解石和白云石脉中（图 2-2-11）。

图 2-2-11　哥伦比亚祖母绿及围岩（据 GIA，由 Robert Weldon 拍摄）

气成热液型祖母绿矿都是花岗伟晶岩侵入变质的超基性岩中，祖母绿晶体以斑晶的形式赋存于超基性岩的变质岩（云母片岩、滑石片岩、绿泥石片岩）的岩层中，含祖母绿的云母片岩经常与稀有金属伟晶岩共生。侵入基性岩-超基性岩的酸性岩浆活动后期，大量熔点低、流动性较大的残余岩浆随着温度降低而发生结晶分异，先形成伟晶岩，余下的富含 Be、Al、Si、F、Cl 等挥发分的高温气成热液与超基性岩发生组分交换，萃取了超基性岩中的 Cr、V 元素，在花岗岩与超基性岩的接触带上形成了祖母绿晶体。

祖母绿作为名贵宝石，在世界范围内发现了多个产地，主要分布在南美洲、非洲和亚洲等地。宝石级祖母绿重要的产出国有哥伦比亚、巴西、赞比亚、津巴布韦、俄罗斯、马达加斯加、阿富汗和巴基斯坦。其他产地还有美国、加拿大、奥地利、挪威、西班牙、保加利亚、塔吉克斯坦、埃及、南非、坦桑尼亚、纳米比亚、尼日利亚、莫桑比克、澳大利亚等。

（3）石英（水晶）

水晶矿大多是热液石英经历结晶作用形成的。大量的岩浆热液带走母岩中的二氧化硅，富含硅质的热液充填于张裂隙或胶结围岩角砾，以多中心快速结晶的方式形成粒状、块状石英脉体。摩洛哥布迪紫水晶矿（图 2-2-12）和江苏东海县水晶矿是热液成因水晶矿的两个重要产地。

图 2-2-12　来自摩洛哥布迪的热液成因紫水晶（据 Troilo et al., 2015）

江苏东海县水晶矿的形成过程可描述如下。2 亿至 3 亿年前，进入地质年代的燕山期，那时地壳运动强烈而频繁，在东海县西侧形成了驰名中外的郯庐断裂带，东侧形成了海泗断裂和断裂周围大量的节理、小断层。这些不同规模的断裂（节理）为水晶矿的形成提供了通道和储矿空间位置。后来，海底火山喷发，大量含二氧化硅的岩浆喷出地表。由于得天独厚的地理条件，含矿的岩浆溶液沿着这些断裂通道运移，在成矿环境适宜的位置结晶沉淀下来，从而形成了今天东海的水晶矿。

2.2.4　变质作用及相关宝石矿物材料

2.2.4.1　变质作用概念与类型

变质作用可以是原岩的固态重结晶作用、重组合作用以及形变作用等，还可以发生交代作用，甚至混合岩化作用。变质作用可以理解为，原来的岩石经过挤压、升温、流体的介入从而形成其他类型岩石的过程。变质作用有接触热变质作用、区域变质作用、接触交代变质作用及混合岩化作用等类型。变质作用形成的宝石矿主要包括以下几种：与接触交代变质作用有关的宝石矿，如石榴石矿床、尖晶石矿床、青金石矿床；与区域变质作用有关的宝石矿，如红宝石矿床、蓝宝石矿床、月光石矿床；与混合岩化作用有关的宝石矿，如刚玉矿床、磷灰石矿床等。其中，前两种变质作用是变质成因宝石最主要的类型。

2.2.4.2　相关宝玉石矿物材料

（1）区域变质作用及相关宝石

区域变质作用主要形成的宝石矿物材料是刚玉（红宝石）。刚玉是在相对封闭的体系下，由贫硅富铝岩石经历等化学变质反应而形成。其形成过程没有流体参与，没有明显的组分带入和带出。成矿物质仅依靠原岩，并呈现几百米、上千米的规模。该类型根据产出的岩石类型可以分为三种：大理岩型刚玉、镁铁质麻粒岩型刚玉、铝质片麻岩和麻粒岩型刚玉。

① 大理岩型刚玉

大理岩是由灰岩经历区域变质作用形成的。大理岩型刚玉是优质红宝石的主要来源，并以产出"鸽血红"红宝石而闻名（图 2-2-13）。"鸽血红"红宝石鲜亮的颜色与高 Cr 含量和低 Fe 含量密切相关。含红宝石的岩石呈条带状顺层分布于区域变质带的大理岩中，红宝石及伴生矿物的粒度与大理岩的粒度呈正相关关系。

图 2-2-13　白色大理岩中的红色刚玉（红宝石）（美国 Jeffery Scovil 摄影，刘光华提供）

② 镁铁质麻粒岩型刚玉

镁铁质麻粒岩中产出的红宝石多以工艺品为主，商业上称为"红绿宝"，矿物学上为红宝黝帘石。由于 Cr 含量很高，所以此种岩石呈现翠绿色，其中产出的红宝石也具有较高的 Cr 含量，Fe 含量也较高，呈粉色到暗红色。红宝石常与韭闪石、铝直闪石、钙长石、尖晶石等共生。此类型岩石由富含斜长石的岩石（如斜长岩、橄长岩、苏长岩）在麻粒岩相条件下脱水而来。

③ 铝质片麻岩和麻粒岩型刚玉

该类型是重要的红、蓝宝石的来源，另外还有尖晶石、石榴石等富铝宝石。常常在高温、中压角闪岩相-低压麻粒岩相变质过程中，结晶析出刚玉。新疆维吾尔自治区克孜勒苏柯尔孜自治州阿克陶县的红宝石矿床，红宝石矿化产在硅线石黑云母二长片麻岩和黑云母斜长变粒岩中，矿石呈斑点状、条带斑点状等，硅线石交代锂云母，刚玉包含其中。产出于麻粒岩中的刚玉常常为三方双锥，很少有板状或柱状，颜色以蓝色和黄色为主，亦可见其他颜色。

大理岩中的红宝石主要产地有缅甸抹谷、阿富汗哲格达列克、巴基斯坦的罕萨、越南北部、中亚的帕米尔，以及我国云南哀牢山地区。其他区域变质红宝石矿分布在坦桑尼亚、印度、斯里兰卡、莫桑比克以及我国新疆维吾尔自治区。

（2）接触交代变质作用及相关宝石

接触交代变质作用指在中酸性-中基性岩浆与碳酸盐类岩石的接触带附近，由岩浆析出的气水热液通过交代作用使侵入岩或围岩的岩性及化学成分均发生变化的一种变质作用。接触变质作用形成的宝石矿物包括金绿宝石、石榴石类宝石、和田玉和汉白玉等。接触交代变质作用形成的石榴石类宝石矿物进一步分为钙铁榴石和钙铝榴石两种类型。

① 钙铁榴石宝石

钙铁榴石宝石的产地代表是马达加斯加安提提赞巴图石榴子石宝石矿，其形成于火山侵入体与二叠-三叠纪的伊萨路组沉积岩的接触带上，属于矽卡岩型钙铁榴石矿。石榴子石产于这些岩体与围岩的接触交代矽卡岩中，是重要的矽卡岩矿物。在矽卡岩中仍可以观察到交代作用之前的沉积岩中的结构构造，甚至可以看到贝壳、珊瑚、菊石的化石已经被石榴子石交代。该地区产出的钙铁榴石颜色多样，有黄绿色到蓝绿色翠榴石、绿黄色-褐黄色到褐色黄榴石和少量的棕红色-红色的钙铁榴石（图2-2-14）。

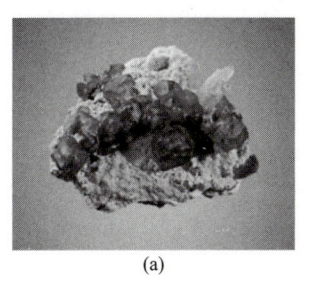   

(a) (b) (c)

图 2-2-14 马达加斯加安提提赞巴图产出的石榴子石
(a) 黄绿色翠榴石（粒度 1.2cm）；(b) 绿色翠榴石（粒度 2.2cm）；
(c) 褐色黄榴石（粒度 4.2cm）（据 Pezzotta et al.，2011）

② 钙铝榴石宝石

钙铝榴石宝石矿基本上都产在酸性岩浆岩与石灰岩接触交代形成的矽卡岩中，一般产在外接触带。通常钙铝榴石透明至半透明，颜色为浅黄绿、浅蓝绿、蜂蜜黄或浅粉黄，甚至完全无色。当 V 代替部分 Al 时，可呈现祖母绿色，此变种在肯尼亚首先被发现，最近在韩国蔚山也发现绿色钙铝榴石，大部分形成于花岗岩与上白垩纪泥质角岩形成的矽卡岩中，部分形成在石灰岩形成的矽卡岩中。

石榴子石中的宝石品种众多，产地较广。不同品种的石榴子石产地不尽相同，较为著名的石榴子石产地主要有印度、斯里兰卡、马达加斯加、尼日利亚、坦桑尼亚、纳米比亚、肯尼亚、俄罗斯、日本、墨西哥。目前，我国有十几个地区发现了宝石级石榴石，主要有江苏、广东、新疆、陕西等地。

思考题

1. 内力地质作用有哪几种主要类型，分别产何种宝石？
2. 岩浆的侵入与喷出作用分别与哪些宝石的形成有关？
3. 伟晶岩中常见的宝石有哪些？
4. 列举热液作用形成的有关宝石。
5. 简述与刚玉（包括红宝石与蓝宝石）形成有关的地质作用。
6. 简述涉及绿柱石类宝石形成的地质作用。
7. 如何看待翡翠"赌石"这种交易方式？
8. 金刚石的形成经历了地球深处高温高压的"历练"，后又赶上了好的"运气"，被岩浆快速运移到地表。根据金刚石形成的过程，谈谈你对成功必备因素的认识。

2.3 外力地质作用及宝石矿物材料

外力地质作用是在内力地质作用基础上,通过风化与沉积作用两种作用方式对原有宝石矿进一步富集(例如砂矿中金刚石、水晶、刚玉等)或新形成次生宝石矿(例如绿松石、孔雀石和欧泊等)的过程。

2.3.1 风化作用及相关宝石矿物材料

2.3.1.1 风化作用概念和分类

风化成矿作用是指含矿岩石在冰川、水、空气、太阳能作用下,发生机械破碎和化学变化的作用,导致有用组分在一定的物理化学条件下形成矿产的过程。风化成矿作用按其因素和性质分为物理风化成矿作用和化学风化成矿作用。

2.3.1.2 相关宝石矿物材料

风化作用具有如下特点。①主要发生在近代地质时期即第三纪和第四纪时期,且以地表为主。②分布范围与原生岩石或矿床出露范围一致或相距不远。③形成的矿石或岩石结构一般疏松多孔,呈土状、多孔状、网格状、皮壳状、胶状、结核状、肾状、钟乳状等。④形成的矿物成分大多是氧化物、含水氧化物、碳酸盐和磷酸盐,如蛋白石($SiO_2 \cdot nH_2O$)、孔雀石[$CuCO_3 \cdot Cu(OH)_2$]、绿松石{$CuAl_6[PO]_4(OH)_8 \cdot 5H_2O$}等。⑤根据风化作用特点和有用组分聚集部位的不同,其形成的宝石矿可由残积坡积、残余和淋积作用三类风化作用形成。如翡翠、软玉的次生矿(山流水)往往形成于残积及坡积作用,蓝宝石、红宝石等次生矿往往形成于残余作用,而大多数欧泊矿则形成于淋积作用。另外,还有绿松石和孔雀石矿,往往发育在风化壳或铜矿的次生富集带。下面就几种典型风化作用形成(风化壳型)的宝石矿做介绍。

(1) 蛋白石(欧泊)

一般认为蛋白石(欧泊)产生于硅质的再活化作用,在温暖潮湿的气候下,砂岩地层中的长石、蒙脱石在长期风化作用下分解为高岭石并析出硅质组分。富含硅质的地下水沿着断裂、微裂隙向下渗透,直到被渗透性差的岩石(如泥质岩)圈闭(图 2-3-1)。这时,假设流体形成硅胶,其中显微硅质球粒慢慢沉淀,最终变硬而形成固态欧泊(图 2-3-2)。因此欧泊常发育在地势平坦,气候温暖潮湿和地壳相对稳定的地区,并赋存在风化壳下的黏土岩或铁质岩中,呈薄层状、细脉状或生物假象。风化作用是蛋白石(欧泊)矿的主要来源,占90%以上。

世界范围内产欧泊的地区相对集中,著名的产地除澳大利亚和埃塞俄比亚外,还有巴西、墨西哥、智利、美国西雅图、捷克斯洛伐克。澳大利亚是世界上最重要的欧泊产出国,占世界宝石级欧泊产量的95%。欧泊均产自澳大利亚的世界第三大盆地——大自流盆地,跨越了

图 2-3-1 埃塞俄比亚沃洛省的一处产欧泊崖体（据 Rondeau et al.，2010）
水平箭头方向为欧泊矿层，位于崖顶 350m 之下，崖体由蚀变的玄武岩和流纹质熔结凝灰岩交替层组成

(a)　　　　　　　　　　　　(b)

图 2-3-2　埃塞俄比亚蛋白石（欧泊）(a) 及稀有的欧泊 (b)
埃塞俄比亚蛋白石（欧泊）填充在火山碎屑中的空隙，黑色部分也由欧泊和铁锰氧化物组成；
稀有的欧泊呈现深色"巧克力"褐色水粉画，颜色变彩，目前陈列在法国南特历史博物馆（据 Rondeau et al.，2010）

新南威尔士州、南澳大利亚州和昆士兰州。新南威尔士州的欧泊产区主要是闪电岭与白崖，现在的开采活动主要集中在闪电岭，而该矿区是世界公认的最优质黑欧泊的产区。南澳大利亚州的欧泊主要产区包括库伯佩迪、安达穆卡、明塔比和兰比纳，主要的开采活动集中在库伯佩迪，而此地出产高质量的奶白或浅色白欧泊。昆士兰州是最为富集的欧泊产区，有 30 多个独立的欧泊矿。最为富集的砾石（欧泊伴有含铁的围岩）欧泊矿产地是西昆士兰州奎尔派欧泊矿区的大草垛矿，并以欧泊闻名遐迩。

（2）绿松石

多数学者认为，绿松石是地表地质作用的产物，应属于淋积作用成因，与含磷、含铜的硫化物岩石的线性风化有关。围岩可以是酸性喷出岩（流纹岩、粗面岩、石英斑岩、二长岩）和含磷灰石的花岗岩，亦可以是含磷的沉积岩或沉积变质岩。绿松石常与褐铁矿、高岭石、蛋白石、玉髓等共生（图 2-3-3）。

世界上有多个国家出产绿松石，主要有伊朗、美国、埃及、俄罗斯、中国等。我国的绿松石主要集中于鄂、豫、陕交界处，并以鄂西北的郧阳区、竹山县产的绿松石

图 2-3-3　美国波尔克县绿松石
（据 GIA）

最为著名，其次为陕西白河产的绿松石。另外，新疆、安徽等地也有绿松石产出。

（3）孔雀石

孔雀石产于原生铜矿蚀变和氧化带或含铜丰度较高的中基性岩，如玄武岩、英安岩、闪长岩上部氧化带中。孔雀石常与蓝铜矿、辉铜矿、赤铜矿、自然铜等含铜矿物共生（图2-3-4）。它是由原生含铜硫化物，经氧化作用、淋滤作用和化学沉淀作用而形成的一种次生含铜碳酸盐矿物。孔雀石主要形成于围岩为碳酸盐岩的矽卡岩型铜矿床的氧化带。其形成机理可用以下化学方程式表示。

图 2-3-4　采自刚果民主共和国加丹加省的孔雀石（绿色）与蓝铜矿（蓝色）共生
（据 GIA，由 J. Hyršl 摄影）

孔雀石在氧化带形成的反应如下：

$$CuFeS_2（黄铜矿）+ 4O_2 = CuSO_4 + FeSO_4$$

硫酸铜遇到围岩中的方解石则会发生下列反应：

$$2CuSO_4 + 2CaCO_3 + H_2O = Cu_2CO_3(OH)_2 + 2CaSO_4 + CO_2$$

因此，孔雀石 $[Cu_2CO_3(OH)_2]$ 矿床属于典型的风化淋滤型。

世界上出产孔雀石的国家较多，著名产地有赞比亚、津巴布韦、纳米比亚、俄罗斯、扎伊尔、澳大利亚、美国和智利等。孔雀石还是智利的国石。中国的孔雀石主要产于铜矿的氧化带，主要产地有广东阳春、湖北大冶、江西西北部等地。另外，内蒙古、西藏、甘肃、云南等地也有产出。此类矿床是孔雀石的唯一来源。

2.3.2　沉积作用及相关宝石矿物材料

2.3.2.1　沉积作用概念和分类

沉积成矿作用是指风化产物（碎屑物质、黏土物质和溶解物质）除部分残留原地组成风化壳堆积成矿外，大部分被搬运走，并在新的环境条件下沉积下来，经分异作用、压实作用、压溶作用、重结晶作用和交代作用形成矿床的过程。如砾岩型矿床、砂岩型矿床、黏土型矿床、化学沉积型矿床等。

根据成矿组分和成矿作用方式，沉积型宝石矿分为机械沉积型、化学沉积型和生物沉积型三类。机械沉积型（砂矿型）是指岩石风化形成的碎屑物质，在搬运过程中，按粒级和密度大小进行分异，使有用成分聚集形成的宝石矿。化学沉积型是指岩石风化的产物呈真溶液或胶体溶液，搬运到大海或湖泊中，因条件的改变发生化学沉积分异作用，从而使某些组分富集而形成的宝石矿。生物沉积型是指由生物遗体堆积或生物作用直接、间接引起有用物质聚集而形成的宝石矿。

2.3.2.2 相关宝石矿物材料

沉积作用形成的宝石矿多为次生矿，即原来的位置本身就存在一个宝石矿，经过风化作用、水流的冲刷作用等，会出现搬运现象，由于宝石具有较为稳定的物理化学性质，能够经受磨蚀与溶蚀作用，最终在较为稳定的环境中沉淀下来，例如和田玉的籽料矿就是非常典型的沉积型矿，此外，钻石、红蓝宝石、石榴石等宝石都可以通过沉积作用形成沉积型矿。

（1）机械沉积型宝石矿物材料

由于宝石化学性质稳定、密度大、硬度大、耐磨、耐腐蚀，所以，大多数宝石都能富集在砂矿中形成有价值的矿床。大自然是一个天然的选矿场，经过自然分选使许多宝石从低品位到高品位、从低质量到高质量、从无工业价值到有工业价值、从难开采到易开采。所以砂矿实际上是宝石最重要、最经济的矿床类型。如南非和澳大利亚等地的金刚石，相当一部分产在风化残坡积和河流冲积物中；缅甸优质红宝石常富集在大理岩溶洞的沉积物中，刚玉类宝石矿物常富集在残坡积、洪积、冲积物中；澳大利亚六条水系呈放射状从玄武岩中流出，刚玉类宝石矿物即富集其中；山东昌乐蓝宝石，在玄武岩中品位很低，但在附近的古河道沉积物中则品位很高；缅甸翡翠很大一部分呈砾石块，产出在河谷砾石层中；新疆和田玉高质量的籽料主要产在玉龙喀什河和喀拉喀什河两条大河的冲积物中。除此之外，水晶、黄玉、石榴子石、玛瑙等均可产在砂矿中。

（2）化学沉积型宝石矿物材料

化学沉积型宝石矿床中的宝石比较少，而且工艺价值和经济价值也不大，主要供陈列观赏之用。

① 菊花石　是碳酸盐沉积过程中产出的天青石和菱锶矿的放射状集合体。美国、墨西哥、马达加斯加、法国、俄罗斯、埃及等均有产出，我国主要分布在湖南浏阳和湖北宣恩等地（图2-3-5）。

图2-3-5　菊花石（湖北省工艺美术大师吕洪提供）

② 砚石　部分砚石是由泥灰岩组成的，如有名的山东的红丝砚和吉林的松花砚。

③ 碧玉（石） 产于火山沉积岩系的硅质岩中，是一种含杂质较多的玉髓。多为红色和绿色，称"红碧玉"和"绿碧玉"。有特殊花纹者可命名为"风景碧玉""血滴石"等。

（3）生物沉积型宝石矿物材料

① 煤精 也称煤玉，是一种黑色致密块状的褐煤，可用于雕刻装饰品。美国、英国、法国、西班牙、俄罗斯等许多国家都有产出，我国主要产于抚顺煤矿。

② 琥珀 主要产于煤系地层或其他沉积岩中，产于煤层者，称煤珀；产于黏土岩或砂岩中者，称砂珀；产于砂砾岩中者，称砾珀。世界主要来源地是波罗的海南岸一带国家，如俄罗斯、波兰、德国和丹麦，我国主要产自抚顺煤矿中（图 2-3-6）。

图 2-3-6 辽宁抚顺煤中的琥珀

思考题

1. 外力地质作用包括哪些类型？
2. 简述与风化作用有关的宝石及形成机制。
3. 简述与沉积作用有关的宝石及形成机制。
4. 结合与外力地质作用有关的任意一种宝石矿物材料的形成过程，谈谈对你在成长成才方面的启示。

第 3 章
自然元素类宝石矿物材料 ——金刚石（diamond）

> 莫道谗言如浪深，莫言迁客似沙沉，
> 千淘万漉虽辛苦，吹尽狂沙始到金。
> ——唐·刘禹锡《杂曲歌辞·浪淘沙》节选

本章概要

知识目标：准确描述金刚石、钻石、辐照处理钻石、合成钻石、钻石的 4C 分级的基本概念；阐明金刚石鉴别及分级的基本原理和方法，掌握金刚石的鉴别特征及 4C 分级要素；利用力学、光学及矿物学等的原理方法，理解金刚石物理化学性质与晶体结构之间的内在联系。

能力目标：运用金刚石鉴赏的基本原理和方法，正确辨别钻石及其仿制品，不断拓展金刚石的知识面，提升独立思考和解决问题的能力。

素养目标：紧密结合国内外钻石行业热点现象，以多重问题为导向，进一步探究金刚石的本质，深入理解科技强国对于我国社会发展的长期价值。

3.1 概述

金刚石为自然元素类宝石矿物，其宝石学名称是钻石，英文名称是"diamond"，来源于古希腊语"adamas"，意为"坚不可摧"或"难以征服"。达到宝石级的金刚石称为钻石原石，珠宝商贸中的钻石是指宝石级金刚石经过打磨、切割和抛光的裸石。钻石作为受消费者喜欢的宝石品种，其根本取决于其独一无二的物理特性和形成条件。金刚石是目前已知天然矿物中硬度最高的，化学稳定性最强，抗磨损、耐腐蚀、易保存，并且是天然透明矿物中光泽、折射率和色散最强的宝石矿物材料，享有"宝石之王"的美誉（图 3-1-1）。

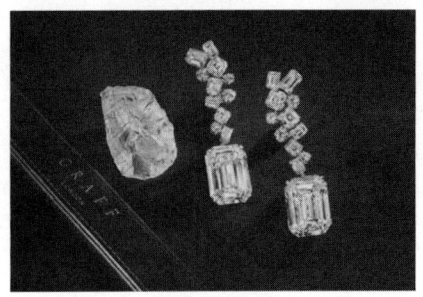

图 3-1-1　宝石之王——钻石

原生金刚石产于地下几千米高温、高压下的地幔深处，被金伯利岩或钾镁煌斑岩带到地壳浅部，再经历瞬间的岩浆爆发喷出地表。外生条件下可形成金刚石砂矿，常发现于河流冲积的砂石和泥土中。原岩风化后，金刚石既硬又稳定，经河流搬运沉积在砂石中。而金刚石十分稀少，即便是南非产金刚石的富矿，平均也要大约开采20t矿石，才能获得1ct宝石级的钻石，钻石如此珍贵、如此有魅力，由此可见不一般。

世界上有许多著名的钻石，不仅颗粒大、品质高，而且有着迷人的神奇故事，或与重大历史事件有关，或与皇室贵人相伴，或有惊险曲折的历程，人们常把这些钻石称为世界名钻。如著名的库利南钻石、塞拉利昂之星、摄政王钻石、霍普钻石、世纪之钻、金色庆典之钻等。库利南钻石（Cullinan diamond）是迄今世界上发现的最大的宝石级钻石原石，约3106ct，大小约为50mm×65mm×100mm。它于1905年发现于南非Premier矿，1907年，南非政府献给英王爱德华三世，1908年由荷兰著名的钻石切磨名匠约阿歇琢磨成9颗大钻和96颗小钻。库利南Ⅰ号也称非洲之星，530.20ct，梨形，镶于英王的权杖上；库利南Ⅱ号317.40ct，同另7颗大钻一起镶于英王的王冠上。这两件旷世之宝现都陈列于伦敦博物馆，供人观赏，许多游客到伦敦都会到此一睹为快。我国最大的宝石级天然金刚石为"常林钻石"，是1977年在山东临沭县常林村发现的，158.78ct，质地纯洁，晶莹剔透。

钻石是权力、财富、爱情的象征。"钻石恒久远，一颗永流传"这句戴比尔斯的广告语早已深入人心，人们除了将钻石作为结婚信物，还将结婚60年称为钻石婚，同时将钻石作为四月生辰石。婚礼上赠送和佩戴钻戒的习俗，表达的是一种浪漫、美妙的传统，更是庄严、神圣、永恒的钻石之约。用钻石盟约：执子之手，与子偕老！这才是钻石对爱情和婚姻真正意义的诠释。

3.2 金刚石的物理化学特征

金刚石为典型的自然元素类宝石矿物，由单一元素碳（C）组成，其含量（质量分数）可达99.95%，并含有少量的氮（N）、硼（B）、氢（H）等。金刚石属于等轴晶系，在矿物学上属于金刚石族，晶体结构表现为立方面心结构，每个碳原子都与周围4个碳原子以共价键结合，在三维空间形成立方面心格子。金刚石晶体形态多呈八面体、菱形十二面体、立方体及其聚形（图3-2-1）。

 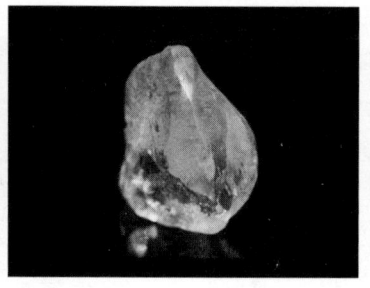 

图3-2-1 金刚石

3.2.1 光学性质

① 颜色　金刚石的颜色主要分为两个系列：无色-浅黄色系列和彩色系列。无色-浅黄色系列金刚石的颜色主要为无色至浅黄色、浅褐色和浅灰色（图3-2-2）；彩色系列金刚石的颜色包括黄色、粉色、蓝色、绿色、橙色、红色、紫红色及棕色，偶见黑色（图3-2-3）。彩色金刚石的颜色多数是由少量杂质进入金刚石晶体结构中，形成各种色心所致，或由于晶体塑性变形形成缺陷、位错，对特定可见光的吸收而成。

图 3-2-2　无色-浅黄色金刚石

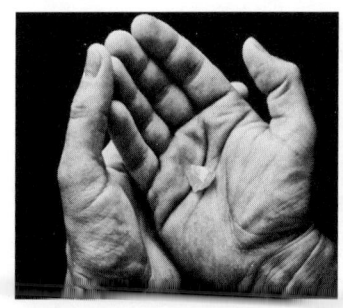

图 3-2-3　彩色金刚石

② 光泽和透明度　成品钻石具有自然界透明矿物中最强的金刚光泽，而因熔蚀作用和风化作用钻石原石表面不光滑，显示油脂光泽。纯净的金刚石为无色透明，但因内部含有杂质和包裹体，金刚石变成半透明，甚至不透明。

③ 光性与多色性　金刚石属于等轴晶系宝石，正交偏光下全消光，但多数金刚石因受应力作用或内部含有丰富的包裹体，其在正交偏光下具有相当普遍的异常消光现象，无多色性。

④ 折射率和色散　钻石为单折射宝石，其折射率为2.417，其值超出了常规宝石折射仪的测试范围。钻石的色散值为0.044，因此钻石在自然光下具有较强的火彩。

⑤ 发光性　钻石在紫外线的照射下，呈无至强的蓝色、黄色、橙黄色、黄绿色、粉色等荧光。通常长波（LW）下的荧光强于短波（SW），部分钻石可见磷光。在X射线照射下，钻石一般呈蓝白色荧光。可利用该特性进行钻石与仿制品的分选。在阴极射线下，钻石荧光一般呈蓝色、橙色或黄绿色。目前阴极发光技术是区分天然钻石和合成钻石的常用手段之一。

⑥ 吸收光谱　无色-浅黄色系列金刚石具有典型的415.5nm吸收线，还可见423nm、466nm和478nm等谱线；褐-绿色金刚石以504nm处的谱带为特征。

3.2.2　放大检查

金刚石内部常含有磁铁矿、磁黄铁矿、石榴子石、金刚石、石墨、透辉石、顽火辉石、橄榄石、铬尖晶石、锆石等细小矿物包裹体。

3.2.3　力学性质与密度

金刚石具有四组平行于八面体方向的中等解理，加工时有利于金刚石的劈开。抛光钻石腰部常见的"V"形缺口或须状腰都与其解理有关。

金刚石的莫氏硬度为10。但其硬度因结晶学方向不同而存在差异，通常立方体面上的对角线方向＞八面体面上的所有方向＞立方体面上与轴平行的方向＞横穿菱形十二面体面的方向。金刚石硬度的差异性，使其成为工业上最重要的切割、钻掘、研磨和抛光材料。

金刚石的密度为 3.52g/cm^3，因成分单一、杂质含量低，金刚石的密度非常稳定，只有金刚石中含有较多的杂质或者包裹体时，其密度才略有变化。

3.2.4　其他性质

① 电学性质　Ⅰ型和Ⅱa型钻石不导电，是绝缘体，Ⅱb型钻石因含微量硼（B）而为半导体。

② 热学性质　金刚石是极好的热导体，热导率可高达 600～4000W/(m·K)，导热性超过金属，是透明宝石中热导率最高的品种。钻石热导仪就是依据钻石的热导性来区分钻石与仿制品（合成碳硅石除外）。

③ 亲油疏水性　金刚石表面具有亲油疏水性。即金刚石对油脂有很强的吸附能力，水在金刚石表面呈水滴状。钻石笔就是利用金刚石的亲油疏水性特点来鉴定钻石及其仿制品，由于钻石笔内部装有特殊的油性墨水，能在钻石表面留下连续的笔迹，而仿制品表面的笔迹则表现为不连续状。

④ 化学稳定性　金刚石的化学稳定性非常强，在绝大多数酸和碱中都不溶解，王水也不能腐蚀它。

3.2.5　重要鉴定特征

金刚石为自然元素类的宝石矿物，在已知矿物中硬度最大，导热性最好，在常见天然无色矿物中光泽、折射率和色散最强。

3.3　金刚石（钻石）的分类

根据金刚石中所含微量元素的含量和种类，把金刚石分为两个大类、四个小类，即Ⅰa型、Ⅰb型、Ⅱa型、Ⅱb型，其特征及区别见表3-3-1。

Ⅰ型。金刚石中含N，最高质量分数可达0.25%。包括Ⅰa型和Ⅰb型，天然钻石中Ⅰa型占98%以上。

Ⅱ型。金刚石中不含N或含N质量分数少于0.001%。根据是否含杂质B，又可进一步分为Ⅱa型和Ⅱb型（含B），Ⅱb型金刚石因含杂质B常呈蓝色，具有导电性，世界名钻霍普钻石就是典型的Ⅱb型金刚石。

表 3-3-1　金刚石各类型特征对比

类型	Ⅰ型				Ⅱ型	
	Ⅰa型			Ⅰb型	Ⅱa型	Ⅱb型
	ⅠaA型	ⅠaAB型	ⅠaB型			
含杂质与N的类型	2个原子N，N_2心	3个N原子，N_3心	集合体N，B心	片晶N，D心	单原子N，C心	不含杂质N和B，或含量极少	不含N，含少量B
颜色	无色至黄色			无色至黄色、棕色	无色、粉色、棕色	蓝色、灰色
紫外吸收	330nm以下全吸收				220nm以下全吸收	
红外吸收峰位置/(cm^{-1})	1282	—	1175	1365、1370	1131、1344	1100~1400波数段内无吸收	2800
荧光	紫光照射下常见蓝色荧光，还可见绿色、黄色、红色等荧光					大多数无荧光	
磷光	—					紫外照射后无磷光	紫外照射后可见磷光
导电性	不导电						半导体
其他	占天然钻石产量的98%				占天然产出钻石产量的0.1%左右，大多数为HPHT合成钻石	天然产出钻石产量的1%~2%，多数为CVD合成钻石	极少

3.4　金刚石（钻石）的鉴别

3.4.1　天然钻石的鉴别

① 观察切磨特征　钻石的珍贵缘于高品质与稀有性，通常有精确的切工比率和良好的修饰度，钻石刻面平整，棱线尖锐笔直，很少出现大量的"尖点不尖""尖点不齐"等现象，但多数仿制品的切磨质量较差，常出现"圆滑状的棱线""刻面大小不一""尖点不齐"等特征；另外观察腰围也很重要，绝大多数钻石为了保持重量而腰部不抛光，呈毛玻璃状，腰围及附近可见原始晶面，部分原始晶面上还可见阶梯状生长纹三角形生长标志，钻石的仿制品由于硬度小，腰部抛光不精细，可见打磨痕迹。

② 观察光学特征　钻石具有特有的金刚光泽，色散适中，亮度好，火彩柔和。对有经验的人，可以依据光泽和火彩的特点将钻石与仿制品区分开。

例如合成立方氧化锆、合成碳硅石等人工宝石的色散值大于钻石，火彩更鲜艳；水晶、托帕石、尖晶石等天然宝石的色散值低于钻石，几乎无火彩。

③ 透视实验　也称线实验,该实验只适用于标准比率范围的圆钻形的钻石。将样品台面向下放置在有线条的白纸上,从亭部观察,透过样品看不到纸上的线条时,为钻石,反之则为仿制品。

④ 亲油性实验　根据钻石的亲油疏水性,用油性笔画过钻石时可见连续的直线,而仿制品则出现不连续的小液滴现象。

⑤ 观察包裹体特征　钻石内部一般含有特征的矿物包裹体、生长结构等天然生长的信息,如典型的包裹体有石墨、橄榄石、石榴子石等,解理诱发的解理裂隙,又被称为羽状纹,特征的生长纹、双晶纹等生长结构。

⑥ 仪器检测　实验室中,可根据钻石的性质,选择相对密度测试、导热性测试、荧光观察,紫外-可见分光光度计和红外光谱仪的吸收特征测试,阴极发光仪下的结构观察等。多数测试方法需要经过专业培训的人员进行操作,才能获得有效的测试结果。

3.4.2　钻石与仿制品的鉴别

最古老的钻石替代品是玻璃,后来用天然无色锆石,随后人们用简单、容易实现的方法人工制造出各种各样的基本性质与天然钻石相似的钻石仿制品。早期用焰熔法合成的氧化钛晶体,即合成金红石,它有很高的色散,但是硬度低,还有黄色,且色散过高而容易被识别。针对合成金红石的缺点,人们又用焰熔法生长出了人造钛酸锶晶体,它的特点是色散比合成金红石小,近似钻石的色散,颜色也比较白,但其硬度较小,切磨抛光总得不到锋利平坦的交棱和光面。

随着科学的发展,人们又不断生产出更近似钻石的仿制品。目前常见钻石仿制品的人工材料有合成碳硅石、合成氧化锆、人造钇铝榴石、人造钆镓榴石等,常见的钻石仿制品的鉴定特征见表3-4-1。

表3-4-1　钻石人工宝石材料仿制品的鉴定特征

人工宝石材料名称	晶系	光性	折射率	双折射率	色散	密度/(g/cm^3)	莫氏硬度	其他特征
合成碳硅石	六方	一轴晶,正	2.65~2.69	0.043	0.104	3.22	9.25	星点状、针状包裹体,重影明显
合成立方氧化锆	等轴	均质体	2.15~2.18	无	0.060	5.6~6.0	8.5	内部洁净,圆滑棱角
人造钇铝榴石	等轴	均质体	1.833	无	0.028	4.58	8.5	洁净,偶见气泡
人造钛酸锶	等轴	均质体	2.41	无	0.190	5.13	5.5	抛光差,色散强
合成金红石	四方	一轴晶,正	2.62~2.90	0.287	0.300	4.2~4.3	6.5	重影明显,色散极强
铅玻璃	非晶体	均质体	1.62~1.68	无	0.030~0.080	3.74	5	气泡,擦痕,圆滑棱角

3.4.3　合成钻石的鉴别

除了首饰用钻以外,钻石还是一种在机械、热学、光学、化学、电子学等方面均具有极限性能的特殊材料。如其具有最高硬度、最高热导率、最高传声速度、最宽透光波段,抗强酸强碱腐蚀，抗辐射，击穿电压高，介电常数小，既是电的绝缘体，又是热的良导体，而掺杂后又可成为卓越的半导体等。因此很长时间以来，人们都在为合成金刚石、合成高品质金刚石而努力着。

合成钻石就是人为地模拟天然钻石的形成条件，使非钻石结构碳转化为钻石结构碳的过程。目前宝石级钻石的合成方法主要有高温高压（HPHT）法和化学气相沉淀（CVD）法。具体鉴别特征如下。

（1）颜色

绝大多数HPHT法合成钻石为特征的褐黄色-橙黄色，且颜色饱和度高于天然钻石，部分具有"沙漏状"色带现象，CVD法合成钻石主要为近无色、浅褐色至褐色，外观颜色上与天然钻石接近，难以区分。

（2）形态特征

HPHT法合成钻石晶体常呈八面体和立方体组成的聚形，并且可发育成菱形十二面体、四角三八面体或三角三八面体单形晶面，表面可见树枝状或其他不规则形状的生长纹；CVD法合成钻石常呈板状，八面体和立方体面均不发育。

（3）内含物

HPHT法合成钻石的内含物常为浑圆状、棒状、针状等形态的合金包裹体，其排列方式与内生长区界限相关。这些包裹体通常不透明，反射光下观察呈金黄色或黑色，具有金属光泽。CVD法合成钻石内部可见深色包裹体、点状包裹体及锯齿状包裹体。

HPHT法合成钻石还可见种晶及种晶幻影区，种晶幻影区是合成钻石内部存在的沿四方形种晶片向外生长形成的、边缘由相对明亮的细线构成的四方单锥状生长区。

（4）异常双折射

正交偏光下，天然钻石因生长过程的复杂性而出现由弱到强的异常双折射，如不规则带状、波状、斑块状和格子状等，多种干涉色聚集形成镶嵌图案。HPHT法合成钻石的异常双折射较弱，偶尔出现"十字形"交叉的亮带；CVD法合成钻石具有较强的异常双折射，如平行的板条状、镶嵌的斑块状等。

（5）发光特征

利用紫外荧光区分天然钻石与合成钻石是十分有效的手段，HPHT法合成钻石在长波紫外光下呈惰性，短波紫外光下因受自身不同生长区制约而具有规则的发光分带现象（图3-4-1），荧光为淡黄、橙黄、绿黄色，局部可见磷光，与天然钻石的荧光特征不同。CVD法合成钻石显示橙色荧光。

阴极发光特征是区分天然钻石与合成钻石的另一种重要手段。HPHT法合成钻石在阴极射线的轰击下，发光色为黄-黄绿色，不均匀分布，不同生长区

图3-4-1　HPHT法合成钻石的荧光

的发光颜色和强度也有差异；CVD 法合成钻石在阴极发光仪下呈灰蓝、灰绿、灰紫、橙色等（图 3-4-2），颜色单一且均匀分布，并显示较明显的层状生长纹理。而天然钻石则显示更复杂的或不规则的发光样式。

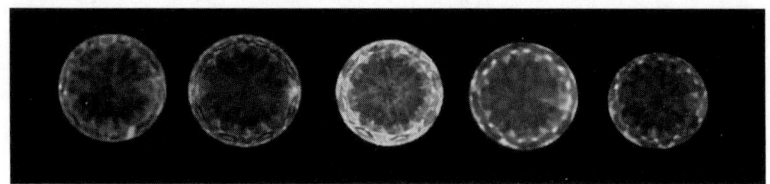

图 3-4-2　CVD 法合成钻石的荧光

（6）仪器检测

可利用钻石确认仪、红外光谱仪、激光拉曼光谱仪、X 射线荧光光谱仪等多种仪器的组合检测，找出更多合成钻石的特征。

3.4.4　处理钻石的鉴别

（1）改色处理钻石

用辐照与加热处理相结合的方法进行钻石的人工改色。辐照处理的颜色仅限于钻石表面，从亭部观察可见伞状效应。辐照的黄色钻石，紫外-可见吸收光谱（UV 吸收光谱）中 594nm 的强吸收是其鉴定特征，另外可出现 $4950cm^{-1}$ 和 $5170cm^{-1}$ 红外吸收峰中的任意一种；辐照处理的粉色钻石，存在 570nm 的荧光线和 575nm 的吸收线，有时伴有 610nm、622nm 及 637nm 吸收线；辐照处理的绿色钻石和天然钻石都具有 741 nm 吸收线，鉴定起来相对困难；辐照蓝色钻石不导电，通上电压无电流通过。

（2）覆膜处理钻石

该种方法主要是在钻石表面镀有色氧化物薄膜和采用 CVD 法生长多晶质钻石膜。覆膜处理钻石在显微镜下可观察到表面的膜为粒状结构，在拉曼光谱仪下，天然钻石的特征峰为 $1332cm^{-1}$ 处，因为是单晶体，其半高峰窄，优质的钻石膜的特征峰为 $1332cm^{-1}$ 附近，峰的半高宽较宽，质量较差的钻石膜的特征峰频移大，强度减弱，甚至在 $1500cm^{-1}$ 附近出现一个较宽的峰。

（3）激光打孔处理钻石

该方法是利用碳的可燃性，打孔直达包裹体，用化学试剂清理包裹体后充填玻璃或其他无色透明物质。激光打孔处理钻石，可见弯曲裂隙，外观像蜈蚣或长条暗线，在裂隙中残留有黑点。

（4）充填处理钻石

利用高温、高压的技术将高折射率材料（玻璃、环氧树脂）注入钻石的开放裂隙中，以降低裂隙的可见度，提高钻石净度。鉴定时主要参考显微镜下观察可见的钻石裂隙处的特征闪光。此外，裂隙内常保留充填物的流动构造以及充填物所含的气泡。此外，可利用能谱仪检测充填物中的微量元素,特别是 Pb,天然钻石中不含 Pb 元素。

3.5 钻石的加工

最早镶嵌在钻石戒指上的琢型就是天然八面体原石形态,也称为尖琢型。直到 14 世纪中叶,欧洲和印度的工匠们才开始对钻石进行加工,早期切割工匠将钻石设法磨出尖。15 世纪出现台面切割,到 16 世纪,玫瑰式切割开始出现,这种切割样式一直延续到 19 世纪。明亮式切割的出现是钻石切割的一大进步,使钻石有更美好的亮光与火彩。目前常见的切割形状有标准圆钻形、椭圆形、梨形、方形(公主方形)、心形、方柱形(祖母绿形)等。

(1)标准圆钻形

标准圆钻形切工是波兰数学家马歇尔于 1919 年首先计算出理论上让钻石反射最大量光线的切割方程式。圆明亮型切工是由 57 或 58 个刻面按一定规律组成的圆形切工,也称理想式切工,顶部的平面被称为台面,直径最大的部位为腰围,腰围以上为冠部,腰围以下为亭部,见图 3-5-1。标准圆钻形常用的切割方式有托考夫斯基切割,也称为美国琢型,其他还有德国琢型、欧洲琢型等。

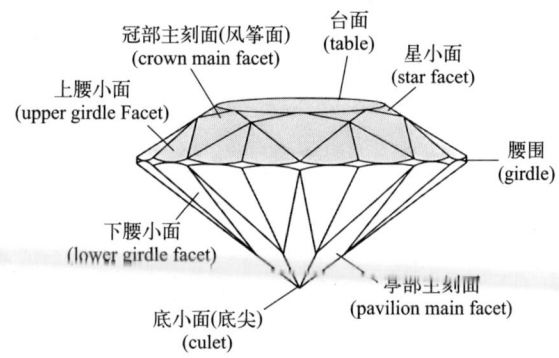

图 3-5-1 标准圆钻形明亮式琢型

① 冠部 钻石上面的部分称为冠部,包括 1 个台面、8 个星小面、8 个风筝面与 16 个上腰小面,总共 33 个切面。

② 腰围 钻石最宽的部位,也是分割钻石冠部与亭部的交界处,腰围是珠宝镶嵌时用来固定钻石的地方。

③ 亭部 从腰围以下到钻石尖端的部分称为亭部。包括 16 个下腰小面、8 个亭部主刻面与 1 个最底下的底小面,总共 25 个刻面。因为钻石并不一定有底小面,所以无底小面的钻石亭部只有 24 个刻面,刻面总数则为 57 或 58 个。

(2)椭圆形

起源于 19 世纪,外形轮廓要求肩部对称,有领结效应。其原石留存率可达 50%~60%,适合长形八面体的钻石原石。也因为它可以保留钻石较高的质量,所以多用于重新切割的古代钻石。

（3）梨形

起源于17世纪，在法国路易十四时期十分流行。外形轮廓要求两侧翼对称，尖角无缺损，有领结效应。梨形也称为水滴形切工（tear cut）或者坠形切工（pendeloque cut）。历史上著名的钻石中有将近20%使用梨形切工，包括世界上最大的钻石库利南一号（Cullinan Ⅰ）。此种切工适合加工一端边角有破损或者有瑕疵的钻石原石，镶嵌时需注意尖角处的保护。

（4）方形

起源于20世纪中期，由比利时工匠发明。此种切工被不断完善，衍生出一系列改良形式。由于其改良形式兼有阶梯形切工的特点，所以也可归类于混合形切工。

方形切工拥有方形或长方形外形，通常有76个刻面，但也有61个、101个或144个刻面的。其中，101个刻面的方形明亮型切工为E.F.D.钻石公司的注册专利切工，即公主方。

方形切工可多样化，但普遍冠部较浅，台面较大，亭部较深。此种切工原石留存率高于其他明亮型切工方式，但不适用亭部较浅的钻坯。尖角处和亭部刻面产生的亮度和闪烁降低了包裹体的可见度，也稍"提高"了钻石的颜色级别，并且同样重量的方形切工钻石与圆形切工钻石相比，外形显得要大15%左右。

（5）心形

起源于近代，钻石外形以对称的两个翼瓣、正中的凹槽和底部的尖角组成，似心形。心形切工钻石全深较浅，适合形状不规则且整体较扁的钻石原石，原处凹槽位置的包裹体可以被剔除，以提高钻石净度，但此种切工原石留存率较低。心形钻石的外形评价主要注重两侧翼瓣对称、形状饱满。

（6）祖母绿形

起源于古代，是典型阶梯形切工的衍生加工方式，所有切面均平行或垂直于钻石的方形外腰围，外形呈矩形，亭部和冠部较扁，底尖收成线状。因此法常用于宝石祖母绿的加工，因此得名。加工时应注意切去四角的大小，线面必须严格平行。使用祖母绿切工的钻石，较难遮掩包裹体，适合净度较高、长方形、边角略带破损或包裹体的钻石原石，其原石留存率可达60%~70%。

结晶成八面体的金刚石，最宜加工成标准圆钻。该琢型的钻石，可使所有投射在钻石表面及内部的光线，全部反射向上，由顶面及上部斜面射出，并发生色散，使钻石表面光耀夺目。

钻石的价格与重量成正比，因此，一些大粒钻石在加工时，也要考虑使钻石保留最大的重量，不一定都要加工成标准钻。

目前，比利时的安特卫普、以色列的特拉维夫、美国的纽约、印度的孟买并称为世界四大钻石加工中心。比利时的安特卫普被称为"钻石之城"，该城市80%的居民均从事钻石及相关行业。安特卫普切磨的钻石，加工精良，精美绝伦，故而"安特卫普切工"又被称为"标准钻石切工"，备受推崇。以色列的特拉维夫有着悠久的钻石加工历史，也是当代最著名的钻石切磨地之一，尤以花式切工闻名。纽约是世界金融贸易中心，许多知名的大珠宝商都汇聚于此，由于纽约人力资源昂贵，一般以加工 3 克拉以上的大钻为主。印度孟买是近年来新兴的钻石加工中心，印度切磨的钻石多为 0.2 克拉左右的小钻，品质较差，切磨工艺较为一般。

3.6 金刚石（钻石）的评价

金刚石具有悠久的历史，在距今 2000 多年前，印度人就把宝石级金刚石看作贵重宝石，与金刚石的历史比较，成品钻石的品质评定方法 4C 分级却相当年轻，直到 20 世纪 50 年代才形成系统的理论和方法。

3.6.1 国际上较有影响的钻石分级标准和机构

目前，国际上比较有影响的钻石检测机构有国际宝石学院、美国宝石学院、比利时钻石高层议会、国际钻石委员会和中国的国家珠宝玉石首饰检验集团有限公司等。

（1）IGI 认证机构

国际宝石学院（international gemological institute，IGI）是世界顶尖的宝石学院，同时也是全球最大的独立珠宝首饰鉴定实验室。作为世界钻石之都最古老的宝石学院，IGI 自 1975 年成立于比利时安特卫普。丰富的经验、专业的意见以及长期可靠正直的声誉使得 IGI 成为珠宝行业参照标准的代名词。作为全球最大的独立实验室，IGI 在数十年鉴定中开发了激光刻字、暗室照片等专利技术并开创推广了 3EX 切工评价体系，长期以来一直是全球宝石学的领先者和规范制定者。IGI 刚开始只为比利时的少数钻石世家做私人钻石鉴定，后来发展成专门为钻石和高端首饰提供鉴定的全球宝石学机构。由于服务人群的特殊性，IGI 在提供宝石学信息的同时，每张证书都沿用了奢侈品的手工制作厘厅，为的是保证各方面品质都与珠宝相匹配。基于在钻石切工领域的权威研究，IGI 制定了世界第一张完整全面的钻石切工评级表（cut grade chart），成为现代钻石切工体系评定标准的雏形。2007 年，IGI 首席鉴定师被比利时王室任命为比利时外交部钻石顾问。

（2）GIA 认证机构

美国宝石学院（gemological institute of America，GIA）是把钻石鉴定证书推广成为国际化的创始者，在 1931 年由 Mr. Robert Shipley 创立，至今已有 80 多年的历史，其鉴定费用依旧较为高昂。GIA 在鉴定书内容、品质方面，颇具公信力。GIA 的经费大部分由美国各大珠宝公司赞助，其证书的出现也符合美国珠宝商的发展利益，同时也为大众的消费品牌提供鉴定证书。

（3）HRD 认证机构

比利时钻石高层议会（diamond high council）成立于 1973 年，主要协调比利时钻石业的活动。长年以来，HRD Antwerp（安特卫普）已经成为比利时和国际认可的官方组织，担当安特卫普钻石行业的组织者、发言人以及媒体的角色。

（4）国家珠宝玉石首饰检验集团有限公司

国家珠宝玉石首饰检验集团有限公司（National Gems & Jewelry Testing Co. Ltd）是由自然资源部珠宝玉石首饰管理中心（国家珠宝玉石质量监督检验中心）通过转企改制组建的自然资源部所属国有独资企业，是主管部门依法授权的珠宝玉石专业质检机构，是全国珠宝玉石标准化技术委员会（SAC/TC298）、自然资源部珠宝玉石首饰检验评价技术创新中心、中国资产评估协会珠宝首饰艺术品评估专业委员会、珠宝首饰职业技能鉴定指导中心、中国品牌建设黄金珠宝品牌集群的依托单位。作为中国最权威的钻石检测机构，其独特之处是建立镶嵌钻石简略分级标准。

（5）其他认证机构

其他还有中国GIC证书、美国GTC证书、美国GTA证书、美国EGL证书、日本CGL证书等。

3.6.2 钻石的4C评价

所谓4C即指克拉重量（carat）、颜色（color）、净度（clarity）、切工（cut）。评价钻石"4C"的标准是由美国宝石学院提出的。目前比较有影响的钻石分级标准为美国宝石学院的钻石分级体系、国际钻石委员会（IDC）的钻石分级标准及中华人民共和国原国家质量监督检验检疫总局颁布的《钻石分级》（GB/T 16554—2017）。钻石4C评价的对象为圆钻形钻石。

（1）克拉重量（carat）

钻石的重量是决定钻石价值的重要因素之一，我们常见到的绝大多数钻石都比较小，1克拉以上的钻石很少，10克拉以上就更少，因此，钻石越大价格越贵。钻石的质量单位为克拉（ct），据说"carat"一词来源于地中海沿岸所产的一种角豆树（ceratonia siliqua）的名称，这种树的干种子大小均匀，约200mg。19世纪以来，克拉作为宝石的计量单位被广泛采用，统一规定为1ct＝200mg＝0.2g。因钻石价值极高，一般情况下，用精度很高的天平来准确称量它的重量。为了方便，可以用测量尺寸大小来估算钻石的重量（见表3-6-1）。

表3-6-1 钻石质量换算

腰围平均直径/mm	质量/ct	腰围平均直径/mm	质量/ct
1.00	0.005	5.20	0.50
1.30	0.01	5.50	0.60
1.70	0.02	5.80	0.70
2.40	0.05	6.00	0.80
3.00	0.10	6.30	0.90
3.40	0.15	6.50	1.00
3.80	0.20	7.00	1.25
4.10	0.25	7.40	1.50

标准圆钻形钻石：估算重量＝平均直径^2×全深×K

根据钻石的不同腰厚，式中系数 K 取 0.0061～0.0065，腰棱越厚，取值越大。

椭圆形钻石：估算重量＝平均直径^2×全深×0.0062

式中平均直径等于腰围长与宽的平均值，即平均直径＝（长＋宽）/2。

心形明亮式琢型钻石：估算重量＝长×宽×全深×0.0059

三角形明亮式琢型钻石：估算重量＝长×宽×全深×0.0057

水滴形明亮式琢型钻石：估算重量＝长×宽×全深×K

式中，系数 K 取值取决于长和宽的比值，当长：宽＝1.25：1 时，K 取 0.00615；长：宽＝1.50：1 时，K 取 0.00600；长：宽＝2.00：1 时，K 取 0.00575。

（2）颜色（color）

在钻石品质的评价中，颜色评价非常重要。钻石颜色分级主要针对开普系列钻石，包括无色、浅黄以及部分具有浅褐、浅灰等色调的钻石，其中带黄色调钻石最为普遍和常见。一些特殊颜色的彩色钻石罕见，特别是红色极为稀有，部分彩色钻石的稀有性依次为红色、绿色、蓝色、紫红色、粉红色、香槟色、黄色，一般单独评价其颜色。不同国家和地区，有不同的分级标准。中国采用数字表示法，以 100 色作为最佳的无色，85 色以上的才能用来琢磨钻石，见表 3-6-2。戴比尔斯公司及世界大多数国家采用美国宝石学院（GIA）提出的钻石颜色分级法，将颜色最好的定为 D，依次到 Z 表示，并有相应的比色标样与之对应，其中 D～N 这 11 个级别最常用。欧洲的颜色体系保留了传统的简单文字描述，但也在不断修改，并在主要级别上与 GIA 体系相对统一，见表 3-6-3。

表 3-6-2　我国钻石颜色等级划分

颜色级别		相应比色石的参考特征
D	100	D 级：纯白色，极透明
E	99	E 级：纯白色，透明
F	98	F 级：白色，透明
G	97	G 级：亭部和腰棱侧面几乎不显黄色调
H	96	H 级：亭部和腰棱侧面显似有似无的黄色调
I	95	I 级：亭部腰棱侧面显极轻微黄白色
J	94	J 级：亭部腰棱侧面轻微黄白色，冠部极轻微黄白色
K	93	K 级：亭部腰棱侧面显很浅的黄白色，冠部轻微黄白色
L	92	L 级：亭部腰棱侧面显浅黄白色，冠部微黄白色
M	91	M 级：亭部腰棱侧面明显的浅黄白色，冠部浅黄白色
N	90	N 级：任何角度观察钻石均带有明显的浅黄白色
＜N	＜90	

表 3-6-3 不同国家钻石分级体系颜色色级对照

美国宝石学院（GIA）	国际钻石委员会（IDC）	国际金银珠宝联盟（CIBJO）	北欧斯堪的纳维亚石委员会（Scan D N）	英国	德国	中国	GB/T 16554—2017
D	特白 (exceptional white)	极罕白 (rarest white)	极亮白 (finest white)	净水色 (purifiecl water)	D	100
E					E	99
F	优白 (rare white)	罕白 (rare white)	亮白 (fine white)	高级韦塞尔顿色 (top wesselton)	F	98
G					G	97
H	白 (white)	白 (white)	白 (white)	韦塞尔顿色 (wesselton)	H	96
I	淡白 (slightly tinted white)	淡白 (slightly tinted white)	商业白 (commercial)	高级晶钻色 (top crystal)	I	95
J				晶钻色 (crystal)	J	94
K	浅白 (tinted white)	微白 (tinted white)	银白黄 (silver cape)	高级开普色 (top cape)	K	93
L					L	92
M	带色调 1 (tinted colour 1)	微黄 (slightly yellowish)	亮微黄 (light cape)	开普色 (cape)	M	91
N					N	90
O	带色调 2 (tinted colour 2)	黄色 (yellow)	开普色 (cape)	黄 (yellow)	<N	<90
P						
Q	带色调 3 (tinted colour 3)					
S~Z	带色调 4 (tinted colour 4)					

彩色钻石包括红钻、绿钻、蓝钻、紫钻和金黄色钻，因颜色鲜艳，产出极为稀少，深得收藏家的青睐，其身价倍增。2017 年苏富比拍卖行起拍五分钟左右，重达 59.6ct 的"粉红之星"以 7100 万美元被拍走，其成交价刷新了全球宝石拍卖纪录。

红钻。一种粉红色到鲜红色的透明钻石，其中尤以鲜艳且深红者为稀世珍品，澳大利亚是其主要产地。

蓝钻。一种天蓝色、蓝色到深蓝色的透明钻石，其中以深蓝色者为最佳。这种钻石与所有其他颜色的钻石不同，它含有硼元素且具有导电性。因其特别罕见，故为稀世珍品。

绿钻。一种淡绿色到绿色的透明钻石，其中以鲜绿色的价值最为不菲。

紫钻。一种淡紫色到紫色的透明钻石，比无色钻石贵三倍，其中尤以紫红色者为稀世珍品，俄罗斯是其主要产地。

黄钻。一种金黄色的透明钻石，是有色钻石中的常见品种。

粉钻。一种粉色的透明钻石，是市场上常见的彩色钻石品种，主要产自澳大利亚阿盖尔矿区。

橘色钻。橘色为黄色和红色的混合体，通常色调较深，呈棕色的感觉，而纯橘色于天然彩钻中稀少罕见。1977 年 10 月纽约苏富比拍卖会上，5.54ct 的橘色钻以 130 多万美元的高价售出。

黑钻。黑色金刚石通常不能作为宝石级钻石，但世界名钻"黑色奥洛芙"据传在印度圣庙中镶于圣像，又称"梵天之眼"。

（3）净度（clarity）

钻石的内部特征和外部特征是划分其净度级别的重要依据，二者又统称为"净度特征"。内部特征和外部特征在净度分级中的作用不同，分级实践中如何来确认钻石的内部特征和外部特征，对净度分级的结论具有重要的影响和意义。内外部特征的有无，以10倍放大镜观察为主。

钻石的内部特征（internal characteristics）指包含在或延伸至钻石内部的天然包裹体、生长痕迹和人为造成的特征。常见内部特征有各种固相、液相、气相及云雾状包裹体，以及羽状裂隙、裂理、须状腰、内凹原始晶面、生长纹、双晶纹、击痕、缺口、激光孔等。

钻石的外部特征（external characteristics）是指仅存在于钻石外表的天然生长痕迹和人为造成的特征。常见外部特征有原始晶面、额外刻面、抛光纹、外部生长纹、棱线磨损、烧痕等。

钻石的净度由内含物的数目、大小及位置所决定。内含物越少，钻石就越珍贵，价值就越高。根据我国《钻石分级》（GB/T 16554—2017）将钻石的净度共分为 LC、VVS、VS、SI、P 5 个大级别，在此基础上，又根据净度特征的大小、数量、位置和性质细分为 FL、IF、VVS_1、VVS_2、VS_1、VS_2、SI_1、SI_2、P_1、P_2、P_3 11 个小级别。对于质量低于（不含）0.094g（0.47ct）的钻石，净度级别可划分为 5 大级，不细分各个小级。各体系级别划分标准见表 3-6-4。

表 3-6-4　不同体系钻石净度分级对比

中国 GB/T 16554—2017		GIA		IDC/HRD	
级别	特征	级别	特征	级别	特征
LC	FL（无瑕）：10 倍镜下未见钻石具有内、外部瑕疵，但额外刻面位于亭部，冠部不可见；原始晶面位于腰围，不影响腰部的对称，冠部不可见	FL（无瑕）	10 倍镜下无缺陷或者包裹体，但可以有位于亭部，冠部观察不到的多余小面；不影响腰棱宽度和对称性，从冠部一侧观察不到原始晶面；无色且无反光又不严重影响透明度的内部纹理	LC	10 倍放大镜下纯净，无内部特征
	IF（内部无瑕）：10 倍镜下，未见钻石具内部特征，但内部生长纹理无反光，无色透明，不影响透明度；可见极轻微外部特征，经轻微抛光后可去除	IF（内部无瑕）	10 倍镜下无包裹体，但有细小可通过重新抛光去除的缺陷		
VVS	VVS_1（一级极微瑕）：具有极微小的内、外部特征，10 倍放大镜下极难观察	VVS_1（一级极微瑕）	微小或很不明显的内含物，10 倍镜下很难发现	VVS_1（一级极微瑕）	非常小的内含物，10 倍镜下很难发现
	VVS_2（二级极微瑕）：具有极微小的内、外部特征，10 倍放大镜下很难观察	VVS_2（二级极微瑕）		VVS_2（二级极微瑕）	

中国 GB/T 16554—2017		GIA		IDC/HRD	
级别	特征	级别	特征	级别	特征
VS	VS_1（一级微瑕）	具有细小的内、外部特征，10倍镜下难以观察	VS_1（一级微瑕）	小的内含物，10倍镜下其大小、数量和位置介于难确定和某种程度上易确定之间	VS_1（一级微瑕）	非常小的内含物，10倍镜下难发现
	VS_2（二级微瑕）	具有细小的内、外部特征，10倍镜下比较容易观察	VS_2（二级微瑕）		VS_2（二级微瑕）	
SI	SI_1（一级小瑕）	具有明显内、外部特征，10倍镜下容易观察	SI_1（一级小瑕）	显著的内含物，10倍镜下易见，SI_2级从亭部一侧观察肉眼可见	SI_1（一级小瑕）	小的内含物，10倍镜下易见
	SI_2（二级小瑕）	具有明显内、外部特征，10倍镜下很容易观察，肉眼难以观察	SI_2（二级小瑕）		SI_2（二级小瑕）	
P	P_1（一级瑕）	具有明显的内、外部特征，肉眼可见	I_1（一级瑕）	10倍镜下明显，肉眼在冠部一侧可见内含物，级别递增直至严重影响钻石的耐久性	P_1（一级不洁）	10倍镜下立即可见，肉眼从冠部一侧难以发现内含物，不影响亮度
	P_2（二级瑕）	具有很明显的内、外部特征，肉眼易见，影响钻石的亮度	I_2（二级瑕）		P_2（二级不洁）	肉眼从冠部一侧容易发现内含物，稍许影响亮度
	P_3（三级瑕）	具有极明显的内、外部特征，肉眼极易见，降低钻石的亮度且对其耐久性有严重的影响	I_3（三级瑕）		P_3（三级不洁）	肉眼从冠部一侧很容易发现内含物，降低钻石亮度

（4）切工（cut）

切工是钻石四个要素中唯一受人为因素影响的。没有加工的钻石毫无光彩，只有经过精确的设计、完美的琢磨，才能揭开钻石神秘的面纱。因此，切工好坏，直接影响钻石的质量。因其硬度高，难切割，切工的好坏对钻石价格具有显著影响，是钻石价值评估中不可忽略的重要因素之一。目前流行的切工分级大多采用GIA标准，极好（excellent，EX）、很好（very good，VG）、好（good，G）、一般（fair，F）和差（poor，P）5个级别，评价时从比率级别、修饰度级别两方面入手，查表3-6-5可得出切工级别。

表3-6-5 切工级别划分准则

切工级别		修饰度级别				
		极好（EX）	很好（VG）	好（G）	一般（F）	差（P）
比率级别	极好（EX）	极好	极好	很好	好	差
	很好（VG）	很好	很好	很好	好	差
	好（G）	好	好	好	一般	差
	一般（F）	一般	一般	一般	一般	差
	差（P）	差	差	差	差	差

① 切磨比率　包括台宽比、亭深、腰厚等因素。台面主要是展示钻石亮度的，若台面过大，钻石火彩就显得不足；台面过小，钻石显得不够亮。因此，台面太大或太小都不好，适中为好。从商贸学角度来看，相同质量的钻石，台面大者显钻石大。星刻面主要展示钻石的火彩。亭深决定了光线通过钻石时是否能达到全反射，展示出钻石闪亮的美感。亭深太浅被称为"鱼眼钻石"，亭深太深被称为"黑底钻石"，都是切割比例不合适、钻石漏光造成的结果。相同质量的钻石，腰厚者比薄者看上去显小。腰厚过大不仅使钻石显得笨重，而且不利于镶嵌；而腰厚太薄会使腰围更尖锐，容易破损以至于影响钻石的外观。

② 对称性　是对钻石切磨形状，包括对称排列、刻面位置等精确度的评价，包括腰围不圆、台面偏心、底尖偏心、刻面缺失，刻面畸形等对称性偏差。钻石各个刻面中同样的刻面应该是等大、对称的；台面应该是居中的，水平而没有倾斜的。

③ 抛光　抛光的好坏对钻石的亮度等有一些影响，抛光不好的钻石在10倍放大镜下可见抛光纹。

3.7　金刚石的成因与产地

3.7.1　成因

具有经济价值的金刚石（钻石）矿床有两大成因类型：原生矿和砂矿。

（1）原生矿

迄今发现的金刚石原生矿床主要是金伯利岩型和钾镁煌斑岩型，而金刚石的形成年代远早于这两种岩石，如南非的芬什矿中金刚石的形成年龄大于3300Ma（33亿年），而其围岩年龄为110Ma，博茨瓦纳的奥拉帕矿中金刚石形成年龄为990Ma，而其寄生岩金伯利岩岩筒侵位时间均约100Ma，中国辽宁瓦房店所产金刚石的形成年龄为3265Ma，而其围岩的年龄为465Ma，说明金刚石是以捕虏晶的形式存在于该两类岩石中。即原生的深部金伯利岩岩浆或钾镁煌斑岩岩浆在上升过程中穿过含金刚石的橄榄岩区或榴辉岩区而将金刚石携带至地球表层。

（2）砂矿

金刚石的原生矿床（含金刚石的金伯利岩）经风化、搬运可形成砂矿。砂矿类型主要有滨海砂矿、河流冲积砂矿和残积砂矿，分布在前寒武纪、晚古生代、中生代和新生代等各个地质历史时期。但有工业价值的主要是第四纪的冲积砂矿和滨海沉积砂矿。著名的南非维特瓦特斯兰德的钻石砾岩，南非普列米尔和博茨瓦纳的奥拉帕岩筒上部的残积砂矿，俄罗斯乌拉尔的钻石矿，西非、巴西和委内瑞拉的冲积砂矿，纳米比亚的滨海砂矿，都是砂矿的重要产地。我国湖南沅江流域两侧首次发现了国内具有经济价值的金刚石砂矿。这些次生的金刚石矿床一般富含高品质的优质金刚石，如纳米比亚著名的海岸带砂矿中发现的金刚石可加工成宝石级钻石的含量高达97%。

3.7.2 产地

全世界商业性开采金刚石（钻石）的国家有 20 个，每年产 1 亿～1.1 亿克拉的金刚石（含工业级金刚石）。目前，金刚石（钻石）产量前五名的国家是澳大利亚、刚果、博茨瓦纳、俄罗斯、南非共和国。其他国家有巴西、圭亚那、委内瑞拉、加拿大、安哥拉、中非共和国、加纳、几内亚、纳米比亚、塞拉利昂、坦桑尼亚、印度尼西亚、印度、中国等。

3.8 金刚石（钻石）的佩戴与保养

（1）钻石的佩戴

钻石不仅是永恒爱情的象征，更是一种身份的显示。在日常生活中，我们佩戴钻石首饰需要注意以下几点。

① 数量规则　戴钻石首饰时，数量规则上以少为佳，年轻女士适合佩戴小颗钻石，年长的女士适合佩戴大颗钻石。若有意同时佩戴多种首饰，其数量上限一般为 3。

② 色彩规则　戴钻石首饰时，色彩的规则是力求同色。若同时佩戴两件或两件以上首饰，应使其色彩一致。戴镶嵌钻石的首饰时，应使其主色调保持一致。

③ 质地规则　戴钻石首饰时质地上的规则是争取同质。若同时佩戴两件或两件以上首饰，应使其质地相同。戴镶嵌首饰时，应使其被镶嵌材质质地一致，托架也应力求一致。

④ 身份规则　戴钻石首饰时，身份上的规则是要令其符合身份。选戴首饰时，不仅要照顾个人爱好，更应当使其服从于本人身份，要与自己的性别、年龄、职业、工作环境保持大体一致。

⑤ 体型规则　戴钻石首饰时，体型上的规则是要使首饰为自己的体型扬长避短。避短是其中的重点，扬长则须适时而定。

（2）钻石的保养

钻石首饰象征了爱情、友情的纯洁与永恒，见证了幸福与甜蜜，人们自然也希望它是常亮如新。那在日常佩戴中我们应注意哪些事项，又应该如何保养钻石呢？

① 做手工或体力劳动的时候，建议摘下钻石戒指，防止戒圈因挤压或撞击而导致变形。

② 做家务的时候，钻石戒指需要取下，因为油腻或者碱性物质会腐蚀戒圈，钻石的亲油性容易让它被污染，失去美丽的光泽。

③ 洗澡的时候，钻石首饰也需摘下，因为水流的冲击和沐浴用品的润滑作用，很可能让钻石脱落消失，特别是镶嵌方式不是很牢固的钻石戒指。

④ 睡觉时请摘下钻石首饰，让它和您的身体一起休息。

⑤ 不戴时应把钻石首饰单独保存在珠宝盒或软皮口袋内，避免与其他首饰混合，否则坚硬的钻石会将其他首饰划伤。尤其应与黄金首饰分离，因黄金较软，如与钻饰放在一起或佩戴在一起，很容易受损。

⑥ 钻石首饰需要定期清洗。尤其是夏季，钻石首饰跟人体接触的部分有很多汗渍和灰尘

混合的污垢，对身体是有害的，保养爱护它们，就是爱护我们自己。可以送到珠宝店内专业清洗保养钻石首饰。如果觉得送到珠宝店清洗比较麻烦，也可以自己在家里清洗。将钻石首饰浸入首饰清洗液中约5分钟，取出后用小牙刷轻刷钻石，再将其放入滤网上用水冲洗，最后用软布吸干水分。

⑦ 定期检查钻石首饰。定期检查镶嵌的钻石是否牢固，是否有松动的迹象。建议每年送到店面检查一次钻石首饰，如果发现问题可以及时处理。

3.9 金刚石的应用及发展趋势

金刚石因其具有悠久的历史、稳定的化学性质、优异的力学性质和特有的光学特征，很早就引起人们极大的关注。金刚石的类型不同，在生产技术和科学研究各方面都有着不同的用途。

（1）Ⅰ型金刚石的用途

Ⅰ型金刚石不仅可用作电气和精密仪表工业中的拉丝模，还可制作刀具、测量仪、钻头和高级磨料等。

（2）Ⅱ型金刚石的主要用途

Ⅱa型金刚石具有较高的热传导性能，因此主要用于固体微波器件及固体激光器件的散热片。同时也是优良的红外线穿透材料，在空间技术中用于人造卫星、宇宙飞船和远程导弹上的红外激光器窗口材料。

Ⅱb型金刚石具有良好的导电性能，可用制造整流器。

（3）合成金刚石的用途

合成金刚石玻璃对紫外光具有高灵敏度和开关特性，可制备紫外光探测器。

随着人们对钻石的各项性能不断、深入的认识，随着工业的飞速发展，随着科学技术发展的日新月异，钻石的用途也愈来愈广泛，在工业、医学、计算机、航天航空等领域的生产和科学研究中将起着更大的作用。

思考题

1. 简述金刚石的物理化学性质。
2. 如何鉴别天然钻石与合成钻石？
3. 钻石品质评价要素有哪些？
4. 简述钻石的地质成因及产地分布。
5. 结合钻石的历史文化与钻石的基本性质，谈谈您对当下流行观点"无钻不婚"的看法。

第 4 章

氧化物类宝石矿物材料

> 一道残阳铺水中，半江瑟瑟半江红。
> 可怜九月初三夜，露似真珠月似弓。
> ——唐·白居易《暮江吟》

 本章概要

知识目标：准确描述氧化物、红宝石、蓝宝石、猫眼、变石、尖晶石、变彩效应的基本概念；阐明氧化物的主要化学成分、晶体化学、形态物性的一般特征；掌握刚玉族、石英族、尖晶石族、金绿宝石族宝石矿物材料的主要鉴定特征和质量评价内容；利用矿物学和材料学的原理方法，理解该大类宝石矿物材料结构和用途之间的内在联系。

能力目标：正确辨别红宝石、蓝宝石、尖晶石、猫眼、变石、水晶、玉髓、玛瑙、欧泊等宝石矿物材料，提升宝石矿物鉴赏能力。

素养目标：以"绿色矿产资源可持续开发应用"为出发点，关注和反思矿产资源与人民日益增长的美好生活需要之间的关系，进一步探索"价值创造型"生态保护模式。

氧化物类矿物是指金属阳离子与 O^{2-} 结合而成的化合物。目前已发现氧化物 200 余种。该类矿物中有的是重要的造岩矿物，如石英；有的是可从中提取金属元素的矿石矿物，如磁铁矿、铬铁矿、金红石、锡石等；有的是其晶体可直接为工业所利用，如用作仪表轴承和磨料的刚玉；在宝石界，珍贵的宝石矿物有刚玉、尖晶石、金绿宝石、水晶、蛋白石、玛瑙、玉髓等，都是氧化物或其集合体。

4.1 刚玉（ruby and sapphire）族

4.1.1 概述

刚玉为典型的氧化物类宝石矿物，主要成分是氧化铝，凭借其优秀的物理化学性质，除了用作宝石材料外，还可用作高端磨料、耐火材料、窗口材料等。经过打磨、切割和抛光的宝石级的刚玉，我们称为红宝石和蓝宝石。其中，红宝石是指颜色呈红色的宝石级刚玉，红色源于其内含有色素离子铬；蓝宝石指具有宝石质量任何颜色的刚玉（红色除外），如粉、橙、蓝、绿、紫、黄及无色，使用时再冠以颜色，如粉色蓝宝石等。红宝石因其生长环境苛刻，开采难度较大。能够达到高品质红宝石、蓝宝石极稀有，因此其价值不输钻石。目前红宝石和蓝宝石已成为名贵宝石的代名词，深受投资者和设计师们的追捧。

红宝石的英文名为 ruby，在圣经中红宝石是所有宝石中最珍贵的。红宝石炙热的红色使人们总把它和热情、爱情联系在一起，被誉为"爱情之石"，象征着热情似火，爱情的美好、永恒和坚贞。红宝石是七月的生辰石，结婚40周年称作红宝石婚。不同色泽的红宝石，来自不同的国度，却同样意味着一份吉祥。

通常天然产出的红宝石一般都很小，市场上达到2ct以上的优质品已不多见，大于5ct的则为罕见之物，迄今为止，世界上发现的最大红宝石为3450ct，产于缅甸。而著名的鸽血红红宝石，最大者仅为55ct，英格兰皇冠上的爱德华兹红宝石达167ct，斯里兰卡产的著名星光红宝石为138.7ct，是世界著名珍品。

蓝宝石，英文名称为 sapphire。在许多国家，蓝宝石一直被看作是忠诚和坚贞的象征。被称为"命运之石"的星光蓝宝石的三束星光带，也被赋予忠诚、希望和博爱的美好象征。蓝宝石是九月生辰石，结婚45周年也称为蓝宝石婚。蓝宝石比红宝石产量要大，几克拉者较常见，但达到100ct以上者属于罕见的珍品。世界上发现的最大蓝宝石达19kg，产于斯里兰卡；缅甸产的"亚洲之星"蓝色星光蓝宝石为330ct，著名的深紫"午夜"星光蓝宝石为116.75ct。

4.1.2 刚玉的物理化学特征

刚玉为典型的氧化物类矿物，其化学式为 Al_2O_3，因含 Cr、Fe、Ti、Mn、Co、V、Ni 等微量元素而呈现各种颜色的他色。刚玉的硬度高，无解理，常含金红石等矿物包裹体，属于三方晶系矿物，晶体多呈桶状（图4-1-1）、柱状、双锥状，少数呈板状。

4.1.2.1 光学性质

① 颜色　纯净的刚玉为无色。含 Cr^{3+} 为红色，含 Ti 和 Fe^{2+} 为蓝色，含 V 和 Co 为绿色，含 Ni 和

图4-1-1　刚玉晶体

Fe^{3+} 为黄色。常用鸽血红来形容最优质红宝石的颜色，质量较差者为暗红色及樱桃红色；蓝宝石常见各种蓝色（蓝、天蓝、蓝绿）以及绿色、粉色、紫色、黄色、褐色等。

② 光泽和透明度　刚玉类宝石具有玻璃光泽至亚金刚光泽，透明至半透明。

③ 光性与多色性　刚玉为非均质体，一轴晶，负光性，在偏光镜下旋转360°呈四明四暗消光（非光轴方向），可见一轴晶干涉图。具有由弱到强的二色性，多色性的强弱取决于自身颜色和深浅程度的变化。红宝石的多色性一般为红色-淡黄红色，紫色-橙色，粉红-红色；蓝宝石的多色性可见亮蓝-暗蓝色，蓝-绿蓝或绿色。黄色蓝宝石多色性弱。

④ 折射率及色散　刚玉类宝石的折射率为1.762～1.770，双折射率为0.008。具有较低的色散，其值为0.018。

⑤ 发光性　红宝石在紫外线和X射线下呈红色荧光，据此可区分其他红色的宝石（尖晶

石除外）；某些黄色和橙色蓝宝石在各种射线照射下均呈淡黄色荧光，绝大多数绿色、蓝色蓝宝石不显示荧光，但斯里兰卡的一些黄色蓝宝石显示较弱的橙色荧光。

⑥ 吸收光谱　红宝石在红区具有694nm、692nm的吸收双线，668nm、659nm的弱吸收线，黄绿区620～540nm的吸收带，蓝区476nm、475nm和468nm的吸收线为典型红宝石光谱线，紫区普遍吸收。蓝宝石在蓝区有三条吸收窄带，分别为470nm、460nm和450nm，绿色和黄色蓝宝石常显同种吸收光谱，通常仅见450nm处一条吸收带，这是由Fe^{3+}引起的。

⑦ 查尔斯滤色镜下颜色变化　查尔斯滤色镜下，红宝石显示不同程度的红色，而蓝宝石的颜色基本无变化。

⑧ 特殊光学效应　红、蓝宝石常见星光效应，少数蓝宝石还具有变色效应。

4.1.2.2　放大检查

刚玉中常见金红石包裹体（图4-1-2），可见锆石及羽状、指纹状气液包裹体（图4-1-3）。较多细针状金红石包裹体常定向排列成三组或六组，其交角分别为60°或30°，在弧面型宝石上可见六射星光或十二射星光。

图4-1-2　缅甸红宝石中的金红石针　　　图4-1-3　斯里兰卡蓝宝石中的
　　　　　　　　　　　　　　　　　　　　　　　　指纹状气液包裹体

4.1.2.3　力学性质与密度

刚玉解理不发育，但因聚片双晶可发育有平行底面{0001}和平行菱面体面{1011}裂理；刚玉的莫氏硬度为9，硬度略具方向性，性脆，碰撞易碎裂；刚玉密度一般为3.95～4.00g/cm³，随着内杂质元素含量的不同，其值会有变化，红宝石密度（3.98～4.28g/cm³）比蓝宝石（3.90～4.16g/cm³）稍大些。

4.1.2.4　其他性质

① 导热性　红、蓝宝石的导热率较高，其导热性是尖晶石的2.6倍，玻璃的25倍。

② 化学性质　刚玉的化学性质稳定，常温下不溶于酸和碱，800～1000℃下可溶于硼酸，在300℃下溶于硝酸。

③ 熔点和沸点　刚玉的熔点为2050℃，沸点为3500℃。

4.1.2.5　主要鉴定特征

刚玉硬度高，无解理，常见底部裂理，内部常含金红石等矿物包裹体、可见锆石包裹体及羽状、指纹状液相包裹体。

4.1.3 刚玉的分类

按照有无特殊光学效应可将刚玉分为四种，即普通红（蓝）宝石、星光红（蓝）宝石、变色蓝宝石和"达碧兹"红宝石。

（1）普通红（蓝）宝石

指无特殊光学效应的宝石级刚玉。

（2）星光红（蓝）宝石

许多产地的刚玉宝石中因含有丰富的定向排列的金红石针状包裹体，它们在垂直光轴的平面内呈现出120°角度相交，构成三组不同的方向，当包裹体平行弧面型的底面加工后可显示六射星光。偶尔可见十二射星光现象，据报道是由三组金红石和三组赤铁矿针状体互呈30°角交叉构成的。具有星光效应的红、蓝宝石（图 4-1-4），命名时在前面加上"星光"二字。

（3）变色蓝宝石

指少数蓝宝石具变色效应，它们在日光下呈蓝紫色、灰蓝色，在灯光下呈红紫色，颜色变化不明显，通常也不鲜艳。图 4-1-5 为产自马达加斯加的变色蓝宝石，2.02ct，日光下的颜色为皇家蓝，在白炽灯光下呈紫罗兰色。

图 4-1-4　星光红、蓝宝石　　　　图 4-1-5　变色蓝宝石

（4）"达碧兹"红宝石

"达碧兹"红宝石（图 4-1-6），与哥伦比亚"达碧兹"祖母绿相似，有 6 条不会移动的臂，主要由红宝石的母岩及大量包裹体组成，中心或有核，或无核，臂的分支为管状，内充填液相、气液相或固相包裹体，如方解石、白云石包裹体。

图 4-1-6　"达碧兹"红宝石

4.1.4 刚玉族宝石的鉴别

4.1.4.1 不同产地红宝石的鉴别特征

（1）缅甸红宝石

缅甸抹谷是世界上最著名的红宝石产地，其面积达几百平方千米，抹谷红宝石的颜色和

质量最佳，"鸽血红"红宝石产于此地。抹谷出产的红宝石多呈鸽血红、玫瑰红、粉红色，颜色鲜艳但不均匀，往往呈漩涡状，颇似糖浆搅拌时的效果，称为"糖浆"状构造，常见平直的色带；多色性明显，用肉眼从不同角度可看到两种不同的颜色；红色荧光强烈；常含有大量的针状金红石固相包裹体，金红石针较短较粗，定向排列可出现六射星光，还常见方解石、白云石、尖晶石、锆石、石榴子石、榍石、橘石、磁铁矿、橄榄石、磷灰石、云母等包裹体。该地区红宝石的另一个特点是负晶比较发育，常被液体或气液两相流体充填，部分为空晶。

（2）泰国红宝石

泰国红宝石颜色常带有棕褐色调，颜色较深，透明度较低，多呈浅棕红色至暗红色，颜色较均匀，不发荧光。最大特点是没有针状或丝绢状金红石包裹体，不会出现星光效应；泰国红宝石中水铝矿包裹体发育，水铝矿多呈灰白色、细长的针状、管状，沿聚片双晶出溶，有时可见不同方向的三组水铝矿近直角相交形成建筑脚手架状图案。流体包裹体丰富，多呈"指纹"状、"羽"状、"圆盘"状；由流体周围溶蚀的磷灰石、磁黄铁矿、石榴子石或斜长石晶体，形成一种典型的"煎蛋"状图，这一图案具有产地意义。

（3）斯里兰卡红宝石

斯里兰卡红宝石颜色比缅甸的红宝石颜色浅，常见红色、粉红色、浅棕红色，以樱桃红色或水红色为特征，呈现较高透明度的娇艳红色，略带一点粉色、黄色色调。斯里兰卡产出的红宝石中含有的金红石包裹体呈细长状，称为"丝状包裹体"，可见六射星光；尤其是锆石包裹体具有放射性，在红宝石中产生褐色的放射性晕圈，还可含有石榴子石、橄榄石、电气石、方解石、黑云母、尖晶石、磷灰石等固相包裹体。流体包裹体呈清晰的指纹状、梳状、网状，构成精美图案，金红石、锆石晕和丰富的流体包裹体构成了其产地特征。

（4）越南红宝石

越南红宝石呈粉红-红色，多带紫色调，可见粉红色、橘红色、无色、蓝色色带，这些线状、交叉状色带与指纹状流体包裹体相伴，可以出现单独的蓝色色区。含有较丰富的固相包裹体，特征的固相包裹体为三斜铝石（呈橘黄色），还可见棕黄色扁平的金云母晶体、透明菱面体方解石及金红石、磁黄铁矿等固相包裹体，聚片双晶发育以及气液两相包裹体组成的愈合裂隙发育。

（5）莫桑比克红宝石

莫桑比克红宝石因其颜色漂亮、晶体大、内部干净、性价比高深受广大消费者喜欢。其颜色多数为粉红色至深红色，可产出"鸽血红"红宝石。最常见的包裹体为金红石，且金红石以颗粒、针状或者片状产出，分布混乱；此外还可见磷灰石、蓝晶石、锆石等固体包裹体，指纹状包裹体和线状交叉包裹体，莫桑比克红宝石还可见1～3组聚片双晶。

（6）中国红宝石

中国红宝石质量及产量均不理想，主要产于云南、青海和新疆。云南红宝石一般呈他形不规则粒状，其次为半自形-自形粒状，一般粒径为1～10mm，颜色有浅红色、浅玫瑰红色、紫红色、红色等；裂理纹、蚀痕等瑕疵发育；包裹体也较多，大多数红宝石因透明度较低而影响其质量。

4.1.4.2 不同产地蓝宝石的鉴别特征

（1）克什米尔蓝宝石

克什米尔蓝宝石是1881年被发现，20世纪90年代初已停产，目前在市面上已不易看到。克什米尔蓝宝石呈矢车菊蓝色，即微带紫的靛蓝色，颜色的明度大，色泽鲜艳。有雾状包裹体的具有乳白色反光效应，属于优质的蓝宝石品种。颜色不均匀，常形成界限分明的蓝色及近无色的色带，常见"指纹"状流体包裹体。可含少量褐帘石、沥青铀矿、云母、锆石、斜长石等包裹体。具有产地意义的包裹体是电气石、钠角闪石和一种微粒状包裹体，微粒状包裹体成分不明，可呈线状、雪花状、云雾状聚集片。

（2）斯里兰卡蓝宝石

斯里兰卡蓝宝石颜色丰富，除蓝色系列外，还有黄色、绿色、橙粉色等多种颜色，其中橙色-粉色蓝宝石，商业上也称为"帕帕拉恰"或"帕德玛"，是一种非常漂亮而稀少的名贵蓝宝石。蓝宝石的包裹体特征与其红宝石的大致相同。最大特点是含有丰富的液相包裹体，而且包裹体的组合形态相对规则、漂亮，金红石针状包裹体与缅甸蓝宝石特点相似，细而长，可呈现六射星光。

（3）缅甸蓝宝石

缅甸蓝宝石的颜色呈浅蓝-深蓝色，高质量的缅甸蓝宝石以其纯正的蓝色或具有漂亮的紫蓝色内反射色为特征。优质的颜色商业上被称为"皇家蓝"。常见细长的针状金红石与尘埃状的金红石组成补丁状（图4-1-7），发育的聚片双晶以及与之相伴的水铝矿管状体，还可见白云石或方解石晶体包裹体。

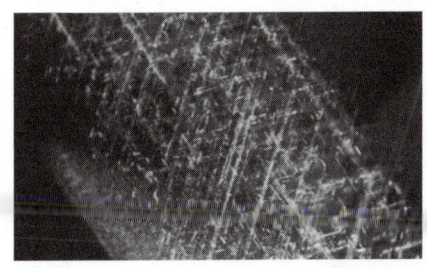

图4-1-7 补丁状金红石包裹体

（4）泰国蓝宝石

泰国蓝宝石的颜色一般较深，带有紫色和灰色调；晶体中没有丝绢状包裹体，但指纹状液体包裹体发育。最显著的特征是褐色固体包裹体周围有呈荷叶状展布的裂纹。因颜色很暗，刻面宝石反光效果不好，一般需经过加热改色处理才能使用。以含有铀烧绿石、斜长石、磁黄铁矿、赤铁矿等包裹体为特征。

（5）柬埔寨蓝宝石

柬埔寨拜林地区的蓝宝石呈明亮纯正的蓝色。内部一般很干净，可见聚片双晶。特征包裹体是铀烧绿石，呈红色、深红色、橘红色的八面体晶形。此外，还有柱状斜长石、六方磷灰石等固相包裹体。有时晶体包裹体与其周围的裂隙组成一种"盘状"图案。

（6）澳大利亚蓝宝石

澳大利亚蓝宝石主要呈深蓝色和黑蓝色，透明度较低，颜色偏暗，此外还可产乳白色、灰绿色、绿色、黄色等多种颜色蓝宝石。澳大利亚蓝宝石表面光泽略强，颜色不均匀，六边形色带十分发育；内部较干净，可出现少量短针状赤铁矿和少量金红石针组成的"丝绢"状包裹体，聚片双晶和水铝矿管状体，还可见橙色至红色的铀烧绿石包裹体以及带有彗星状尾巴的晶体包裹体等。

（7）美国蒙大拿州蓝宝石

美国蒙大拿州的蓝宝石绝大部分呈中等深浅的蓝色，少数为淡紫色，颜色分布均匀，很少见色带，局部可见三角形生长带，可见聚片双晶，少量流体包裹体呈指纹状、网状出现。净度较高，仅可见少量方沸石、金红石、黑云母、锆石、黄铁矿等固相包裹体。如著名的黄松木蓝宝石（图 4-1-8）就是产自该地区。

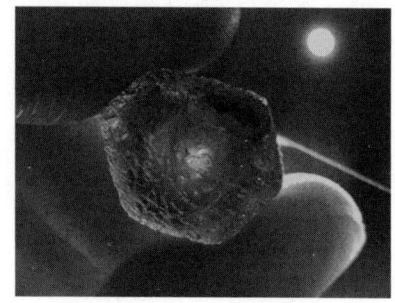

图 4-1-8　黄松木蓝宝石
（图片来源：Jeff Hapeman）

（8）坦桑尼亚蓝宝石

坦桑尼亚蓝宝石常见淡红紫色、淡黄绿色和蓝色，内部包裹体丰富。例如坦桑尼亚松盖阿蓝宝石的主要特征包裹体为各种形态的金红石、锆石、浑圆状长石以及被部分宝石学家认为是具有产地标识性的包裹体绿帘石。

（9）中国蓝宝石

中国蓝宝石产地较多，虽质量欠佳，但产量较大，主要产于山东昌乐和海南文昌。山东昌乐出产的蓝宝石粒径较大，粒径一般在 10mm 以上，最大的可达数千克拉。蓝宝石因含铁量高，多呈靛蓝色、蓝色、绿色和黄色，以靛蓝色为主。宝石级蓝宝石中包裹体极少，除黑色固相包裹体之外，还有指纹状包裹体，没有绢丝状金红石及弥漫状液体包裹体。山东昌乐蓝宝石因内部缺陷少，属优质蓝宝石。海南文昌出产的蓝宝石粒径较小，粒径一般在 5mm 以下，色美透明，除含极少的气液包裹体之外，很少含其他缺陷。但颗粒大于 5mm 的晶体外缘，均不同程度地含有一层乳白色、不透明、平行六方柱面的环带。

4.1.4.3　红宝石、蓝宝石与相似宝石的鉴别

（1）红宝石与相似宝石的鉴别

红宝石与红色的铁铝榴石、镁铝榴石、尖晶石、电气石、红柱石、玻璃等容易混淆。对于戒面或琢件，主要从颜色、多色性、折射率、密度、光性特征、典型包裹体等方面进行鉴别，具体鉴定依据见表 4-1-1。

表 4-1-1　红宝石与相似宝石的鉴别特征

宝石名称	颜色	多色性	折射率	光性	密度/(g/cm³)	其他特征
红宝石	红-紫红	明显	1.76~1.77	一轴晶，负	3.98~4.28	特征金红石包裹体

续表

宝石名称	颜色	多色性	折射率	光性	密度/(g/cm³)	其他特征
铁铝榴石	褐红-暗红	无	1.76	均质体	3.84	三组异向的金红石针
镁铝榴石	浅红-红	无	1.74	均质体	3.78	金红石针
尖晶石	褐红、橙红	无	1.718	均质体	3.60	八面体负晶定向排列
电气石	粉红、褐红	明显	1.62～1.64	一轴晶，负	3.06	特征扁平液相包裹体及管状包裹体
红柱石	褐红-红	强	1.63～1.64	二轴晶，负	3.10	针状金红石包裹体
红玻璃	红	无	不定	均质体	2.60	气泡、收缩纹

（2）蓝宝石与相似宝石的鉴别

与蓝色蓝宝石相似的蓝色宝石主要有蓝锥矿、董青石、尖晶石、坦桑石、托帕石、海蓝宝石、碧玺、锆、蓝晶石等，具体鉴定特征见表4-1-2。重点介绍一下蓝色蓝宝石，其他品种区分方法与红宝石相似。

表 4-1-2 蓝宝石与相似宝石的鉴别特征

宝石名称	颜色	多色性	折射率	光性	密度/(g/cm³)	其他特征
蓝宝石	蓝-蓝紫色	明显	1.76～1.77	一轴晶，负	3.90～4.00	平直的色带
蓝锥矿	蓝-蓝紫色	强	1.75～1.80	一轴晶，正	3.65	强玻璃光泽、强荧光、强色散、低硬度 $H_M=6.5$
坦桑石	蓝紫色	强三色性	1.69～1.70	二轴晶，正	3.35	玻璃光泽、低色散、低硬度 $H_M=6.5$
董青石	蓝色	强三色性	1.54～1.55	二轴晶，可正可负	2.65	低硬度 $H_M=7.5$
蓝色尖晶石	蓝色	无	1.72	均质体	3.60	自形八面体负晶定向排列

4.1.4.4 优化处理红宝石、蓝宝石的鉴别

目前红宝石的主要改善方法有热处理、浸有色油、染色处理、充填处理和扩散处理；蓝宝石的改善方法主要有热处理、扩散处理和辐照处理等方法。

（1）热处理红宝石、蓝宝石的鉴别

① 可见固体包裹体周围出现片状、环状应力裂纹（圆盘状应力纹）；指纹状包裹体增多，多沿裂理分布。

② 红、蓝宝石中固相包裹体发生变形：针状包裹体和丝状包裹体不连续，呈断断续续的白色云雾状，负晶外围被熔蚀，呈浑圆状。

③ 由于高温熔解作用，表面可能出现局部熔融现象。

④ 经热处理的黄色和蓝色蓝宝石在分光镜下，缺失450nm吸收带；有些热处理蓝宝石在短波下呈弱蓝绿色荧光。

（2）扩散处理红宝石、蓝宝石的鉴别

① 表面扩散处理

扩散处理红宝石的鉴别：扩散处理红宝石透明度稍差，呈灰蒙蒙的雾状外观，通常颜色

浓集于面棱、腰棱及裂隙中，表面着色层分布有网状裂纹和密集的微小气泡，当用强光从侧面照明时，可出现乳光效应；在样品的某些局部和裂隙中可观察到红色色斑；表面Cr含量可高达4%，具有异常高的折射率（>1.81）；在短波紫外光下，部分样品出现白垩色荧光；分光镜下较难观察到696nm附近的荧光发射线。

扩散处理蓝宝石的鉴别：颜色常浓集于面棱、腰棱及裂隙中，呈雾状外观，在高倍显微镜下观察可见边界模糊的色带和色斑，且色带或色斑边缘由不清楚的蓝色斑点所组成；常见蓝白色、绿白色短波紫外荧光，并有分带性；表面可见凹凸不平的麻坑。

② 深层扩散处理

20世纪80年代出现，高温下通过不同致色剂的扩散，在无色或浅色刚玉表面可产生不同的颜色。使用Cr和Ni作致色剂在氧化条件下可产生橙黄色扩散层，使用Co作致色剂可产生蓝色扩散层。国内市场上见到更多的主要是用Fe、Ti作致色剂的扩散蓝宝石。扩散处理只能在样品表面形成一很薄的颜色层，根据这一颜色层的厚度又可将扩散分为Ⅰ型扩散处理和Ⅱ型扩散处理。Ⅰ型扩散处理蓝宝石表面颜色层厚度一般为0.004～0.1mm，Ⅱ型扩散处理蓝宝石表面颜色层厚度可达0.4mm。其鉴别特征为雾状外观，其中Ⅰ型表面呈灰蓝色，Ⅱ型逼真；颜色浓集于面棱、腰棱及裂隙中，可见白垩色短波紫外光荧光，且缺失450nm的吸收线。

（3）充填处理红宝石的鉴别

近期，国内外珠宝市场上出现了一种以高铅玻璃材料充填处理的红宝石，与传统充填处理红宝石的特征不同，这类充填处理红宝石的内部通常存在少量晶形发育完好的针状金红石、磷灰石等结晶矿物包裹体及部分热相变似针状的硬水铝石。由于高铅玻璃折射率值与天然红宝石接近，故玻璃充填物的表面光泽与红宝石十分接近，即使在宝石显微镜下，玻璃充填物与红宝石裂隙面之间的接触界限有时也不易观察到，与天然未处理的红宝石很容易混淆。其主要鉴别特征为：在显微镜下观察可看到不一致的表面光泽，被充填裂隙处有蓝色闪光，填充物的气泡、流动构造；EDXRF分析发现Pb元素含量异常（与含铅硼酸盐玻璃相似）；X射线图像上可观察到Pb玻璃充填区域及形态。

（4）其他优化处理红宝石、蓝宝石的鉴别

浸有色油。可见表面油迹，颜色集中于裂隙中，可见有流动纹，紫外光下可发橙色、黄色荧光。

染色处理。可见颜色集中于裂隙中，表面光泽弱，紫外光下可发橙红色荧光；可用丙酮或有机试剂擦拭，样品会掉色。

辐照处理。无色、浅黄色和某些浅蓝色蓝宝石经辐照可呈深黄色或橙黄色，颜色极不稳定，不易检测。加热到一定程度可褪色恢复到原来的颜色。

4.1.4.5 合成红宝石、蓝宝石的鉴别

（1）焰熔法合成红宝石、蓝宝石的鉴别

① 外观　焰熔法合成红、蓝宝石的颜色最常见为鲜红色和粉红色，纯正、艳丽，而且透

明、洁净，颗粒较大，通常过于完美。

② 内部特征　弧形生长纹和气泡，还可见未熔原料粉末的残余物。

③ 多色性　从台面观察常能见二色性，而天然红、蓝宝石台面通常垂直 c 轴，一般在台面看不见二色性。

④ 发光性　焰熔法合成红宝石的紫外荧光发光性强于天然红宝石，并可见磷光。而焰熔法合成蓝宝石在紫外灯 SW 下可见异常荧光，短波紫外光下，蓝色、无色的蓝宝石具有淡蓝-白色荧光；绿色蓝宝石具有橙色荧光。

⑤ 吸收光谱　蓝色、绿色和黄色焰熔法合成蓝宝石通常缺少天然蓝宝石中清晰可见的 450nm 吸收线。合成变色蓝宝石具有 474nm 处极细的由 V^{3+} 产生的吸收线，也可叠加有 Cr 的吸收光谱。

（2）助熔剂法合成红宝石、蓝宝石的鉴别

① 外观　颜色与天然红、蓝宝石相似，透明度根据合成的质量从半透明到透明，单颗宝石通常都具有内含物，各种形态的愈合裂隙，与天然宝石十分相似。

② 助熔剂残余包裹体　具有马赛克结构，在暗域或反射光下，呈明亮的淡黄色或黄色。

③ 面纱状愈合裂隙　其上分布了大量呈指纹状、网状或树枝状的助熔剂包裹体。

④ 铂金片　呈三角形、六边形、长条形或不规则的多边形，铂金片在透射光下不透明，反射光下显示银白色明亮的金属光泽。

⑤ 色带和生长带　拉姆拉（Ramaura）合成红宝石可出现搅动状色带和不规则生长线。在多罗斯（Douros）合成红宝石中可出现浅红、无色色带和蓝色三角色块。

（3）水热法合成红宝石、蓝宝石的鉴别

① 外观　颜色均匀，粉红-深红、蓝色，透明度高，内部一般较干净。

② 内部特征　可见锯齿状、波纹状、树枝状生长纹，色带，金黄色金属片，无色透明的纱网状包裹体或钉状包裹体。

③ 发光性　紫外荧光灯下水热法合成红、蓝宝石具有弱到强的荧光，荧光的强弱与体色有密切的关系。

4.1.4.6　拼合红宝石、蓝宝石的鉴别

与天然红宝石、蓝宝石相混淆的还有拼合（加层）宝石，即冠部、亭部是红宝石、蓝宝石，而其他部分是石榴石、人工合成宝石、水晶等。最简单的检测方法是，将加层宝石投入亚甲基碘化钾溶液中观察，会有层次分明的感觉。在显微镜下观察，夹层之间一定有气泡出现，而且气泡分布在一个平面上。

4.1.5　刚玉族宝石的质量评价

4.1.5.1　普通红宝石、蓝宝石质量评价

红、蓝宝石的质量评价目前在国际上尚无统一的标准，一般从颜色、透明度、净度、切工和重量等 5 个方面进行评价。其中，颜色是评价红、蓝宝石品质最重要的品质因素。

(1) 颜色

红、蓝宝石的最终市场价值主要取决于颜色,其权重在50%以上。红、蓝宝石的颜色分级与钻石的颜色分级相比,具有更强的主观性,准确而客观地对红、蓝宝石颜色分级具有一定的难度。红、蓝宝石的颜色分级主要综合考虑色调、色度以及饱和度三要素,这三个要素是既彼此独立又相互关联的基本因素。红宝石的红色色调变化很多,有粉红、鲜红到紫红、暗红等。一般红色都较浅淡且不均匀,以鲜红且均匀者为最佳,尤其是一种略带蓝色调的纯红色红宝石,称作"鸽血红",是最罕见的珍品。透明度高且又带粉红色的红宝石,也是名贵品种。高质量的红、蓝宝石内反射色鲜艳,与自身的颜色协调一致,增加其美感。如高质量的斯里兰卡蓝宝石表面为淡蓝色,其内反射色为翠蓝色,翠蓝色与淡蓝色相配成为一种高质量的蓝色组合。

评价红宝石、蓝宝石质量时,还应考虑多色性的影响。一般加工红、蓝宝石时要让台面垂直于 c 轴,若在垂直台面观察红、蓝宝石时,看不到多色性,说明宝石定向正确。此外,红宝石的荧光对其颜色有贡献。如缅甸红宝石因具有强的红色荧光,使其颜色更漂亮。而克什米尔蓝宝石中因含有微小的针状包裹体,使其呈现漂亮的天鹅绒般的颜色。泰国和柬埔寨的红宝石因含铁较多,缺少荧光和光散射包裹体,颜色发黑,更像石榴石。

① 红宝石颜色分级

A级:鸽血红色,只有颜色为鸽血红色,并且全透明时,才能称为鸽血红宝石。

B级:带玫瑰色的鸽血红色。

C级:玫瑰红色。

D级:桃红色,浅玫瑰红色。

E级:又可以分为3个亚级,其中 E_1 级为略带紫罗兰色或褐色的红色,刻面交棱几乎总呈黑色调;E_2 级为粉红色略带紫罗兰或橙色,在白炽光下明显变红;E_3 级为红色带较深的橙色。

F级:略带紫罗兰或褐色的红色,与E级不同之处是刻面交棱不呈黑色调。

在其他条件相同时,价格从A级到F级递减。

② 蓝宝石颜色分级

A级:矢车菊蓝色,这是一种不十分透明的天鹅绒状、紫蓝色蓝宝石,宝石中含有雾状气液包裹体,所以呈现一种"睡眼惺忪"的外貌,标准切工时呈现一种温柔的闪光。

B级:深蓝色,刻面交棱处带黑色调,或微带紫的蓝色。

C级:蓝色,刻面交棱处无黑色调,从亭部向冠部看,常有轻微的绿色调。

D级:墨水蓝色,山东蓝宝石中颜色浅的一种即呈此色,经常见到深浅相间的色带,墨水蓝颜色较暗,远不如B、C级鲜艳。

E级:白色,要注意的是许多白色蓝宝石中混有合成的无色蓝宝石。

F级:黄色,色彩明艳,多数透明度好,少棉和固体包裹体,有时有平行色带。

G级:绿色和黄褐色,黄褐色蓝宝石中常有指纹状包裹体和羽状棉,在长波紫外线下呈橙色,在短波紫外线下呈极浅的橙色。

H级:黑色,近黑的蓝色或带灰的蓝色。

在其他条件相同时，价格从 A 级到 H 级递减。F、G、H 级色的蓝宝石，价格通常比 A、B、C、D、E 级色的蓝宝石低一个数量级左右。

（2）透明度

除了颜色外，红、蓝宝石的透明度是决定其价值的第二重要因素，在分级系统中占据 20%～30%的权重。在评价宝石原料时，除星光红宝石、蓝宝石外，晶体的透明度越高，质量越好。不透明者，视为劣等品。红、蓝宝石的透明度分级如下。

透明级（TR）：在标准切工时出火强烈。

半透明级（TL）：TL 级的刻面红宝石仅有微弱的出火。

次半透明级（STL）：STL 级红宝石加工成标准刻面时不出火。

不透明级（OP）：将宝石翻转，从亭部不能看到台面下的黑色划痕，对于素面宝石，从顶部不能看清楚底部的笔痕。

这类宝石在透射光照射下仍可以透光。在其他条件相同时，宝石价格从 TR 级到 OP 级迅速下降。对于红宝石，透明度高低对价格的影响远大于色级。

（3）净度

在确定红宝石、蓝宝石的净度质量时，需考虑宝石内部包裹体的可见度及其对宝石耐久性的影响。可见度的因素主要包括包裹体的大小、数量、位置、类型及与红、蓝宝石的对比度等。如包裹体的折射率、颜色与红、蓝宝石差别较大时，对宝石的净度影响较大，当包裹体位置出现在台面时，对红、蓝宝石的净度的影响大于出现在亭部或腰部时。若红、蓝宝石内有未愈合的裂隙，就会降低宝石抵抗损伤的能力，而当红、蓝宝石内部存在少量丝状包裹体时，不仅不会影响宝石的净度，相反还可改善宝石的外观。

净度分级为六级。

一级：10 倍放大镜下洁净。

二级：10 倍放大镜下难以见到内含物，肉眼观察洁净。

三级：肉眼可见轻微内含物。

四级：肉眼可见中等内含物。

五级：肉眼可见内含物，较严重影响外观。

六级：肉眼可见内含物，严重影响外观。

（4）切工

切工是红宝石、蓝宝石评价中第三重要因素，在分级系统中占据 10%～20%的权重。切工包括切削比率、角度和抛光。

当透明度为透明（TR）和半透明（TL）级时，要求有标准或近于标准的切工。其中最重要的是亭部角和冠部角的大小。红、蓝宝石的亭部角和冠部角都是 40°，大于或小于 40°都会影响全反射。

对于次半透明（STL）和不透明（OP）级的红、蓝宝石，多加工成弧面型；如果加工成刻面型，一般无严格要求，多因材加工。

（5）重量

一般来讲，高档宝石晶体越大越珍贵，红、蓝宝石亦如此。红宝石的个体通常比蓝宝石小。宝石单粒在1ct以下时，每克拉价格随单粒重量的增加逐步上涨；单粒达到1ct，价格猛升一个档次，红宝石单粒为1～4.99ct时，每克拉价格也随单粒重量的增加逐步上涨，当红宝石单粒达5ct时，每克拉的价格又上一个档次。蓝宝石比红宝石产量要多些，几克拉者常见，但达到100ct以上者为罕见的珍品。

蓝宝石磨成面积较大的平板状戒面者（俗称老板戒），是不透明的低档原料，价格较低。一般粒径大于5mm，质量达0.6ct以上的刚玉晶体，可视作达到宝石级。质量特优者，其下限可降至0.3ct，质量超过2ct者，可视为珍品。

4.1.5.2 星光红、蓝宝石的质量评价

优质星光红、蓝宝石主要来自缅甸和斯里兰卡，星光红、蓝宝石的质量评价可从颜色、净度、切工、重量及星光效应等方面进行评价。星光效应的质量评价主要包括星线是否完整、尖锐明亮、有无缺失或断腿现象、是否居中，每条光带是否可以直达腰部等。

4.1.6 刚玉的成因与产地

红、蓝宝石矿床的成因类型有接触交代型（即称矽卡岩型）、热液型、区域变质型、岩浆型及砂矿型。

4.1.6.1 接触交代型（矽卡岩型）

该类型产于酸性或碱性岩浆岩（花岗伟晶岩、正长岩、辉长岩）与碳酸盐岩接触带及超基性岩的交代岩中，该类型产优质蓝宝石。典型矿床与产地：缅甸的抹谷蓝宝石矿床、泰国的尖竹汶矿床、克什米尔蓝宝石矿床（花岗伟晶岩）、斯里兰卡康提城蓝宝石矿床（正长岩）、中国西藏曲水县蓝宝石矿床（辉长岩）。

4.1.6.2 热液型（蚀变超基性岩型）

该类矿床产于蚀变超基性岩体内，成矿作用与花岗岩侵入活动有关。红宝石和蓝宝石产于由云母和斜长石组成的脉体内。该脉体产在强烈蚀变的蛇纹石化和角闪石化超基性岩中。典型矿床与产地：坦桑尼亚的坦噶城、苏联乌拉尔地区的马卡尔鲁兹红宝石和蓝宝石矿床。

4.1.6.3 区域变质型

区域变质型红、蓝宝石产于大理岩、片麻岩、云母片岩中。矿体主要是层状、透镜状岩体，同片麻岩及片岩产状整合。红宝石和蓝宝石呈浸染状分布。该类型产优质红宝石，蓝宝石质量也较好。典型矿床与产地：缅甸抹谷、俄罗斯帕米尔、巴基斯坦罕萨、阿富汗哲格达列克、澳大利亚哈茨山红宝石矿床（斜长角闪片麻岩）、斯里兰卡艾拉黑拉、拉特拉普蓝宝石矿床（片麻岩）及中国云南哀牢山红宝石矿床（大理岩）、新疆阿克陶县、内蒙古阿拉善左旗、河北灵寿县、山西盂县、安徽霍山县、陕西汉中及江西的红、蓝宝石矿床。

4.1.6.4 岩浆型

产于喷出的玄武岩或侵入的煌斑岩中,这是蓝宝石的主要成因类型。蓝宝石和红宝石赋存于碱性玄武岩类岩石中,作为玄武岩岩浆高压下结晶的产物,呈粗晶和巨晶产出。典型矿床与产地:澳大利亚新南威尔士州蓝宝石矿床、中国山东昌乐蓝宝石矿床(玄武岩)、美国蒙大拿州朱季河上游的约戈谷矿床(煌斑岩)。这些地区的蓝宝石和红宝石矿床与新生代玄武岩喷发活动有关。

4.1.6.5 砂矿型

砂矿是优质红、蓝宝石的主要来源,经济价值比原生矿重要得多。上述各种成因类型原生矿都有相应的次生砂矿。

迄今,进入国际市场的红、蓝宝石除了来自上述各个国家之外,还产于纳米比亚(不透明的红宝石)、哥伦比亚(蓝宝石和紫罗兰色蓝宝石)、日本(蓝宝石)、苏格兰(蓝宝石)、津巴布韦(各色蓝宝石和黑色星光蓝宝石)、肯尼亚(带粉色红宝石)、阿富汗、印度(红宝石、星光红宝石)、巴西(蓝宝石)等国家。

4.1.7 刚玉族宝石的佩戴与保养

4.1.7.1 红、蓝宝石的佩戴

红宝石和蓝宝石通常加工成椭圆刻面型或者弧面型,适合镶嵌成戒指、吊坠、耳钉、手链等款式,在日常佩戴中我们参照以下规则进行佩戴。

① 数量规则 佩戴红、蓝宝石首饰时数量上的规则是以少为佳,同系配饰最多不能超过3件,整体协调为最佳,过多给人以繁重感。

② 色彩规则 戴红、蓝宝石首饰时原则上要保持色调统一和谐。若同时佩戴两件或两件以上首饰,应使其色彩一致;若戴镶嵌红、蓝宝石首饰时,应使其主色调保持一致。

③ 质地规则 红、蓝宝石首饰质地的规则是争取同质。若同时佩戴两件或两件以上首饰,应使其质地相同。

④ 身份规则 佩戴红、蓝宝石首饰时,要令其符合身份。选戴首饰时,不仅要照顾个人爱好,更应当使其服从于本人身份,要与自己的性别、年龄、职业、工作环境保持大体一致。

⑤ 搭配规则 戴红、蓝宝石首饰时,最讲究搭配得宜,要和佩戴者自身的肤色、服饰、脸型、发型等综合搭配,相互呼应,相互衬托,才能够显示最出色的搭配效果。比如,体型是瘦高型的人,选择一些椭圆形款式的红、蓝宝石,可以起到中和的作用,显现出一种柔和的美。

4.1.7.2 红、蓝宝石的保养

红宝石寓意着热情似火,爱情美好,也象征着吉祥喜庆;蓝宝石象征着忠贞、慈爱和诚实,能给人带来健康,是吉祥之物,人们自然也希望它们永葆璀璨。那在日常佩戴中我们应注意哪些事项,又应该如何保养红、蓝宝石呢?

① 在运动或是做粗重活的时候，应取下红、蓝宝石首饰，以免碰撞损伤宝石。

② 做家务及洗澡时，红、蓝宝石首饰需要取下，因为油腻或者碱性物质会腐蚀红、蓝宝石，且容易让它被污染，失去美丽的光泽。

③ 存放红、蓝宝石首饰时，一定要放在专门的首饰盒里，最好用软布包裹，同时要避免和其他首饰接触，特别是金银首饰，这些首饰很容易划伤红、蓝宝石。

④ 要定期清洗红、蓝宝石首饰，清洗时一定要使用中性而且温和的清洁产品，首先把红宝石的污渍用清水清洗一遍。然后再把红宝石放入清洁液中十分钟左右，再使用软毛刷轻轻擦拭，最后使用棉布擦干即可。

⑤ 定期检查镶嵌主石是否牢固，是否有松动的迹象。常戴红、蓝宝石首饰者建议每半年送到店面检查1次，如果发现问题可以及时处理。

4.1.8 刚玉的应用及发展趋势

目前，刚玉凭借其优秀的物理化学性质，除了用作宝石材料外，在工业领域有以下几个方面的应用。

① 高级磨料　制成砂轮，用于钢的磨削加工。用刚玉磨料制成的砂布、砂纸多用于木材、钢材的研磨加工。刚玉粉可作高档抛光粉，用于磨修精密仪器的光学玻璃。刚玉粉混入脂肪酸或树脂等油脂，经加热、冷却、固化后，可制成油脂性研磨材料。

② 耐磨材料　用于制作各种精密仪表、手表，精密机械的轴承材料和耐磨部件，测绘器中的绘图笔尖，自动记录仪上的记录笔尖等，具有使用寿命长、性能好的特点。利用刚玉磨料可以制备仿金属高分子修复材料。

③ 耐火材料　可用于制备刚玉质耐火浇注料和 β-Sialon/刚玉复相耐火材料，利用刚玉制备的高温铸造涂料，具有防黏砂性能。

④ 激光材料　掺入 Cr^{3+} 约 0.05%（质量分数）的合成红宝石是重要的固体激光材料。

⑤ 窗口材料　无色蓝宝石对红外线透过率高，可用作红外接收、卫星、导弹、空间技术、仪器仪表和高功率激光器等的窗口材料。

综上所述，刚玉性能优异，在工业中用途广泛；品质优秀的红、蓝宝石的价值一直持续增长，并深受广大珠宝爱好者的喜爱，具有非常可观的前景。

思考题

1. 简述刚玉的物理化学性质。
2. 如何鉴别天然与合成红、蓝宝石？
3. 简述红、蓝宝石的质量评价要素。
4. 简述蓝宝石的成因，并举例。
5. 案例分析

根据媒体报道，2021年1月27日中午12点左右，东京银座某大厦内价值约30亿日元的红宝石原石被盗，而这颗价值不菲的宝石原石约4kg！

事件经过：事件发生时，包括宝石商在内的 4 人正在东京银座的一幢大厦内谈生意，其间宝石被参加商谈的 2 男 1 女带走。报案男性称原石约 4kg，价值可达 30 亿日元。由于是"巨额盗窃"，警方迅速赶到现场拉起警戒线，并在半径 3km 范围内部署警力开展搜索。随着调查的展开，事件居然发生了 180 度大翻转，警方发现带走宝石的嫌疑人之一的女士居然就是这颗名贵宝石原石的主人！原来女士在约一年前曾委托宝石商出售宝石，由于没有进展故提出归还宝石，于是双方发生争执后女士便携带着宝石和随行人员一同离开。宝石商报警称宝石被盗属于是贼喊捉贼的行为。

请根据红宝石的物理化学性质及品质评价要素，谈谈您对该事件的认识。

4.2 金绿宝石（chrysoberyl）族

4.2.1 概述

金绿宝石是一种珍贵的宝石材料，从数量上看比红、蓝宝石还要稀少，金绿宝石之所以能位列名贵宝石，是因为它的两个特殊光学效应变种猫眼和变石。近年来，猫眼和变石在各大拍卖会上成交价格屡创新高，受到了收藏家们的青睐。

金绿宝石，也称金绿玉、金绿铍，英文名称为 chrysoberyl，源于希腊语的 chrysos（金）和 beryuos（绿宝石），意思是"金色绿宝石"，这一名称高度概括了金绿宝石的颜色特征。一般情况下金绿宝石呈浅茶水一样明亮的褐黄色和绿黄色。

猫眼是金绿宝石中的著名品种，是指具有猫眼效应的金绿宝石。因宝石在光线照射下呈现绮丽的猫眼效应而得名，英文名 cat's eyes。猫眼效应归因于其内部具有平行 c 轴排列的针状结晶包裹体，由于金绿宝石与包裹体存在折射率上的差别，使射入宝石内的光线经包裹体反射出来，经特别定向切磨后，反射光集中成一条光带，而这条光带随着照射线移动而移动，故称为"猫眼活动"。更为神奇的是，当把猫眼石放在两个光源下，随着宝石的移动，眼线会出现张开与闭合的现象，宛如灵活而明亮的猫的眼睛。猫眼常见大小为 0.5～2ct，大于 10ct 者少见，大于 100ct 者罕见。美国华盛顿斯密逊博物馆收藏的一颗 171ct 的灰绿色猫眼石，伊朗王冠上镶嵌一粒 147.7ct 的黄绿色猫眼，都产于斯里兰卡。

猫眼常被当作好运气的象征，人们相信它会保护主人的健康，使其免于贫困，斯里兰卡人认为猫眼具有镇妖祛邪的魔力。

变石也称亚历山大石，原石最早于 1830 年发现于沙皇俄国，即以沙皇亚历山大二世的名字命名为亚历山大石。变石因变色效应而得名，素有"白昼的祖母绿，黑夜的红宝石"之美誉。变石因产量稀少而非常珍贵，0.3～0.4ct 颗粒属中级品，大于 5ct 的晶体罕见，变石的颜色以白昼光下呈亮绿色-蓝绿，而白炽光下呈紫红色的变色效应最佳。

一些西方国家将变石定为六月的生辰石，象征健康、富裕和长寿，被誉为"康寿之石"。

4.2.2 金绿宝石的物理化学特征

金绿宝石属于氧化物类宝石，其化学式为 $BeAl_2O_4$，含有 Fe、Cr、Ti、V 等微量元素。金绿宝石属于斜方晶系，常呈板状、短柱状晶形，晶面常见平行条纹，晶体常形成假六方的三连晶穿插双晶,见图 4-2-1,硬度大,无解理,常呈蜜黄色、绿色,多色性显著,因含一组平行排列的纤维状包裹体而呈现猫眼效应。

图 4-2-1　金绿宝石双晶

4.2.2.1　光学性质

① 颜色　金绿宝石的颜色常呈黄色至黄绿色、灰绿色、褐-黄褐色;猫眼呈黄-黄绿色、灰绿色、褐色、褐黄色;变石在日光下为黄色、褐色或蓝绿色,在白炽灯光下为橙色或褐红-紫红色;变石猫眼常见蓝绿色和紫褐色。

② 光泽和透明度　金绿宝石具有玻璃光泽至亚金刚光泽,透明至半透明;猫眼一般呈玻璃光泽,亚透明至半透明。

③ 光性与多色性　金绿宝石为非均质体,二轴晶,正光性;具有三色性,呈弱至中等的黄、绿和褐色,多色性强弱和颜色随体色而变,其中浅绿黄色的金绿宝石多色性较弱,而褐色金绿宝石多色性略强;猫眼多色性较弱,呈现黄-黄绿-橙色;变石多色性很强,表现为绿色-橙黄色-紫红色。

④ 折射率和色散　金绿宝石的折射率为 1.746～1.755,双折射率为 0.008～0.010;具有较低的色散,其值为 0.014。

⑤ 发光性　金绿宝石在长波紫外线下无荧光,短波下黄色和绿黄色金绿宝石为无至黄绿色荧光;猫眼在长短波紫外线下通常无荧光;变石在长短波紫外线下发无-中等强度的紫红色荧光;变石猫眼在长短波紫外线下为弱至中的红色荧光。

⑥ 吸收光谱　金绿宝石和猫眼以 Fe^{3+} 致色。两者的吸收光谱相似,有一条蓝紫区可见以 445nm 为中心的强吸收带;变石的致色元素为 Cr,深红光区 680nm 处有一双线,红橙区有两条弱线,以 580mm 为中心有吸收区,蓝区有一吸收线,紫区吸收。

⑦ 特殊光学效应　可见猫眼效应、变色效应和星光效应。

4.2.2.2　放大检查

金绿宝石内部常见指纹状包裹体,平直的充液空穴和长管、丝状物包裹体,片状、粒状包裹体;猫眼为典型的平行排列丝状金红石针或管状包裹体;变石可见指纹状包裹体及丝状物。

4.2.2.3　力学性质与密度

金绿宝石具有不完全到中等解理,常见贝壳状断口,莫氏硬度一般为 8～8.5,密度为 3.71～3.75g/cm³。

4.2.2.4　其他性质

金绿宝石化学性质稳定,对一般热、光均不发生反应,在酸碱中几乎不溶,仅在硫酸中部分溶解。

4.2.2.5 主要鉴定特征

金绿宝石为氧化物类宝石矿物，硬度大，无解理，常呈蜜黄色、绿色，多色性显著，因含一组平行排列的纤维状包裹体而呈现猫眼效应。

4.2.3 金绿宝石的分类

金绿宝石依据有无特殊光学效应分为五个品种，即普通金绿宝石、猫眼、变石、变石猫眼和星光金绿宝石。

（1）普通金绿宝石

没有任何特殊光学效应的金绿宝石矿物，称金绿宝石（图 4-2-2）。

（2）猫眼

具有猫眼效应的金绿宝石称为猫眼（图 4-2-3），无须注明，是所有具有猫眼效应宝石中价值最高的一个品种。而其他具有猫眼效应的宝石需在前面加上宝石的名称，如"石英猫眼""电气石猫眼"等。猫眼效应的产生主要是归因于在金绿宝石矿物内部存在大量平行排列的细小丝状金红石矿物包裹体。丝状物的排列方向平行于金绿宝石矿物晶体 c 轴方向。猫眼具有"乳白-体色"效应，即在聚光光源下，猫眼石的向光一半呈现其体色，背光的一半呈乳白色的现象。另一种有趣的现象是，在聚光灯束下，随着宝石的转动，猫眼石的眼线会出现张开与闭合的现象。

图 4-2-2　金绿宝石　　　　　　图 4-2-3　猫眼

（3）变石

具有变色效应的金绿宝石称为变石。变石的颜色及其变色效应归因于金绿宝石矿物中含有微量铬（Cr）元素，铬（Cr）元素对绿光的透射最强，对红光透射次之，而对红光和绿光之外的其他光线则全部强烈吸收，但当光源中的红光成分多时，它就呈现红色，绿色成分多时，它就呈现绿色。因为日光中绿色成分多，白炽灯中红色成分多，所以它在日光或日光灯照射下呈黄绿色 [图 4-2-4(a)]，而在白炽灯下呈红色 [图 4-2-4(b)]。世界上不同产地的变石在白光下的呈色也不尽相同，如俄罗斯的变石为蓝绿色，斯里兰卡的为深橄榄绿色，而津巴布韦的变石则呈现美丽的祖母绿色。

（4）变石猫眼

同时具有变色及猫眼效应的金绿宝石称为变石猫眼（图 4-2-5），这就要求宝石既要含有产生变色效应的铬元素，内部又要含有大量丝状包裹体以产生猫眼效应。变石猫眼在世界上很罕见。

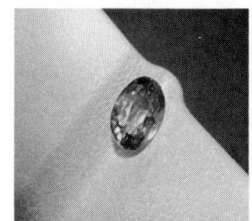
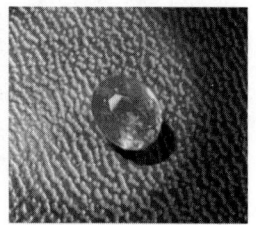

(a) 日光下呈黄绿色　　　　(b) 白织灯下呈红色

图 4-2-4　变石

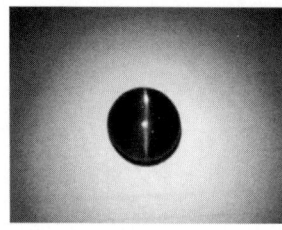

(a) 日光下呈褐黄色　　　　(b) 白织灯下呈红色

图 4-2-5　变石猫眼

（5）星光金绿宝石

是指具有星光效应的金绿宝石，一般具有四射星光，更为罕见。主要产于斯里兰卡。

4.2.4　金绿宝石的鉴别

4.2.4.1　普通金绿宝石与相似宝石的鉴别

与金绿宝石相似的宝石主要是一些黄绿色宝石，如钙铝榴石、尖晶石、蓝宝石、符山石、锆石等，可依据宝石物理化学参数及包裹体特征等进行区别，具体鉴别特征见表 4-2-1。

表 4-2-1　金绿宝石与相似宝石的鉴别特征表

宝石名称	光性	折射率	多色性	密度/(g/cm³)	其他特征
金绿宝石	二轴晶，正	1.746～1.755	弱-中	3.73	指纹状或者丝状包裹体
钙铝榴石	均质体	1.74	无	3.61	短柱或浑圆状包裹体，热浪效应
尖晶石	均质体	1.718	无	3.60	八面体负晶
蓝宝石	一轴晶，负	1.762～1.770	中-强	4.00	指纹状包裹体、双晶、色带
符山石	二轴晶，可正可负	1.713～1.718	无-弱	3.40	气液包裹体
锆石	一轴晶，正	1.925～1.984	中	4.6～4.8	后刻面棱线重影

4.2.4.2　猫眼与相似宝石的鉴别

与猫眼相似的宝石主要有石英猫眼、阳起石猫眼、磷灰石猫眼、矽线石猫眼、透辉石猫眼、碧玺猫眼和玻璃猫眼等。肉眼鉴定可通过外观颜色、猫眼眼线特点区别，但精确鉴定需要测定折射率、密度等物理参数，具体鉴别特征见表 4-2-2。

表 4-2-2 猫眼与相似宝石的鉴别特征表

宝石名称	折射率	密度/(g/cm^3)	吸收光谱	眼线质量	其他
猫眼	1.74	3.73	445nm 强吸收带	眼线居中，灵活，包裹体为平行排列的丝状物	具有"乳白-体色"效应
石英猫眼	1.54	2.65	无特征	眼线较粗，线状反光不明显，边界不清晰	—
阳起石猫眼	1.63	3.00	503nm 弱吸收线	包裹体为阳起石的纤维状矿物集合体	半透明矿物集合体
磷灰石猫眼	1.63	3.18	580nm 双线	眼线明显、灵活	—
矽线石猫眼	1.66	3.25	无特征	眼线扩散不灵活	一组完全解理
透辉石猫眼	1.68	3.30	505nm 吸收线（含 Cr 者，具有 Cr 谱）	眼线较清晰，两侧颜色相近	具有两组完全解理
碧玺猫眼	1.64	3.06	无特征	平行排列的管状包裹体，眼线亮度较弱	多色性明显
玻璃猫眼	1.47～1.70	2.20～6.30	无特征	眼线亮度高，界限明显，过于完美	垂直包裹体方向可见蜂窝状结构

4.2.4.3 变石与相似宝石的鉴别

与变石相似的宝石有变色石榴子石、变色蓝宝石、变色蓝晶石、变色尖晶石、变色萤石等，值得注意的是红柱石由于具有强多色性，易与变石混淆。具体鉴别特征见表 4-2-3。

表 4-2-3 变石与相似宝石的鉴别特征表

宝石名称	变色效应		光性	折射率	其他特征
	日光	白炽灯光			
变石	绿、蓝绿色	红、紫红色	二轴晶，正	1.75～1.76	指纹状包裹体、丝状包裹体；红区 680nm、678nm 强吸收线，黄绿区 580～630nm 吸收带，紫区全吸收
变色石榴子石	蓝绿色	酒红色、红紫色	均质体	1.74～1.81	针状包裹体、波浪状、不规则和浑圆状包裹体
变色蓝宝石	灰（紫）蓝色	褐红色、浅紫红色	一轴晶，负	1.76～1.77	特征的生长纹、双晶纹，指纹状包裹体
变色蓝晶石	绿蓝色	红色	二轴晶，负	1.72～1.73	多色性强，无色-深蓝色-紫蓝色；435nm、445nm 吸收带
变色尖晶石	紫蓝色	红紫色	均质体	1.718	特征的八面体负晶
变色萤石	蓝色	淡紫色	均质体	1.434	低硬度、完全解理
红柱石	—	—	二轴晶，负	1.63～1.64	强多色性绿色和淡红褐色，有时为深绿易于变石相混

4.2.4.4 合成金绿宝石的鉴别

目前，可合成金绿宝石、猫眼石和变石3个品种，市场上最常见的是合成变石，早在1973年，美国就有合成变石的报道。普通金绿宝石主要采用助熔剂法合成，而变石的合成方法则有助熔剂法、晶体提拉法和区域熔炼法。合成金绿宝石/变石的物理化学性质与天然品相同，鉴定只能从包裹体着手，其中助熔剂法合成金绿宝石/变石的内部可见助熔剂残余包裹体、铂金片面纱状愈合裂隙等特征；晶体提拉法合成变石的内部可见雨点状包裹体、白色粉末状包裹体和弧形生长纹；区域熔炼法合成变石的内部较干净，有时可见小的球形气泡、无规则颜色组成的漩涡结构。

4.2.5 金绿宝石的质量评价

4.2.5.1 普通金绿宝石的质量评价

普通金绿宝石的质量主要从颜色、透明度、净度、切工4个方面进行评价，其中绿色、透明度高的金绿宝石在市场上最受欢迎，价值相对较高，而黄色、褐色的金绿宝石的价值相对较低。

4.2.5.2 猫眼的质量评价

猫眼的质量评价是从颜色、眼线形状、眼线的光泽色及重量等因素考虑。

① 颜色　基底色由优到劣为：蜜黄色、黄绿色、绿色、棕色、黄白色、绿白色、灰色。各颜色品种中的较鲜亮者，价值相对较高，但即使是最差的猫眼，也比其他具有猫眼效应的宝石价格高得多。

② 眼线形状　光带居中、竖直、狭窄、清晰，并显出游动活光；猫眼线有一、二、三条之分，具有两条猫眼线的最佳；猫眼光带闪光要强，与宝石背景形成鲜明对照，十分明显而干净者为上品；猫眼张要张得大，合要合得拢。

③ 眼线的光泽色　金黄-银白-绿-蓝白-蓝灰，能与基底色形成鲜明对照；有明显的"乳白-蜜黄"效应。

④ 重量　重量越大越珍贵，价值越高。

4.2.5.3 变石的质量评价

变石评价的主要因素有颜色、变色效应、净度、切工和重量等。变石质量的好坏取决于变色效应是否明显，不同光源下变石的颜色是否纯正艳丽。变石中最受欢迎的两种颜色是日光下呈现优质祖母绿的绿色，在白炽灯光下呈现红宝石的浓艳红色，但实际上变石很少能达到上述两种颜色。白天颜色好坏依次为翠绿、绿、淡绿，晚上颜色好坏依次为红、紫、淡粉色。变石只要颜色变化好，都属于高档之列。变石稀少而珍贵，一般颗粒都比较小，0.3ct、0.4ct的粒度就属中档宝石，大于5ct的晶体则罕见。如果颜色变化明显，透明，没有裂纹且切磨适中，都可称为变石珍品。

4.2.6 金绿宝石的成因与产地

普通金绿宝石主要产在变质岩地区的花岗伟晶岩、蚀变细晶岩、接触交代岩或气成热液矿床中，常与绿柱石、锆石、长石、石英、云母等共生。绝大多数质量好的宝石级金绿宝石来自砂矿。主要产地有巴西、斯里兰卡、印度、马达加斯加、津巴布韦、赞比亚、缅甸等。其中，巴西米纳斯吉拉斯地区（Minas Gerais）是金绿宝石的重要产区，也是世界上最大的金绿宝石的产地之一。

猫眼石主要产于花岗伟晶岩及其不同成分围岩（片岩、片麻岩）的接触带，含宝石的伟晶岩呈不规则脉状。在花岗伟晶岩的膨胀部分的晶洞中，金绿宝石与黄玉、碧玺、海蓝宝石等宝石矿物共生。主要产地有斯里兰卡和巴西。

变石需要有超基性岩提供 Cr 的来源，主要产于花岗岩附近的蚀变超基性岩中。矿床类型为蚀变交代超基性岩型。最著名的产地是俄罗斯乌拉尔，津巴布韦、缅甸也有产出；此外，印度产猫眼石（含矽线石纤维），澳大利亚产金绿宝石。

4.2.7 金绿宝石应用及发展趋势

金绿宝石是一种珍贵的宝石材料。近年来，猫眼在各大拍卖会上成交价格屡创新高，受到了收藏家们的青睐。优质的猫眼产自斯里兰卡，产量非常少，而且随着人类的挖掘和开采，它的产量会越来越少，因此猫眼就显得尤为珍贵，而且在猫眼中，变石猫眼是最稀有珍贵的一种，这种猫眼石既有奇特的猫眼现象又有变色现象，比其他猫眼石更加罕见，只有斯里兰卡出产，一般国内市场都很难见到，无论是收藏价值还是经济价值都是很高的。此外，金绿宝石可用作钟表和速度计的钻石、仪器轴承等，掺 Cr^{3+} 金绿宝石是重要的激光晶体材料，其谐波可覆盖大部分紫外光区，且热导率高，可以导致偏振辐射的各向异性，对热传导率的双折射率不敏感，具有很大的应用潜力。

思考题

1. 简述金绿宝石的物理化学性质。
2. 简述金绿宝石的品种及各品种的主要鉴定特征。
3. 合成变石的方法有哪些？
4. 简述金绿宝石的成因与产地。
5. 结合你对变石的了解，谈谈你对变石能够成为名贵宝石品种的看法。

4.3 尖晶石（spinel）族

4.3.1 概述

尖晶石自古以来就是较珍贵的宝石。尖晶石的英文名称为 spinel，源自希腊文 spark，意思是红色或橘黄色的天然晶体；另一种说法认为可能来自拉丁文 spinella，意思是荆棘。

尖晶石晶莹透明，反光强，颜色鲜艳的红色品种与红宝石相似，并且红色尖晶石与红宝石往往共生在一起，历史上很长一段时间内误把红色尖晶石当成了红宝石。目前世界上最具有传奇色彩、最迷人且达361ct的"铁木尔红宝石"（ti-mur ruby）和1660年被镶在英帝国国王王冠上约170ct的"黑王子红宝石"（black princes ruby），直到近代才鉴定出它们都是红色尖晶石。我国清代一品官员帽子上用的红宝石顶子，几乎全是用红色尖晶石制成的。

20世纪80年代以来，在国际市场上尖晶石一直是很畅销的中高档宝石。颗粒大，颜色漂亮的红色尖晶石和钴蓝色尖晶石极为稀少，因而价值不菲，深受珠宝商们的喜爱。

4.3.2 尖晶石的物理化学特征

尖晶石为镁铝氧化物，其化学式为 $MgAl_2O_4$，含微量 Fe、Cr、Zn 等成分，属于等轴晶系矿物，尖晶石（图4-3-1）常见八面体形态，有时可见八面体与菱形十二面体、立方体的聚形，八面体面有时可见三角形生长纹或蚀象。

图 4-3-1 尖晶石

4.3.2.1 光学性质

① 颜色　尖晶石颜色丰富，有无色、粉红、玫瑰色、红色、紫色、淡蓝、深蓝、黄色、褐色、绿色、黑色等多种颜色。

② 光泽和透明度　尖晶石具有玻璃光泽至亚金刚光泽，透明至半透明。

③ 光性与多色性　尖晶石为光性均质体，正交偏光下全消光，部分可见异常消光；无多色性。

④ 折射率和色散　折射率为1.715~1.730，为单折射宝石；具有中等的色散，其值为0.020。

⑤ 发光性　尖晶石的荧光颜色以体色为主，短波弱于长波。红色、橙色尖晶石在长波紫外光下呈弱至强的红色、橙色荧光，短波下呈无色至弱红色、橙色荧光；黄色尖晶石在长波下呈弱至中等褐黄色荧光，短波下呈无色至褐黄色荧光；蓝色尖晶石长波紫外光下呈无色至极弱蓝绿色荧光，短波下无荧光；无色尖晶石无荧光。

⑥ 吸收光谱　红色尖晶石常见 Cr^{3+} 谱，即红区685nm、684nm及656nm三条吸收线，黄绿区550nm为中心吸收带，紫区吸收，蓝区无吸收线；蓝色尖晶石（Fe，Zn）的吸收光谱较复杂，主要可见蓝区458nm强吸收带。

⑦ 特殊光学效应　尖晶石可见星光效应和变色效应，其中四射星光较常见，六射星光稀少。

4.3.2.2 放大检查

尖晶石中有较多成群分布的小八面体或锥状尖晶石的固体包裹体（图4-3-2），它们一般呈线状排列，除细小尖晶石包裹体外，部分尖晶石晶体内还有磷灰石、金红石和楣石等矿物包裹体，另外，指纹状的气液包裹体在部分尖晶石中也常见。

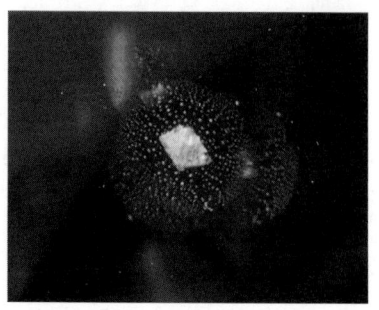

图 4-3-2 尖晶石的固体包裹体
（引自：AIGS）

4.3.2.3 力学性质与密度

尖晶石具有不完全到中等解理，常见贝壳状断口，莫氏硬度一般为8～8.5，密度为3.71～3.75g/cm³，一般为3.60g/cm³。

4.3.2.4 其他性质

尖晶石具有高温稳定性及耐酸和耐碱的优点，其熔点为2135℃，耐火度约为1900℃。

4.3.2.5 主要鉴定特征

尖晶石为氧化物类宝石矿物，均质体，常呈八面体晶形，多呈各种不同程度的红色。

4.3.3 尖晶石的分类

尖晶石按颜色和特殊光学效应划分为如下主要宝石品种。

① 红色尖晶石　指以红色为主调的尖晶石。以纯正的中-深红色者最受消费者的喜欢，价格仅次于红宝石。

② 蓝色尖晶石　指以蓝色为主色调的尖晶石，其中钴蓝色尖晶石颜色最佳，但通常颗粒小。目前市场上鲜艳的蓝色尖晶石大多为合成品。

③ 绿色尖晶石　指以绿色为主色调的尖晶石，其含铁量较高，颜色发暗，很稀少。

④ 黑色尖晶石　颜色为黑色的尖晶石，真正的黑色尖晶石只见于意大利维苏威火山喷发物中以及泰国刚玉矿中。

⑤ 无色尖晶石　真正的无色尖晶石罕见，大多数带淡粉色。

⑥ 星光尖晶石　各种颜色的尖晶石都可出现星光效应，其中以红色为佳。主要发现于斯里兰卡，其星光效应可见四射或六射星光，这取决于宝石抛磨的方向。

⑦ 变色尖晶石　含铬和钒可产生变色效应，日光灯下呈中深紫蓝-灰蓝色，见图4-3-3(a)，白炽灯下呈中深紫红-紫色，见图4-3-3(b)，查尔斯滤色镜下显红色。

 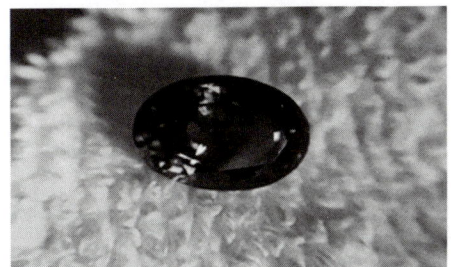

(a) 日光灯下呈蓝紫色　　　　　　　　(b) 白炽灯下呈紫红色

图4-3-3　变色尖晶石

4.3.4 尖晶石的鉴别

4.3.4.1 与相似宝石的鉴别

与红色尖晶石相似的宝石有红宝石、红色石榴石。与红宝石的区别是：红宝石的颜色不均匀、有二色性、含有绢丝状气液包裹体；红色尖晶石的颜色均匀、没有二色性、有八面体或锥状尖晶石的固体包裹体。紫红色至深红色的尖晶石，很像石榴子石中的镁铝榴石，可从以下几方面区别两者：石榴子石在紫外光下一般无荧光，查尔斯滤色镜下无反应，而红色尖晶石一般有由弱至强的红色或橙色荧光，查尔斯滤色镜下呈红色；尖晶石内部常见八面体形的包裹体，单个或成排排列，而石榴子石中的固体包裹体常呈浑圆状，或称"糖块状"；两者的吸收光谱也不同。

与蓝色尖晶石易混淆的宝石有蓝宝石。二者的主要区别是：蓝宝石颜色分布不均匀，有平直的色带、具有丝绢状气液包裹体、有明显的二色性，而蓝色尖晶石颜色均匀、多带有褐紫色调、可含有细小尖晶石包裹体，无二色性。

4.3.4.2 合成尖晶石的鉴别

目前市场上常见的合成尖晶石主要是采用焰熔法，也可见助熔剂法合成尖晶石。

（1）焰熔法合成尖晶石的鉴别

焰熔法合成尖晶石是在焰熔法合成蓝宝石中偶然得到的产品，采用 Co_2O_3 作致色剂，MgO 作熔剂。可以合成出红、粉、黄绿、绿、蓝、无色等多种颜色，其鉴别特征如下。

① 折射率　1.728(±0.003)，比天然尖晶石高。

② 密度　3.63~3.67g/cm³，比天然尖晶石略高。

③ 光性特征　均质体，常出现斑纹状异常消光，天然尖晶石无此消光现象。

④ 荧光　蓝色（含 Co）合成尖晶石在长波紫外光下为红色，短波紫外光下为蓝白色；无色合成尖晶石可见蓝白色荧光。

⑤ 光谱　蓝色（含 Co）的合成尖晶石可见橙区 635nm 的吸收线，黄区以 580nm 为中心的吸收带，绿区 540nm 处吸收线，缺失天然尖晶石的 458nm 吸收线。

（2）助熔剂法合成尖晶石的鉴别

助熔剂法合成尖晶石在 20 世纪 80 年代进入市场，常见红色和蓝色，其次有浅褐黄色、粉色、绿色等。其主要鉴别特征如下。

① 内部特征　助熔剂合成尖晶石常见棕橙色至黑色助熔剂残余，单独或者呈指纹状分布。

② 吸收光谱　助熔剂合成红色尖晶石与缅甸天然红色尖晶石相近；合成蓝色尖晶石（Co 致色）在 500~550nm 处有强吸收，无低于 500nm 的铁吸收带。

③ 发光性　助熔剂合成红色尖晶石在长波紫外光下呈强紫红色至浅橙红色，短波紫外光下呈中至强浅橙红色；合成蓝色尖晶石 LW 下呈弱至中红至紫红色，SW 下的荧光强于 LW 下的荧光。

4.3.4.3 优化处理尖晶石的鉴别

目前市场上尖晶石的优化处理品相对其他宝石较少。2015 年 6 月 GIA 首次披露，市场上出现了蓝色钴扩散处理尖晶石。钴扩散处理是指在高温的条件下通过钴元素的扩散使颜色不佳的天然尖晶石出现浓郁蓝色的方法。钴扩散处理蓝色尖晶石的吸收光谱可见明显的钴谱和铁谱，但钴谱的位置在 650nm 附近，这与天然钴尖晶石在 624nm 处的吸收还是有差别。在二碘甲烷浸液中观察，可见裂隙及轮廓线附近颜色富集，部分地方可见蓝色色斑。显微镜下可见内部包裹体出现部分高温熔融现象，包裹体棱角变得圆滑，并且可见经人为修复的愈合裂隙，样品中的暗色包裹体均呈粒状，棱角分明。

4.3.5 尖晶石的质量评价

尖晶石的品质主要从颜色、透明度、净度、切工和重量等几个方面进行评价。优质的尖晶石要求颜色好、透明度高、净度好、切工比例及抛光修饰程度好。

① 颜色 一般红色尖晶石比蓝色尖晶石贵重，无色和其他颜色的价值更低。在红色尖晶石当中，以深红色最佳，其次是紫红、橙红、浅红。要求色泽纯正、鲜艳。

② 透明度和净度 质量好的尖晶石应内、外尽可能少瑕疵，裂隙和包裹体都会影响透明度，妨碍美观，进而影响其价值。

③ 切工 尖晶石在切割时，不必过多考虑方向性，尽可能切磨得越大越好，并需要精细抛光。

④ 重量 大颗粒尖晶石少见，市场上出售的尖晶石宝石一般都在5ct以下，质量好的超过10ct就是收藏品。但是重量在尖晶石的价格上影响不大，不像其他宝石，每增加1ct，价格上涨许多。尖晶石除红色、橘黄色和粉色的以外，一般每克拉单价差不多。

4.3.6 尖晶石的成因与产地

尖晶石矿床主要为接触交代型（矽卡岩型）矿床，矿体赋存于镁质矽卡岩带中。与之有关的砂矿是最重要的矿床类型。红色的尖晶石产于斯里兰卡、缅甸、泰国和坦桑尼亚；此外俄罗斯、印度、澳大利亚、马达加斯加及中国等都有尖晶石产出。

蓝色尖晶石在斯里兰卡、缅甸和越南产出较多，其中越南产出的钴蓝色尖晶石品质较高，但是颗粒较小，在非洲的尼日利亚也有所发现。

4.3.7 尖晶石应用及发展趋势

尖晶石不仅是一种重要的彩色宝石材料，而且也是重要的工业原料。例如尖晶石砖具有抗热震稳定性好、耐高温、体积稳定性强、抗侵蚀能力强等特点，因此被广泛应用于陶瓷材料、高温材料等领域。此外高纯、超细尖晶石粉体可制备透明多晶尖晶石材料，具有优异的光学性能、力学性能和高硬度，能耐喷砂磨蚀，且经受紫外光辐照和耐酸碱。

尖晶石作为宝石材料是在20世纪90年代中后期才进入珠宝市场，市场反应平平，每粒几十元至数百元不等。内地市场一直到2012年以前，少有问津，但国际市场一直持续增长，优质尖晶石价格飞涨。

思考题

1. 简述尖晶石的物理化学性质。
2. 简述天然与合成尖晶石的区别。

3.案例分析

要说宝石界的最大乌龙事件之一，尖晶石与红宝石必须榜上有名。随着彩色宝石市场的兴盛，尖晶石是近年来彩宝界的一匹黑马，身价一路上涨，这得益于尖晶石中几个特别的品种：绝地武士、马亨盖、帕米尔鸢尾。其中，绝地武士的艳丽颜色令人惊奇，顶级的绝地武士价值可直逼无烧红宝。随着人们对尖晶石的认识，它终于可以摆脱红宝石的"替代品"称号，从此开启了与红宝石相爱相杀的新纪元。

请结合材料内容分析尖晶石崛起的原因，尖晶石的崛起给予我们当代青年哪些启示？

4.4 石英（quartzite）族

石英是最为常见的氧化物类矿物，是自然界最常见也是最主要的一种造岩矿物，分布极广。石英的矿物成分为二氧化硅，化学式为SiO_2，硅原子和氧原子长程有序排列形成晶态二氧化硅，短程有序或长程无序排列形成非晶态二氧化硅。晶态二氧化硅组成的宝石品种包括单晶的水晶，多晶的石英质玉石，如玉髓、玛瑙、东陵石、京白玉、密翠等，而非晶态的二氧化硅类宝石有蛋白石（欧泊）。

4.4.1 水晶（rock crystal）

4.4.1.1 概述

水晶因其具有颜色丰富、晶体干净、储量较大、价格便宜等特点，深受广大消费者和雕刻家们的喜爱。此外，水晶还具有较好的光学性和压电性，常被用于制作制造钟表、激光器、显微镜、望远镜、电子传感器和科学仪器。

水晶的英文名称是 rock crystal，源于希腊语 krystllos，意思是洁白的水。在古代，水晶又叫水精。顾名思义，水晶应该是水的晶体，那就是冰。水精是水的精华，那还是冰。从外形上看，水晶的确像冰，但是它不会融化。我国古代的人们一直认为水晶是冰变来的。宋朝著名诗人杨万里写过这样两句诗："西湖野僧夸藏冰，半年化作真水精。"意思是说，西湖有个和尚向他吹牛说，他将冰贮藏半年就可以变成水晶。这明显是假的，因为只要耐心地等半年就知道，所藏的冰即使不化，也变不成水晶。

紫晶是水晶中最受人们喜爱的宝石品种，称为"水晶之王"，除了它的颜色高雅之外，人们还认为紫晶可以促使互相谅解，保佑万事如意。紫水晶是圣城耶路撒冷 12 块基石中的第 11 块，在《圣经·新约》一书中最早定下的有关生辰石的顺序中，紫水晶就是 2 月生辰石并延续至今，象征着诚实、心地善良与心平气和。目前，罗马大教堂的主教常常佩戴紫晶戒指，典礼上用水晶制成的高脚杯子盛酒。水晶的纯净、透明成为心地纯洁的象征。人们把结婚 15 周年称为水晶婚。

4.4.1.2 水晶的物理化学特征

水晶是典型的氧化物类矿物，其化学式为SiO_2，纯净时无色透明，含微量的杂质元素

Fe、Al、Mn 等时能使无色石英（水晶）产生颜色，如烟色、紫色、黄色等。水晶属于三方晶系矿物，晶体常呈柱状，柱面横纹发育，有时呈不规则状、扁平状或晶簇状（图 4-4-1），常见双晶有：道芬双晶、巴西双晶和日本双晶。

图 4-4-1 水晶

（1）光学性质

① 颜色与多色性 水晶的颜色多样，可有无色、紫色、黄色、粉红色、褐色、黑色等，也可在一块水晶上出现两种不同的颜色。

② 光泽和透明度 水晶的光泽为典型的玻璃光泽，透明至半透明。

③ 光性与多色性 水晶为非均质体，一轴晶、正光性，并具有独特的旋光性，从而造成牛眼状的光轴图；水晶一般呈现弱的多色性，依不同颜色和深度而变化，视品种而定。

④ 折射率和色散 水晶的折射率为 1.544～1.553，双折射率为 0.009；具有较低的色散，其值为 0.013。

⑤ 发光性 水晶一般不发光。

⑥ 吸收光谱 水晶无特征吸收光谱。

⑦ 特殊光学效应 水晶可见猫眼效应和星光效应。星光效应一般见于粉水晶中，为六射星光。大多数具有星光效应的宝石都是反射星光，在粉水晶中可见透射星光。某些水晶还可出现晕彩效应。

（2）放大检查

水晶内部常见气液两相包裹体、负晶、固相包裹体等，其中固相包裹体常见金红石［图 4-4-2(a)］、电气石、阳起石、云母［图 4-4-2(b)］、绿泥石［图 4-4-2(c)］、赤铁矿等；此外，还可见色带、裂隙等。

(a) 金红石

(b) 云母

(c) 绿泥石

图 4-4-2 水晶中的包裹体

（3）力学性质与密度

水晶无解理，具有典型的贝壳状断口，莫氏硬度为 7，不同品种的水晶的密度相对统一，一般为 2.65 g/cm^3。

（4）其他性质

水晶还具有压电性，在高压下水晶单晶体的两端可产生电荷。因此无色、纯净，不具有双晶的水晶可作压电石英片。除了氢氟酸（HF）外，水晶不溶于任何酸，在熔融的 $NaCO_3$ 中可溶，热稳定性较低。

（5）主要鉴定特征

水晶属于氧化物类宝石矿物，硬度大，无解理，贝壳状断口，玻璃光泽，自身无色，常因杂质而呈现各种颜色，晶体为柱状，晶面有横纹。

4.4.1.3 水晶的分类

依据颜色、内含物特征及特殊光学效应，水晶可以划分成多个品种，如：白水晶、紫水晶、黄水晶、紫黄晶、烟（茶）晶、粉晶（芙蓉石）、发晶、石英猫眼和星光水晶等，此外幽灵水晶和草莓水晶等也较为常见。

① 白水晶　即无色透明的水晶，产量较大，见图4-4-3(a)。

② 紫水晶　是水晶家族中最具有宝石价值的一种，由水晶中含有微量 Fe 元素产生色心，对可见光550 nm处产生吸收所导致，颜色从浅紫色到深紫色［图4-4-3(b)］。

③ 黄水晶　指浅黄至深黄色，也可带其他色调［图4-4-3(c)］。其颜色也与所含微量 Fe 元素有关，是 Fe^{3+} 和 O^{2-} 之间电荷迁移的结果。天然的黄水晶很少见，目前市面上大多数黄水晶是热处理或人工合成的。

④ 紫黄晶　指由紫色和黄色两种颜色构成的双色水晶［图4-4-3(d)］，两种颜色有清晰的分界；双色的形成与水晶的双晶有关，可通过加热紫水晶实现。

⑤ 烟（茶）晶　指褐色、灰褐色或灰黑色的水晶［图4-4-3(e)］，烟色主要是由微量 Al 代替 Si 产生色心所致。目前市面上的烟晶多是辐照改色或人工合成的。

⑥ 粉晶（芙蓉石）　指颜色为淡红至蔷薇红色的水晶，又称"蔷薇石英"，见图4-4-3(f)，是所含微量 Ti^{4+} 与 Fe^{2+} 之间电荷转移的结果。内部通常含有大量细微包裹体和裂隙，呈云雾状，半透明。

⑦ 发晶　是指水晶中含有大量或肉眼可见针状、纤维状、毛发状包裹体的水晶，常见的包裹体有金红石、电气石、阳起石等。根据包裹体颜色的不同，又可细分为金发晶［图4-4-3(g)］、铜发晶、红发晶、黑发晶、绿发晶等。

⑧ 石英猫眼　指水晶中含有大量平行排列的纤维状包裹体（如石棉纤维、针状金红石）时，其弧面型宝石表面可显示猫眼效应［图4-4-3(h)］。石英猫眼主要产于斯里兰卡、印度和巴西。

⑨ 星光水晶　指水晶中含有两组以上定向排列的针状、纤维状包裹体时，其弧面型宝石表面可显示星光效应，一般为六射星光，星光效应常出现在芙蓉石中［图4-4-3(i)］。

⑩ 幽灵水晶　指当水晶中含有绿色泥土状、尘埃状绿泥石，商业上俗称"绿幽灵"［图4-4-3(j)］。

⑪ 草莓水晶　指水晶中包含鳞片状、颗粒状、细针状赤铁矿、纤铁矿等铁氧化物，商业上俗称"草莓水晶"，如图4-4-3(k) 所示。

⑫ 水胆水晶　是指透明水晶中含有较大的液相包裹体时被称为水胆水晶，有时晃动水晶，其内部的这些液相包裹体也会移动［图4-4-3(l)］。

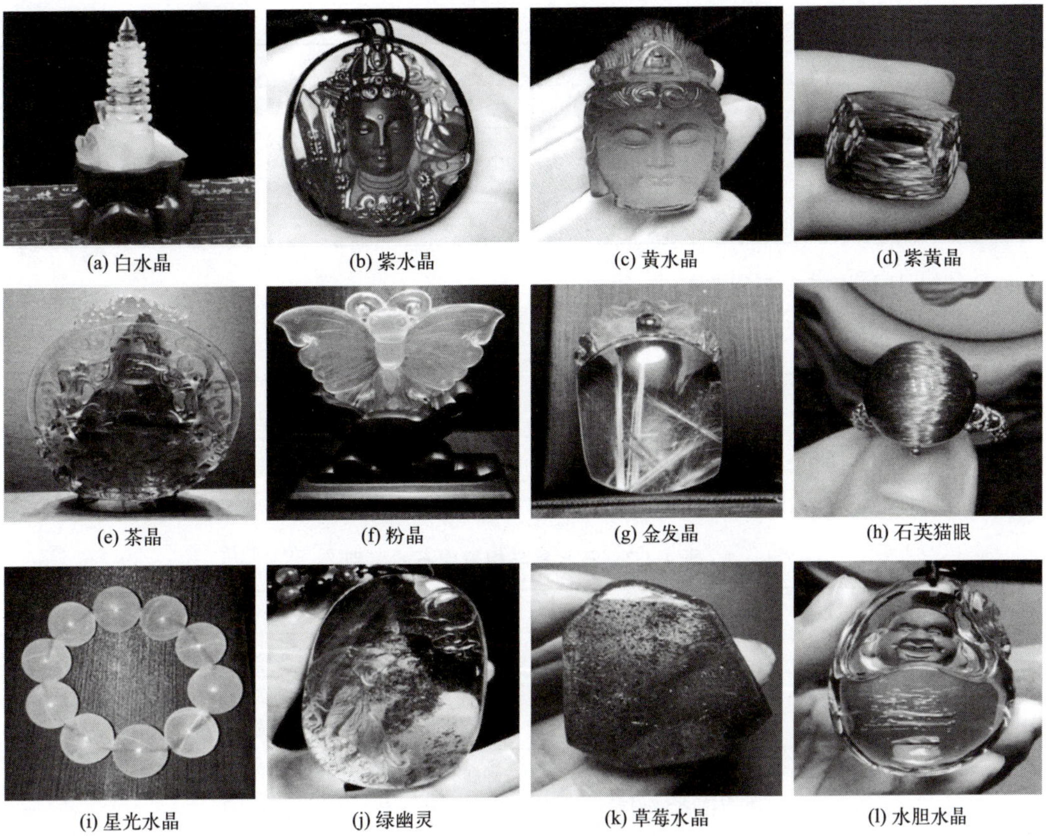

(a) 白水晶	(b) 紫水晶	(c) 黄水晶	(d) 紫黄晶
(e) 茶晶	(f) 粉晶	(g) 金发晶	(h) 石英猫眼
(i) 星光水晶	(j) 绿幽灵	(k) 草莓水晶	(l) 水胆水晶

图 4-4-3　各种水晶

4.4.1.4　水晶的鉴别

（1）水晶与相似宝石的鉴别

① 无色水晶与相似宝石的鉴别

无色水晶的相似品有无色长石、玻璃等。无色长石的折射率（1.52～1.57），相对密度（2.65～2.70），外观光泽与无色水晶相似。但水晶为一轴晶正光性，长石为二轴晶正（负）光性。水晶具有典型的贝壳状断口，断口具有油脂光泽；而长石具有两组近于垂直的解理，断口为阶梯状。玻璃与无色水晶相似，特别是玻璃球与水晶球很容易混淆。最简单的方法是将水晶球置于一根头发丝上，可见头发丝呈双影现象，而玻璃球只起放大的作用，看不到双折射的现象。

② 紫晶与相似宝石的鉴别

紫晶和方柱石、董青石的物理参数相近，最易混淆。一般可通过测试宝石的轴性和光性正负及其内部特征加以区分，紫晶与相似宝石的鉴别见表 4-4-1。

表 4-4-1　紫晶与相似宝石的鉴别

宝石名称	颜色	折射率	光性	其他特征
紫晶	浅紫色至深紫色，颜色分布不均匀，可见色带	1.533～1.544	一轴晶，正	气液包裹体

续表

宝石名称	颜色	折射率	光性	其他特征
方柱石	紫色分布均匀	1.550~1.564	一轴晶，负	平行排列的管状包裹体
堇青石	蓝紫色	1.542~1.551	二轴晶，可正可负	赤铁矿，气液包裹体，肉眼可见明显的多色性
萤石	浅紫色至深紫色	1.434	均质体	色带，气液包裹体，硬度低

③ 黄水晶与相似宝石的鉴别

与黄晶相似的宝石主要有各种黄色宝石，如方柱石、托帕石、绿柱石、蓝宝石等。黄色蓝宝石外观上的光泽强于黄水晶，其折射率、相对密度和莫氏硬度都明显高于黄水晶，相对容易识别。黄水晶或无色及改色的水晶与黄玉十分相似，主要区别是：黄玉的色彩更鲜艳、外表更柔和。另外，黄玉晶体中含有特征的不混溶的液相包裹体，水晶中为气液两相包裹体。黄水晶与相似宝石的鉴别见表4-4-2。

表4-4-2 黄水晶与相似宝石的鉴别

宝石名称	密度/(g/cm^3)	折射率	光性	其他特征
黄水晶	2.65	1.533~1.544	一轴晶，正	气液包裹体，无荧光
方柱石	2.60~2.74	1.550~1.564	一轴晶，负	平行排列的管状包裹体，长波下为黄色荧光，短波下为粉红色荧光
黄玉（托帕石）	3.53	1.619~1.627	二轴晶，正	气液包裹体，弱的黄色荧光
绿柱石	2.72	1.577~1.583	一轴晶，负	气液包裹体
蓝宝石	4.00	1.762~1.770	一轴晶，负	气液包裹体

（2）合成水晶的鉴别

水热法合成水晶的主要品种有：合成无色水晶、合成紫晶、合成黄水晶、合成绿水晶及合成双色水晶。它们的共同特点是较干净，当含有内含物时可见白色的、粉末状、面包屑状的包裹物。

（3）优化处理水晶的鉴别

水晶的优化处理方法主要有热处理、辐照处理、染色处理、充填处理和覆膜处理等。

① 热处理水晶　某些颜色不好的紫晶加热400~500℃可变成黄水晶或者过渡产品绿水晶。加热处理的黄水晶可保留色带。这种热处理已被人们所接受。

② 辐照处理水晶　用于无色水晶变成烟晶，无色水晶辐照变成深棕色、黑色，再经过热处理减色，形成烟晶。辐照处理水晶的颜色均十分稳定，不易测定。

③ 染色处理水晶　把待处理的无色水晶加热、淬火，然后浸于配好颜色的溶液中，有色溶液沿淬火裂隙浸入使水晶染上各种颜色；另一种情况是将加热淬火的无色水晶，浸于无色溶液中，这时无色溶液沿裂隙充填，由于裂隙内液体薄膜干涉效应，使这种原本无色的水晶带上了一种五颜六色的晕彩。

④ 覆膜处理水晶　无色水晶经覆膜处理可呈各种颜色，膜层呈金属光泽，可见膜层脱落。

4.4.1.5 水晶的质量评价

水晶属中档宝石，各种品种均较常见，评价水晶的主要依据是颜色，其次为透明度、重量和净度。在同种颜色中，依据颜色的饱和度、分布均匀度来判断，饱和度越高的颜色，其质量越好，价值越高；颜色分布越均匀，其质量越好，价值越高。种类上紫水晶最贵，其次为黄水晶、芙蓉石和烟晶。内部包裹体杂质越少，水晶的质量越高。若内部包裹体可形成特殊精美的图案，如幽灵水晶等，则增添了艺术价值，图案越美者，质量越高。对于发晶来说，发丝排列越紧密，方向越均一（即为平心排列），其质量就越好。但是对于特殊方向可产生精美意象图案，越美者，价值越高。在同等质量的条件下，天然水晶的价值要比合成水晶高。在相等质量下，体积越大，水晶的价值越高。

4.4.1.6 水晶的成因与产地

水晶在自然界分布极其广泛，是岩浆岩、沉积岩和变质岩的主要造岩矿物，又是花岗伟晶岩脉和大多数热液脉的主要组成矿物。水晶的矿床类型有伟晶岩型、矽卡岩型、热液型及砂矿。宝石级水晶主要产于伟晶岩脉或晶洞中，几乎世界各地都有水晶产出。著名的彩色水晶产地有巴西的米纳斯吉拉斯（Minas Gerais）、马达加斯加、美国的阿肯色州、俄罗斯的乌拉尔、缅甸、乌拉圭、摩洛哥等。我国的水晶资源丰富，大多数省区均有产出，其中江苏东海最著名，被称为中国的"水晶之乡"。伟晶岩矿床中的水晶在我国山东、内蒙古、新疆、河南等地均有产出。江苏、湖北、湖南、广东、云南、新疆等地的水晶矿床均属于硅质岩石中的含水晶石英脉型热液矿床。

4.4.1.7 水晶的应用及发展趋势

几个世纪以来，水晶一直用于珠宝材料，同时也有许多其他用途，主要体现在以下几个方面：

① 光学器件。基于光学的石英晶体（水晶）用于制造激光器、显微镜、望远镜、电子传感器和科学仪器。

② 电子产品。石英晶体（水晶）在弯曲或压缩时在其表面上产生电流。石英晶体（水晶）多年来一直用于为所有无线电发射器，无线电接收器，GPS发射器和计算机提供准确的频率。

综上所述，水晶无论是作为宝石材料还是用作其他材料，需求量比较大，市场较为广阔，其发展前景也比较好。

4.4.2 石英质玉石（quartzite jade）

4.4.2.1 概述

以石英为主要组成的矿物集合体称为石英质玉石，石英质玉石品种丰富，常见的有玉髓、玛瑙等，这些品种由于价格便宜，颜色漂亮，深受广大消费者的喜爱。

玉髓又名石髓，英文名称为 chalcedony，是一种隐晶质的石英集合体。按古人的解释，它是玉石的精髓，是由玉液和琼浆凝结而成的。人类对玉髓的认识和利用历史悠久，相传约在公元 1 世纪，埃及人对可疑的刑犯在监禁之前首先要发一块光玉髓，经过一段时间后，法官对其颜色进行观察，若失去颜色，该嫌犯就宣判有罪。对绿玉髓也有类似的说法，传说绿玉髓可以隐身，若让死刑犯嘴里含一颗绿玉髓，则可免遭一死。我国在 1 万年前的山西峙峪人文化遗址里发现有玉髓制作的石器。特别是自明、清代以来，用玉髓制作的艺术品不断增多。

玛瑙的英文名称为 agate，是意大利西西里的阿盖特河的名称，这是意大利首次发现玛瑙的地方。人类对玛瑙的认识和利用具有悠久的历史。例如，埃及人曾用玛瑙和其他玉髓质材料制作戒指、串珠、图章及艺术品。在公元前 3000～前 2300 年，埃及人还用玛瑙制作应用于一些仪式上的斧头。早在新石器时代，就开始使用玛瑙制作装饰品。玛瑙不但是名贵的装饰品，也可用于制造耐磨器皿和罗盘等精密仪器，还是治疗眼睛红肿、糜烂及障翳的良药。今天，玛瑙饰品在我国仍受人们喜爱，常以珍珠玛瑙显示富贵。另外，玛瑙制品也是现今我国宝石行业出口的主要产品。

4.4.2.2 石英质玉石的物理化学特征

石英质玉石的组成矿物主要是石英，可含少量云母、绿泥石、黏土矿物、褐铁矿等杂质，常呈隐晶质-粒状集合体，外形多为致密块状、球粒状、放射状或纤维状、皮壳状、钟乳状等。石英质玉石的化学成分主要是 SiO_2，可有少量 Fe、Al、Ti、V、Ni、Mn 等杂质元素。

（1）光学性质

① 颜色　石英质玉石纯净时无色，当含 Fe、Ni 等不同杂质元素或混入不同颜色的其他矿物时，可呈现不同的颜色。

② 光泽和透明度　常见玻璃光泽，微透明至半透明。

③ 折射率　石英质玉石的折射率约 1.54（点测）。

④ 光性特征　石英质玉石为非均质集合体，正交偏光镜下全亮；多色性不可测。

⑤ 发光性　荧光惰性。

⑥ 吸收光谱　一般无特征光谱，但若含致色元素可产生特征吸收光谱。

⑦ 特殊光学效应　可具猫眼效应和砂金效应。

（2）放大检查

可见隐晶质结构、纤维状结构、粒状结构等，有特殊图案。

（3）力学性质与密度

石英质玉石为集合体，无解理，具有不平坦状断口，莫氏硬度 6.5～7，密度为 2.60～2.71g/cm^3。

4.4.2.3 石英质玉石的分类

根据目前市场上的石英质玉石的结晶粒度和结构构造，石英质玉石可分为显晶质石英质玉石（石英岩玉）、隐晶质石英质玉石（玉髓、玛瑙、碧石）和二氧化硅交代型石英质玉石（硅化木）3 种主要类型。种类是根据结构、构造和矿物组合特点进行划分的。

(1) 隐晶质石英质玉石

隐晶质石英质玉石统称玉髓，根据结构和构造、矿物组成，市场上分为玉髓、玛瑙、碧玉（石）和其他商业品种。

① 玉髓（chalcedony）

玉髓的颜色多样，结构细腻，常为隐晶质结构，块状构造，可含其他矿物的细小颗粒。根据颜色，玉髓又可细分为如下品种。

白玉髓［图 4-4-4(a)］。白-灰白色，微透明-半透明，可染成不同颜色。

红玉髓［图 4-4-4(b)］。含氧化铁，是一种淡红色至褐红色的玉髓。

绿玉髓［图 4-4-4(c)］。绿玉髓呈苹果绿色、蓝绿色，颜色鲜艳均一，质地细腻，玻璃光泽，贝壳状断口，微透明至不透明，粗略看很像翡翠，但翡翠是纤维柱状结构，而绿玉髓是微细粒状结构。绿玉髓的颜色是其中含有1％～5％（质量分数）的氧化镍所致。因盛产于澳大利亚，故又称为澳洲玉，简称澳玉。

葱绿玉髓因含绿泥石而呈葱绿色，我国产的葱绿玉髓畅销于国际市场。

黄玉髓［图 4-4-4(d)］。商业上又称黄龙玉，是近几年来在云南龙陵县发现的一种石英质玉石，外观呈各种深浅不同的黄色，少数为白色或红色，结构较粗者在市场上称为黄蜡石。

蓝玉髓［图 4-4-4(e)］。不同色调的蓝色玉髓，不透明至半透明。颜色由 Cu^{2+} 致色，产于中国台湾和美国。有些蓝玉髓的颜色可能与蓝色硅孔雀石有关。

图 4-4-4　不同颜色的玉髓

② 玛瑙（agate）

玛瑙是具有不同颜色纹带、条带状或环带状构造以及特殊包裹体的玉髓。按照颜色或结构、形态及内含物形状等特点进行分类。

a. 按颜色将玛瑙分为以下品种。

白玛瑙［见 4-4-5(a)］。灰至灰白色，纯白色少见，环带状结构，由颜色或透明度细微差异的条带组成。

红玛瑙［图 4-4-5(b)］。多呈较浅的褐红色、橙红色。块体内不同深浅、不同透明度的红色环带与不同色调、不同透明度的白色环带相间分布；红色由细小的氧化铁质点引起。

黄玛瑙［图 4-4-5(c)］。黄色为主，常呈淡黄色、橘黄色、褐黄色及浅黄色，有时与粉红、淡红、淡灰色玛瑙夹层构成美丽的纹带。

绿玛瑙[图4-4-5(d)]。多呈淡淡的灰绿色，由所含绿泥石等细小矿物致色。市场上的绿玛瑙多是由人工染色而成。

紫玛瑙[图4-4-5(e)]。紫色玛瑙较为少见，紫色有深有浅，其中以葡萄紫色最佳，这种玛瑙质地较粗，常为微透明状。

紫绿玛瑙[图4-4-5(f)]。紫绿玛瑙多呈现青紫、绿紫颜色，颜色之间界限分明，让人一目了然。

蓝玛瑙[图4-4-5(g)]。天然蓝玛瑙产于巴西，蓝白相间的条带界限十分清楚，多用作浮雕。

黑玛瑙[图4-4-5(h)]。主要因玛瑙中含有较多有机质引起。纯黑的整块玛瑙在自然界极少见，多因有机质含量不均而呈现出深浅不同的条带。

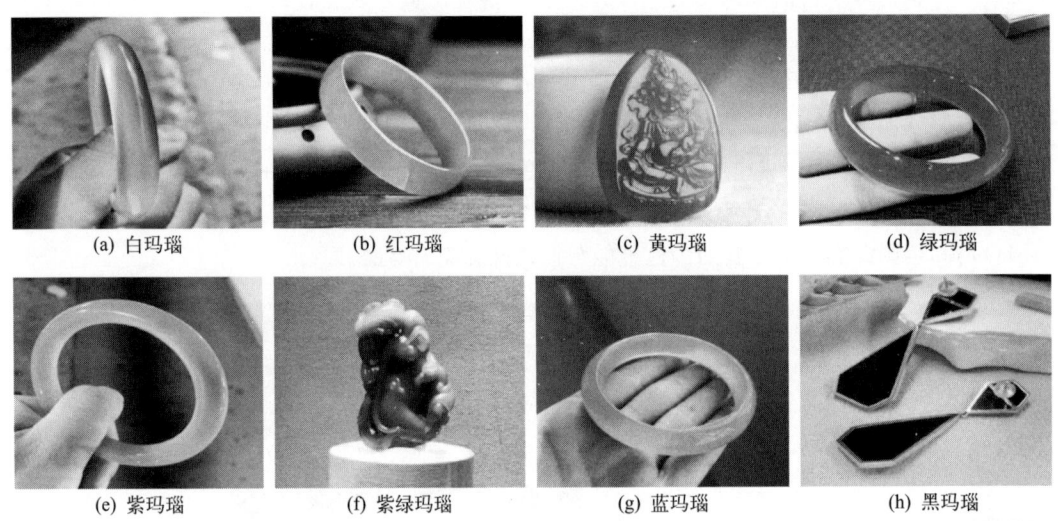

图 4-4-5 各种颜色的玛瑙

b. 按结构、形态及内含物形状等将玛瑙分为以下品种。

缟玛瑙[图4-4-6(a)]。颜色分明，多呈红色、橘红色、褐红色，纹带细密却十分明显。

缠丝玛瑙[图4-4-6(b)]。以红白两色呈丝带状的称为缠丝玛瑙，因色带随玛瑙结构变化，所以表现出流畅和规律的特点。缠丝玛瑙的色带以细如游丝，变化丰富者为好。其中缠丝玛瑙中最珍贵的主体色为红色，价值较高，被誉为"幸福之缠丝玛瑙石"。

苔纹玛瑙[图4-4-6(c)]。又称"水草玛瑙"，"苔藓"或"藻草"多为绿色，实际上是绿泥石或氧化锰沿着裂隙渗入，出现树枝状、羊齿物状的花纹。苔纹玛瑙的花纹美观，给工艺师以丰富的想象并提供了施展技艺的空间，优质的苔纹玛瑙较贵重。

火玛瑙[图4-4-6(d)]。由半透明的薄层状玉髓组成的葡萄状集合体，因层间含有薄层液体或红色赤铁矿片状晶体，在光的照射下，可因干涉、衍射而显示晕彩效应。

水胆玛瑙[图4-4-6(e)]。玛瑙中含水者称为水胆玛瑙。二氧化硅在含有汽水的情况下，有条件生成晶体时，二氧化硅呈晶体出现，常常在玛瑙的外层或内层形成晶体层，余下的水溶液被封闭在玛瑙中心空洞部位，成为水胆玛瑙。品质最好的水胆玛瑙产自巴西和乌拉圭。

彩虹玛瑙［图4-4-6(f)］。当玛瑙的同心层非常细密时，它能起到衍射光栅的作用并使透射光散射而产生光谱，也有人认为这可能与玛瑙的扭曲纤维状微晶的特殊排列方式有关。

图 4-4-6　各种形态的玛瑙

c. 目前市场热销的玛瑙品种如下。

战国红玛瑙。一种红、黄缟玛瑙，因其花纹如同出土的战国时期的红、黄缟玛瑙而得名，其中红、黄双色颜色鲜艳，纹理美观者最珍贵。其中，辽宁朝阳北票的战国红玛瑙为红缟玛瑙、黄缟玛瑙，颜色艳丽、水头足、缠丝清晰、明亮；河北宣化的战国红玛瑙为暗黄色调和淡咖啡色，水头差，呈苔藓、水草状。

南红玛瑙。是产于云南保山、四川等地的红色玛瑙，主要由赤铁矿点状包裹体或点状包裹体聚集成球粒状集合体致色。其结构为隐晶质-显晶质集合体。云南保山南红玛瑙以红色点状赤铁矿为主的包裹体致色。

③ 碧石（jasper）

商业上又称"碧玉"，为含氧化铁、黏土矿物等杂质的玉髓。颜色多呈暗红色、绿色、黄褐色或杂色等，但以绿色居多，不透明。珠宝界常按颜色命名，如绿碧玉、红碧玉，有时也可按特殊花纹来命名碧玉。碧玉中较名贵的品种有风景碧玉和血滴石。

④ 其他商业品种

除了上述分类外，隐晶质石英玉石还包括雨花石和天珠两种。广义的雨花石是指各种卵状砾石，既包括千姿百态的玛瑙、玉髓，也包括各种燧石、硅质岩、石英质玉石、脉石、硅化灰岩、火山岩等。狭义的雨花石是指产于南京雨花台砾石层中的玛瑙。天珠是西藏的一种宗教信物，根据天珠的图案可分为一眼、二眼直至九眼天珠。其材质为玉髓，市场上图案非常规则的天珠多经过优化处理，也有树脂、玻璃制作的仿制品。

（2）显晶质石英质玉石

显晶质石英质玉石是由粒状石英组成的集合体，又称"石英岩玉"具粒状结构，块状构造，微透明-半透明。主要组成矿物石英为他形粒状，粒度一般为0.01～0.6mm。纯净者无色，常因含有细小的有色矿物包裹体而呈色。常见的品种有如下几种。

第 4 章　氧化物类宝石矿物材料

① 东陵石

又称"砂金石英"（aventurine quartz），为一种具砂金效应的石英岩玉，颗粒相对较粗，内部常含片状矿物包裹体，在光照下片状矿物因对光的反射作用而呈砂金效应。东陵石的颜色因所含杂质矿物的不同而不同，含铬云母者呈绿色，含蓝线石者呈蓝色，含锂云母者呈紫色，含赤铁矿者呈红色。东陵石在查尔斯滤色镜下呈红色。产地为非洲、巴西等地。东陵石呈微透明-半透明，玻璃光泽，硬度为7，密度为$2.7 \sim 2.8 g/cm^3$，折射率近于1.56。东陵石是受欢迎的中低档玉料，但目前市场上有些经过了染色处理。

② 密玉

密玉因产于河南密县而得名，亦称"河南玉"。它是一种含有3%～5%（质量分数）铁锂绢云母的石英岩玉，另含有微量电气石、金红石、磷灰石、泥质矿物等。石英颗粒细小，呈细粒状结构，微透明-半透明。浅绿色的绢云母呈细小鳞片状，在石英岩玉中稀疏分布，因其含量不定，使密玉颜色为白色至绿色。硬度为7，密度为$2.63 \sim 2.68 g/cm^3$，折射率近于1.54，玻璃光泽。应当注意的是，市场常可见到染色的密玉。

③ 京白玉

京白玉是一种质地细腻、光泽油润的白色细粒状石英岩玉，也称"晶白玉"，因应用最早的玉料来自北京而得名，实际上该玉料在全国许多地方均有产出。京白玉呈白色，颜色均一，无杂质，石英颗粒细小，质地细腻致密，玻璃光泽，硬度为7，密度$2.65 g/cm^3$，折射率1.54。

④ 贵翠

贵翠英文名为Guizhou jade，亦称"贵州玉"，因产于贵州省晴隆县大厂一带而得名。贵翠是一种含高岭石的细粒石英岩玉，伴生有辉锑矿、电气石、萤石、方解石、铁质矿物等。质地细腻，因含黏土质，颜色没有东陵石那么鲜艳，高岭石鳞片不明显，且分布不均匀。用肉眼观察时很像劣质翡翠，硬度为7，密度$2.65 g/cm^3$，多用来做雕件，目前价格也较高。

（3）二氧化硅交代型石英质玉石

二氧化硅交代型石英质玉石是由于SiO_2交代作用而形成的，但宝石材料仍保留了原矿物晶形的特点，如木变石的石棉纤维状结构和硅化木的木质细脆结构，有时也称为假晶石英岩玉。

① 木变石（硅化石棉）

硅化石棉因其外观呈褐黄色、具绢丝光泽、似木质而被称为木变石。其原来的矿物为蓝色闪石石棉，后期被二氧化硅部分交代，但仍保留石棉的纤维状晶形（假晶）。颜色有黄褐、褐、灰和蓝绿色，丝绢光泽，不透明。由于置换程度的不同，木变石的物理性质略有差异，密度$2.64 \sim 2.71 g/cm^3$。因纤维状结构定向排列，切磨成弧面型宝石时可具猫眼效应，形似老虎眼睛。木变石的具体品种如下。

虎睛石：黄色或褐黄色的硅化石棉，当琢磨成凸面型宝石时，因有游彩，似"虎眼"而得名。

鹰睛石：蓝色、蓝绿色、蓝灰色的硅化石棉，当琢磨成凸面型宝石时，因有游彩，颜色和游彩似"鹰眼"而得名。

斑马虎睛石：褐黄色与蓝色相间，呈条带状的木变石。

② 硅化木

二氧化硅置换数百万年前埋入地下的树干，并保留树木乃至树木个体细胞结构，相似于一个有图案的杂质玉髓，用它可做各种装饰品。这类材料也称石化木，有浅黄至黄、褐、红、棕、灰白、黑等颜色。玻璃光泽，半透明-不透明。硬度为 6.5～7，密度为 2.50～2.91g/cm^3。放大检查具有隐晶质-粒状结构、木质纹理、纤维结构或木纹、年轮等。

③ 硅化珊瑚

硅化珊瑚，即珊瑚化石，是由二氧化硅（石英颗粒）交代了远古珊瑚骨干而成。硅化珊瑚基本保留了原始珊瑚的结构，可见珊瑚的同心放射状特征（菊花形状）。

4.4.2.4 石英质玉石的鉴别

（1）石英质玉石与仿制品的鉴别

石英质玉石的仿制品主要是玻璃，这些玻璃制品呈完全的玻璃质或半脱玻化，可有红、绿颜色，有的还可具有环带状结构。但玻璃仿制品硬度低、密度和折射率低，可含气泡或具有特征的"羊植物茎"状结构，在正交偏光镜下全黑或呈异常消光现象。

（2）优化处理石英质玉石的鉴别

① 玛瑙的热处理　热处理的玛瑙性质与天然玛瑙无本质区别，价值相近，其颜色相对均匀，颜色边缘多呈渐变关系，没有天然玛瑙的条带分明、清晰。

② 玛瑙的染色处理　玛瑙的染色处理属于优化，经染色处理的玛瑙颜色均一，呈极其鲜艳的红色、绿色、蓝色等。

③ 石英岩玉的染色处理　石英岩玉的染色或充填石英岩玉的染色处理是将石英岩玉先加热，淬火后再染色，主要染成绿色，用于仿翡翠，市场上俗称"马来西亚玉"，鉴定特征是：颜色多沿裂隙或晶粒间隙分布，吸收光谱可见 650nm 宽带吸收，滤色镜下可能呈红色。

4.4.2.5 石英质玉石的质量评价

石英质玉石主要用于制作小挂件、手镯、手链、项链、雕件，很少一部分做成戒面。因此石英质玉石的质量要求和评价看重以下几点。

① 颜色　要求颜色鲜艳、漂亮且相对均匀，若不均匀，则要求有意境、花纹、图案美观。如缠丝玛瑙、风景碧玉等图案特别漂亮时，材料的价值将有所提高。优质硅化木要求年轮、木质结构清晰。

② 质地　质地越细腻，结构越致密、均匀、坚韧，价值越高。

③ 透明度　要求透明度越高越好。当含包裹体时，虽然在一定程度上影响透明度，但若图案美观，可能还会相对提高价值，如水草玛瑙中的绿泥石，水胆玛瑙中的"水胆"等。

④ 块度　要求具有一定的块度，块度越大，越稀有，价值越高。

⑤ 加工工艺　石英质原料价值一般都较低，但在加工中如果构思巧妙、俏色新颖、加工精细，同样可具有很高的价值，如我国传统的玉雕"虾盘""龙盘""水漫金山"（水胆玛瑙摆件）都被誉为国家级雕件。

4.4.2.6 石英质玉石的成因与产地

(1) 玛瑙和玉髓

玛瑙和玉髓主要分布于玄武岩、安山岩、流纹岩类的原生气孔和裂隙中，由富含 SiO_2 的胶体溶液充填冷凝而成，也可见水蚀卵石。玛瑙和玉髓全世界各地都有产出。红玛瑙主要来自巴西、印度、乌拉圭和中国；条带玛瑙和黑玛瑙主要产于巴西、马达加斯加和乌拉圭；苔纹玛瑙主要产自印度和美国；灰白色玛瑙主要来自格鲁吉亚、冰岛、印度、美国和中国。优质绿玉髓见于澳大利亚、斯里兰卡和印度。我国玛瑙分布广泛，较著名的产地有辽宁阜新、内蒙古阿拉善等地。南红玛瑙产于云南保山、四川凉山。战国红玛瑙主要产于辽宁北票、河北宣化等地。

(2) 石英岩玉

石英岩玉遍布全世界，主要由区域变质作用和热液接触变质作用而形成。我国内蒙古（佘太翠）、河南新密（密玉）、贵州晴隆（贵翠）及北京门头沟（京白玉）等地都有石英岩玉产出。

(3) 木变石

世界上最大的木变石矿床位于南非（阿扎尼亚）德兰士瓦省，巴西、印度、斯里兰卡等国也有产出。我国木变石的产地有河南淅川、贵州罗甸等地。硅化木主要产于欧洲各国及美国，北京延庆、河北、辽宁、云南等地均有产出。

4.4.2.7 石英质玉石的应用及发展趋势

石英质玉石产量大，分布广，是最常见的玉石雕刻材料和装饰材料。此外，石英质玉石因其分布广泛，方便开采，容易加工，成本低廉，可作为制造玻璃、陶瓷、冶金、化工、机械、电子、橡胶、塑料、涂料等行业的重要原料；同时石英质玉石具有耐高温性，通过物理加工得到不同的粒度，可作为炼钢用耐火材料。因此，石英质玉石无论是在宝石领域还是工业领域都有着重要的地位，有着广阔光明的发展前景。

4.4.3 蛋白石（opal）

4.4.3.1 概述

蛋白石又被称为欧泊，是一种拥有万花筒般色彩的神秘宝石，深受收藏家和设计师们的欢迎，近年来，深受一众年轻消费者们的热烈追捧。

欧泊是由英文名称 opal 音译而来，源于拉丁文 opalus，意思是"集宝石之美于一身"，或源于梵文 opala。汉语名称为"蛋白石"。在中国工艺美术界，"欧泊"一名具有两种含义：一种为蛋白石质宝石的总称，另一种为蛋白石质宝石中具有变彩和猫眼效应的品种。古罗马自然科学家普林尼曾说过："在一块欧泊石上，你可以看到红宝石的火焰，紫水晶般的色斑，祖母绿般的绿海，五彩缤纷，浑然一体，有些欧泊石之美不亚于画家的调色板，另一些则不亚于硫黄之火焰或燃油之火舌。"

在古罗马时代,宝石是带来好运的护身符。欧泊象征彩虹,带给拥有者美好的未来。因为它清澈的表面暗喻着纯洁的爱情,它也被喻为"丘比特石"。早先的种族用欧泊代表具有神奇力量的传统和品质,欧泊能让它的拥有者看到未来无穷的可能性,它被相信有魔镜一样的功能,可以装载情感和愿望、释放压抑。早先的希腊人相信欧泊可以给予深谋远虑和预言未来的力量。阿拉伯人相信它们来自上天,在阿拉伯传说中,欧泊被认为可以通过它感觉到天空中的闪电。

在7世纪,大家相信欧泊有神奇的魔力。莎士比亚是这样描写欧泊的:"那是神奇宝石中的皇后。"而东方人谈及欧泊则说它是"希望的锚"。欧泊为十月生辰石,象征着希望、喜悦、安乐和健康。

4.4.3.2 蛋白石的物理化学特征

欧泊是指具有宝石学特征的蛋白石或贵蛋白石(图4-4-7),其组成矿物为蛋白石,含有少量石英、黄铁矿等杂质矿物。蛋白石的化学式为 $SiO_2 \cdot nH_2O$,SiO_2 的质量分数为 80%~90%,H_2O 的质量分数不定,通常为 4%~9%,最高可达 20%。非晶体 SiO_2 呈球粒状,排列整齐,粒径为 150~400nm,因水是以吸附水和间隙水的形式存在于球粒间,所以很不稳定,稍微高于常温或加热至 100℃时,水就消失,导致欧泊干裂和褪色。

图 4-4-7 欧泊原石

(1) 光学性质

① 颜色 蛋白石的体色可有各种颜色,如白色、不同深浅的黑色、橙色、红色、蓝色、绿色等。

② 光泽和透明度 蛋白石具有玻璃光泽至树脂光泽,透明至不透明。

③ 折射率 蛋白石的折射率一般为 1.45,火欧泊通常为 1.42~1.43,可低至 1.37。

④ 发光性 可见无至弱的荧光,其荧光颜色一般为蓝白、褐黄、褐红色。

⑤ 光性特征 蛋白石为非晶体,光性均质体。

⑥ 吸收光谱 绿色欧泊可具 660nm 和 470nm 吸收线,其他颜色的欧泊无特征吸收光谱。

⑦ 特殊光学效应 欧泊具有典型的变彩效应,在光源下转动欧泊可以看到五颜六色的色斑。少数欧泊可具星光效应和猫眼效应。

(2) 放大检查

欧泊具有变彩效应,变彩的色斑不规则并显示平行纹理,这些纹理随着色斑的不同而具有不同的定向,色斑边界平坦且呈渐变关系。欧泊内有时可有两相和三相的气液包裹体,可含有石英、萤石、石墨、黄铁矿等矿物包裹体。据报道,墨西哥火欧泊中含有针状的角闪石,可见带有色斑的混浊外观,云雾状区域和流体包裹体。

（3）力学性质与密度

蛋白石无解理，具有贝壳状断口，莫氏硬度5～6，密度为2.15～2.23g/cm³，其中火欧泊为2.00g/cm³。

4.4.3.3 蛋白石的分类

目前市场上见到的欧泊品种较多，有天然欧泊、注塑欧泊、注油欧泊、玻璃欧泊等。天然欧泊是赋存于蛋白石中的变彩块体。一块欧泊含有无数彩片，每片彩片的颜色取决于球粒的大小，直径小的球粒衍射的光波短，呈现短波的紫蓝色；直径大的球粒衍射的光波长，呈现橙红色。根据颜色特征和光学效应，又可将天然欧泊细分为如下几种。

（1）黑欧泊

黑欧泊指在深色的胚体色调上呈现出明亮色彩，称为黑欧泊，是最著名和最昂贵的欧泊品种。黑欧泊并不是指它完全是黑色的，只是相比胚体色调较浅的欧泊来说，它的胚体色调比较深。

（2）白欧泊

白欧泊也有人把它称作"牛奶欧泊"，白欧泊呈现的是浅色胚体，白欧泊由于它的胚体色调比较浅，产量大而相对平常一些。白欧泊不能像黑欧泊那样呈现出对比强烈的艳丽色彩。然而色彩十分漂亮的高品质白欧泊也时有发现。

（3）水欧泊

水欧泊呈透明-半透明，仅带淡色调并具有变彩的欧泊晶体，如果变彩效果好，水欧泊也非常漂亮。

（4）火欧泊

火欧泊是带橙黄至橙红色体色，有变彩或没有变彩的透明至亚透明的欧泊。有变彩的墨西哥火欧泊相当漂亮。不带变彩的透明火欧泊常切磨成刻面宝石。火欧泊的体色与微量的Fe^{3+}有关。

（5）绿欧泊

绿欧泊是一种带绿色体色，半透明，没有变彩的欧泊，颜色为淡绿-暗绿和绿黄色，蓝绿色调是由含少量的铜引起的。

（6）欧泊猫眼

欧泊猫眼是近年来出现在市场上的欧泊新品种，有两种类型，一种类型为黄绿色至褐绿色，是具有纤蛇纹石假象的蛋白石，与虎睛石的成因相似，近于不透明，折射率为1.47，相对密度为2.14～2.18，猫眼效应虽然明显，但裂隙较多，缺乏耐用性，产于巴西。另一种类型产于坦桑尼亚，外观与金绿宝石猫眼非常相似，猫眼效应由含有定向排列的针状包裹体（推测是针铁矿）所致，体色为绿黄至褐黄色，半透明，折射率为1.44～1.45，相对密度为2.08～2.11，质地好，但相当稀少。

4.4.3.4 蛋白石的鉴别

（1）与仿制品的鉴别

目前市场上欧泊的仿制品主要有玻璃、塑料，其鉴别如下。

① 玻璃仿欧泊 是一种仿欧泊。依据天然欧泊彩片的形态特征以及玻璃欧泊具有高的折射率和密度可以区别。玻璃欧泊的折射率为 1.49～1.52，而天然欧泊为 1.45；玻璃欧泊的密度为 $2.4～2.5g/cm^3$，而天然欧泊仅为 $2.15g/cm^3$；另外玻璃欧泊无孔隙，不会吸水。

② 塑料仿欧泊 也是一种仿欧泊，它是用塑料制成的假欧泊。虽具变彩，但比较呆板。与天然欧泊的区别是折射率高（1.48～1.49），密度小（$1.21g/cm^3$），硬度低（用指甲即可划伤其表面）。塑料欧泊表面光洁，呈现"针状火焰"变彩，具有镶嵌图案，在透射光下可呈现与合成欧泊相同的蜂窝状结构，鉴别时必须谨慎。

（2）与相似宝石的鉴别

与欧泊相似的宝石主要有彩斑菊石、晕彩拉长石和火玛瑙等，具体的鉴别如下。

① 彩斑菊石（图 4-4-8） 表面具有晕彩的薄层，具有橙红、黄、绿、蓝绿的变彩。彩斑菊石的矿物成分是文石，化学成分是 $CaCO_3$，折射率为 1.52～1.67，双折射率为 0.15，密度为 $2.80g/cm^3$，硬度为 4。

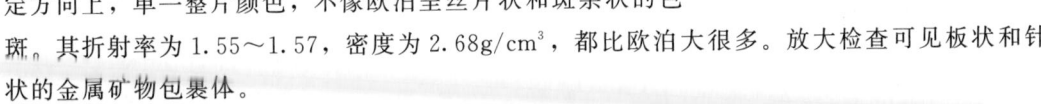

图 4-4-8 彩斑菊石

② 晕彩拉长石（图 4-4-9） 晕彩拉长石的变彩表现在特定方向上，单一整片颜色，不像欧泊呈丝片状和斑杂状的色斑。其折射率为 1.55～1.57，密度为 $2.68g/cm^3$，都比欧泊大很多。放大检查可见板状和针状的金属矿物包裹体。

③ 火玛瑙（图 4-4-10） 火玛瑙外观和欧泊相似，具有变彩效应，但是其变彩是由于玛瑙细微层理之间含有薄层的包裹体产生的薄膜干涉，与欧泊的变彩形成不同，玛瑙的折射率一般为 1.54，密度为 $2.60g/cm^3$，硬度为 7，都比欧泊大。

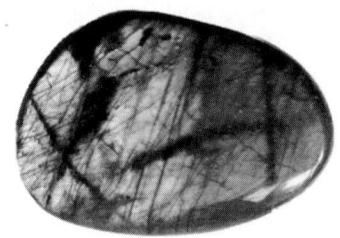

图 4-4-9 晕彩拉长石　　　　图 4-4-10 火玛瑙

（3）优化处理欧泊的鉴别

① 染色欧泊

用糖液或炭质将白欧泊或劣质欧泊底色染黑，以增加欧泊的色彩，其识别依据是黑色往往沉淀在彩片或球粒中间，偶尔见到黑色小点。

② 充填处理欧泊

在天然欧泊里注入塑料，使其呈黑色或白色。这种欧泊半透明到不透明，比天然欧泊透明度高，密度低（1.99g/cm³），其内部可见黑色的束状物。热针探测可有特殊的辛辣气味。在红外光谱鉴定中，注塑欧泊将显示由充填材料引起的吸收峰。

③ 注油欧泊

常用注油或上蜡的方法来掩饰欧泊的裂缝，当发现欧泊表面光洁，具有蜡状光泽，有注油上蜡的迹象时，可用烧热的细针触碰其表面检查，在有注油和上蜡的地方，油和蜡受热后就会升到表面形成珠粒。

④ 烟处理欧泊

用纸把欧泊裹好，然后加热，直到纸冒烟为止，这样可产生黑色，但这种黑色仅限于表面，另外用于烟处理的欧泊多孔，密度较低，仅为 1.38～1.39g/cm³，用针头触碰，烟处理的欧泊可有黑色物质剥落，有黏感。

⑤ 覆膜处理欧泊

欧泊中采用覆膜处理以改善欧泊的变彩效应。放大检查常可见薄膜脱落的现象。

（4）合成欧泊的鉴别

合成欧泊是由法国的吉尔生（P.Gihon）于 1971—1972 年制造成功，1974 年开始陆续投放世界市场。合成欧泊的各项物理性质与天然欧泊相近，且可以根据其内部结构上的差异来区分。天然欧泊色斑具有丝绢状外表，沿一个方向延长；色斑为不规则的薄片，色斑与色斑之间呈渐变关系，界限模糊；色斑沿一个方向具有纤维状或条纹状结构。合成欧泊的色斑具有立体感，从侧面观察有"柱状"升起的特征；色斑之间呈镶嵌状边界；色斑内可见"蜂窝状"或"蜥蜴皮状"结构。

（5）拼合欧泊的鉴别

拼合欧泊是指将天然产出的欧泊薄片粘贴到深色材料上，形成一个完整的整体。常见的组合欧泊有二层石和三层石。

二层石：顶面用质量好的欧泊，底部用黑色玛瑙、劣质欧泊或原始围岩。

三层石：在二层石之上再加黏一层无色水晶或玻璃薄片，目的是保护有变彩的欧泊薄片不被磨损或划伤。

鉴别拼合欧泊要注意观察接合面的光泽变化，仔细观察可以发现有接合面的痕迹。另外胶合面往往有气泡，且硬度低，可用细针试之。

4.4.3.5 蛋白石的质量评价

目前市场上出售的欧泊有三种形式，即整颗粒、二层石和三层石，整颗粒的价值最高，三层石最低。体色、变彩、净度、大小和形状、加工工艺是评价欧泊质量的主要因素。

① 体色　澳大利亚欧泊的体色有无色、灰色至黑色。一般来说，黑欧泊比白欧泊或浅色欧泊价值更高；火欧泊的体色以橙色为主，通常颜色越鲜艳，价格越高，优质的欧泊都应具有明亮鲜艳的体色。

② 变彩　变彩要遍布整个宝石，而且要均匀完整。质量好的欧泊要呈现七色光谱，特别

应呈现红色及罕见的紫色及紫红色。变彩应具有强烈的亮度和透明度。

③ 净度　欧泊的净度越高,价值越大,且表面不应有明显的裂痕。

④ 形状和大小　欧泊的体积越大越好,优质的欧泊具有引人注目的形状和大小。

⑤ 加工工艺　欧泊的加工工艺直接影响欧泊的价值。优质的欧泊必须经过精心的切割和打磨,并具有匠心独具的设计和镶嵌工艺。

4.4.3.6　蛋白石的成因与产地

欧泊有两种成因类型:古风化壳型欧泊矿床及火山热液型欧泊矿床,以古风化壳型欧泊矿床最有价值。

(1) 古风化壳型欧泊成因

该类型的欧泊产于中—新生代古风化壳中,由外生淋滤作用形成,一般,欧泊聚集于风化壳最下部风化程度较弱的岩石(即蒙脱石质灰色和浅褐色黏土)中,呈脉状、管状产出。分布极不均匀。矿石厚度一般为2~4cm。伴生矿物有普通蛋白石、绢云母、高岭石、针铁矿、三水铝土矿、玉髓、石英、褐铁矿等。

(2) 火山热液型欧泊成因

该类型主要产于玄武岩、安山岩、流纹岩及凝灰岩中的火山热液矿床。欧泊(多为白欧泊)常产于其中的裂隙和孔洞中,呈脉状或巢状。这种欧泊虽然变彩好,但粒度较小,且裂纹多,因而,经济价值不大。

目前市场上的欧泊主要来自澳大利亚、巴西、墨西哥和埃塞俄比亚。美国、洪都拉斯、加拿大、印度尼西亚、德国、匈牙利、斯洛伐克、索马里兰、西班牙、秘鲁、阿根廷、土耳其等国家也有欧泊产出。

中国已知的欧泊矿床、矿点或矿化现象主要分布于河南、陕西、宁夏、云南、安徽、江苏、河北、辽宁、黑龙江等地。

4.4.3.7　蛋白石的应用及发展趋势

蛋白石是一种重要的玉石材料,不能达到宝石级的蛋白石可用作玉雕或石材。此外蛋白石的孔隙度高、吸水性强、吸附性好,可用于塑料、橡胶、涂料等的填料,也可作催化剂载体。在高密度聚乙烯(HDPE)、ABS树脂、织物纤维等材料中具有增强、增韧、填充作用。

根据资料显示,目前95%的欧泊石被用于珠宝、装饰和收藏市场。这些欧泊通常因其颜色和独特的形态而备受赞誉,因为稀有性和独特的赏玩价值,而具有广阔的升值空间,收藏价值值得关注。谈到欧泊的价值,贵黑色欧泊的价格是普通白色欧泊的10倍,每克拉价格甚至高过钻石,价格一直非常稳定。与贵黑欧泊同样珍贵的还有贵白欧泊。它们通常底色很浅,一般加工成珠宝都需要采用背封式包镶来将变彩的效果最大化。顶级的贵白欧泊是变彩效果最强烈的一种,因此它也是市场追逐的高价代表。果冻欧泊是指体色呈浅黄-棕色,半透明、质地如果冻般朦胧的欧泊。透明的蓝灰色底部上呈现琥珀色体色,展现出漂亮的蓝紫色变彩。

思考题

1. 简述水晶的物理化学性质。
2. 简述水晶的分类,并解释每种水晶的颜色是如何形成的。
3. 古代很多人认为水晶是冰变成的,经过后期对水晶的大量研究,发现水晶和冰是完全不同两种的东西,谁也变不成谁,但实际上水晶的形成又离不开水,请根据水晶的成因分析水晶和水之间的联系。
4. 简述石英质玉石的物理化学特征。
5. 简述石英质玉石的分类。
6. 请用整体与局部的思想,对战国红玛瑙的颜色进行评价。
7. 简述蛋白石的物理化学特征。
8. 简述天然欧泊与合成欧泊的区别。
9. 请用绝对与相对的辩证思维观点来解释欧泊变彩效应。

第 5 章
硅酸盐类宝石矿物材料

> 葡萄美酒夜光杯，欲饮琵琶马上催。
> 醉卧沙场君莫笑，古来征战几人回。
> ——唐·王翰《凉州词》

 本章概要

  知识目标：准确描述硅酸盐、绿柱石、电气石、石榴石、橄榄石、长石、辉石、角闪石、黏土矿物等的基本概念；阐明硅氧骨干的类型、特点，掌握硅酸盐大类矿物的主要鉴定特征和质量评价内容；利用矿物学和材料学的原理方法，理解链状结构与解理的联系，完全类质同象系列端员的宝石矿物成分、物理性质、成因、产状的变化。

  能力目标：正确辨别祖母绿、碧玺、石榴石、橄榄石、翡翠、和田玉、蛇纹石玉等宝石矿物材料，提升宝石矿物鉴赏能力。

  素养目标：以"玉文化"为出发点，深刻理解文化自信的实践应用，全面提升人文素养，筑牢文化自信的根基。

  硅酸盐是由多种形式的硅酸根和金属阳离子结合而成的含氧盐类。目前，已知硅酸盐矿物多达 600 余种，约占已知矿物的 1/6；在自然界中分布极为广泛，约占岩石圈总质量的 85%，是岩浆岩、沉积岩和变质岩三大类岩石的主要造岩矿物。此外，工业上所需要的金属或非金属元素，如 Li、Be、B、Rb、Cs 等大部分是从硅酸盐矿物中提取的；而石棉、云母、高岭石、沸石等多种硅酸盐矿物又被直接作为矿物材料应用于国民经济的许多部门。在宝石行业中，很多名贵的宝石矿物材料，如祖母绿（绿柱石）、碧玺（电气石）、石榴石、翡翠（硬玉）、软玉（透闪石、阳起石）、蛇纹石玉（蛇纹石）、独山玉（黝帘石、斜长石）都是硅酸盐矿物或其集合体。

5.1 绿柱石（beryl）族

5.1.1 概述

  凡是品质好，颜色漂亮的绿柱石均可作宝石材料，由于绿柱石中含有不同的过渡金属元素而呈现不同的颜色，因此绿柱石类宝石品种甚多。其中祖母绿最为著名，由于其稀有性，价格不输高品质红宝石，是很多消费者投资收藏的首选宝石。此外，海蓝宝石和摩根石也深受广大消费者的喜爱。

祖母绿的英文名称 emerald，源于古波斯语 zumurud，原意为"绿色之石"，古希腊人称其为"发光的宝石"，后演化成拉丁语 smaragdus。约在公元16世纪时，祖母绿有了今天的英文名称。

祖母绿是一种有着悠久历史的宝石。据考证：在4000多年前，祖母绿就被发掘于埃及的尼罗河上游红海西岸地区。自古以来，祖母绿青翠欲滴，能够抚慰心灵、激发想象。祖母绿价格十分昂贵，与钻石、红宝石、蓝宝石、金绿宝石并列为世界五大珍贵宝石，优质祖母绿的价格可与优质的钻石相比。国际珠宝界更将其定为五月诞生石，象征着幸运、幸福，佩戴它会给人带来一生的平安。它也是结婚55周年的纪念石。

海蓝宝石的英文名称为 aquamarine，源于拉丁语 aquamarina，原意为"海水"。传说，这种美丽的宝石产于海底，是海水之精华，所以远洋航船上的水手们，常佩戴镶有海蓝宝石的首饰，作为祈求平安的护身符。海蓝宝石又被称为"福神石"。我国宝石界称海蓝宝石为"蓝晶"。海蓝宝石长期以来被人们奉为"勇敢者之石"，并被看成幸福和永葆青春的标志。世界上许多国家把海蓝宝石定为三月诞生石，它既象征着沉着、勇敢。

5.1.2 绿柱石的物理化学特征

绿柱石为岛状硅酸盐类宝石矿物，晶体形态常为六方柱状（图5-1-1），柱面常有明显的平行结晶 c 轴的纵纹，有时发育为六方双锥。绿柱石本身无色，因含杂质而呈现各种颜色，硬度大，无解理，裂隙发育。绿柱石的化学式为 $Be_3Al_2(SiO_3)_6$，常含有 Cr、Cs、V、Fe、Ni 等致色元素，其中祖母绿是由 Cr^{3+} 作为主要致色离子，与次要元素 V^{3+} 类质同象取代 Al^{3+} 共同作用形成的绿色，海蓝宝石是由 Fe 元素致色，摩根石由 Mn 元素致色。

图 5-1-1　绿柱石

5.1.2.1 光学性质

① 颜色　祖母绿呈翠绿色，可略带黄色或蓝色调，其颜色柔和而鲜亮。由 Fe^{2+} 致色的浅绿色、暗绿色的绿柱石称为绿色绿柱石，并非祖母绿。其他绿柱石类宝石因含有不同的杂质元素而呈现各种颜色。常见绿色、黄色、浅橙色、粉红色、红色、蓝色、棕色及黑色等。

② 光泽和透明度　绿柱石类宝石具有玻璃光泽，断口处呈玻璃至油脂光泽；透明至不透明。

③ 光性与多色性　绿柱石为非均质体，一轴晶、负光性，绿柱石类宝石的多色性见表5-1-1。

表 5-1-1　不同颜色的绿柱石的多色性表

品种	体色	多色性强度	多色性颜色
祖母绿	绿色	中等	蓝绿/黄绿

续表

品种	体色	多色性强度	多色性颜色
海蓝宝石	天蓝色	弱至强	蓝/浅蓝
铯绿柱石（摩根石）	粉红色	弱至中	紫红/浅红
红色绿柱石	红色	弱至中	红/粉红
金色绿柱石	黄-金黄色	弱	黄色/无色
绿柱石	黄绿色	弱至强	绿色/无色

④ 折射率和色散　折射率常为 1.577～1.583(±0.017)，双折射率为 0.005～0.009；具有较低的色散，其值为 0.014。

⑤ 发光性　部分祖母绿在长波紫外光下呈由无色-弱橙红到带紫的红色；海蓝宝石因铁致色，无荧光；无色绿柱石呈无至弱的黄色或粉色荧光；黄色、绿色绿柱石一般无荧光；摩根石呈无至弱的粉色荧光。

⑥ 吸收光谱　祖母绿显示铬致色宝石的典型光谱，而且常光和非常光吸收光谱有明显的不同。红区在 683nm、680nm 及 637nm 处有吸收线，黄区 625～580nm 有一宽吸收带，蓝区 477nm 处有一弱吸收线，紫区约 460nm 处开始全吸收。海蓝宝石（Fe 致色）具有 537nm 和 456nm 弱吸收线，427nm 强吸收线，依颜色加深而变强。

⑦ 查尔斯滤色镜下颜色变化　祖母绿在查尔斯滤色镜下呈红或粉红色，但印度和南非的祖母绿因内部含有铁，在滤色镜下不变红；海蓝宝石在查尔斯滤色镜下无变化。

⑧ 特殊光学效应　绿柱石具有猫眼效应，星光效应较为稀少。

5.1.2.2　放大检查

祖母绿的包裹体包括固相矿物晶体、液相羽状体、气态空洞及三相（图 5-1-2）或两相包裹体；几乎经常可见蝉翼状瑕疵，还可见定向排列的纤维状包裹体（图 5-1-3），不同产地的祖母绿具有不同特征组合的内含物。海蓝宝石可见细长管状气液包裹体、负晶及晶体包裹体等。

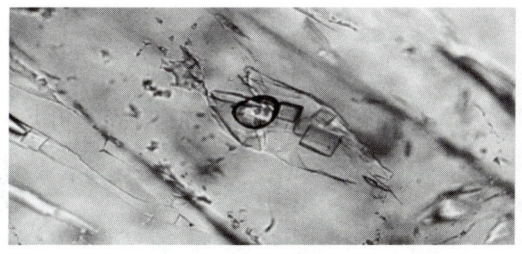

图 5-1-2　三相包裹体　　　　图 5-1-3　纤维状包裹体
（引自：GUILD）

5.1.2.3　力学性质与密度

绿柱石可见不完全解理，断口呈贝壳状或参差状，莫氏硬度为 7.5～8.0，韧性较差，性脆，密度通常为 2.67～2.78g/cm^3。

5.1.2.4 其他性质

室温下，除氢氟酸外，绿柱石块体与其他酸不起反应；极细的粉末溶于热酸和碱，尤其含碱金属者耐酸力较弱。熔点为 1410～1430℃。

5.1.2.5 主要鉴定特征

绿柱石为岛状硅酸盐类宝石矿物，晶体形态常为六方柱状，本身无色，因含杂质而呈现各种颜色，硬度大，无解理，裂隙发育。

5.1.3 绿柱石族宝石的分类

5.1.3.1 祖母绿的分类

根据祖母绿是否具有特殊光学效应和生长特征将其分为祖母绿、祖母绿猫眼、星光祖母绿、达碧兹祖母绿。

① 祖母绿　指无特殊光学效应的普通祖母绿宝石。

② 祖母绿猫眼　指祖母绿内部含有一组平行排列、密集分布的管状包裹体，加工成弧面型，显示猫眼效应［图 5-1-4(a)］，但不常见。目前发现较大的一颗祖母绿猫眼有 5.93ct，产于巴西。

③ 星光祖母绿　极为稀少，偶有发现，内部具有多组定向排列，加工成弧面型而显示星光效应［图 5-1-4(b)］。

④ 达碧兹祖母绿　是一种特殊类型的祖母绿，产于哥伦比亚木佐（Muzo）地区和契沃尔（Chivor）地区，具有特殊的生长特征［图 5-1-4(c)］。木佐产出的达碧兹在绿色的祖母绿中间有暗色核和放射状的臂，是由碳质包裹体和钠长石组成，有时有方解石，黄铁矿罕见。X 射线粉晶衍射证明这种达碧兹是一整个单晶。契沃尔出产的达碧兹祖母绿，中心为绿色六边形的核，由核的六边形棱柱向外伸出六条绿臂，在臂之间的 V 形区中是钠长石和祖母绿的混合物，X 射线粉晶衍射证明这种达碧兹祖母绿也是一个单晶，钠长石被包裹在祖母绿的晶体中。

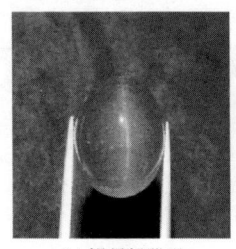 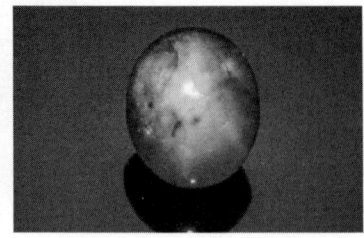 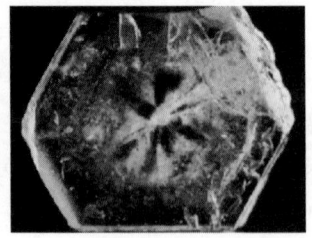

(a) 祖母绿猫眼　　(b) 星光祖母绿(引自：GIA)　　(c) 达碧兹祖母绿(引自：GUILD)

图 5-1-4　祖母绿品种

5.1.3.2 其他绿柱石类宝石的分类

① 海蓝宝石（aquamarine）　是指含铁的绿蓝色、蓝绿色、浅蓝-蓝色的绿柱石，一般色调较浅，其蓝色由 Fe^{2+} 引起。商业上"圣玛利亚"海蓝宝石最受消费者的喜爱。

② 绿色绿柱石（green beryl） 为浅至中黄绿、蓝绿和绿色的绿柱石，致色元素为铁。因无铬或钒元素，不能称为祖母绿。

③ 金色绿柱石（heliodor） 颜色呈淡柠檬黄、浅-中等黄色、绿黄色、棕黄色、金黄色，由铁致色。英文名来源于希腊语，意为"太阳"，可含与海蓝宝石相同的包裹体。

④ 粉色绿柱石（morganite） 又称摩根石，是指呈粉红色、浅橙红色至浅紫红色、玫瑰红或桃红色的绿柱石，主要由锰致色，含有少量 Cs、Rb、Li。

⑤ 红色绿柱石（bixbite） 红色绿柱石呈深粉红色、玫瑰红色至红褐色，由锰致色，与摩根石的主要区别是碱金属含量很低，不含水，较罕见。

⑥ 马西谢（maxixe）型绿柱石 为深蓝色（钴蓝色）绿柱石，产于巴西米纳斯吉拉斯（Minas Gerais）。天然马西谢型绿柱石见光或遇热易褪色，市场上出现的该类宝石多是辐照品，其蓝色是因色心而呈色。

5.1.4 绿柱石族宝石的鉴别

5.1.4.1 祖母绿的鉴别

（1）不同产地祖母绿的鉴别

产地不同，祖母绿的价值差别很大。个大、优质的哥伦比亚祖母绿售价每克拉已过上万美元。而赞比亚祖母绿每克拉价格为 7000 元左右。因此，准确鉴定祖母绿的产地也是很重要的。

① 哥伦比亚祖母绿

哥伦比亚祖母绿享誉世界，因为它拥有最好的颜色，就算成色顶级的赞比亚、巴西、阿富汗祖母绿也难以和哥伦比亚优质祖母绿的颜色相媲美。与世界其他地方所产的祖母绿相比，哥伦比亚的祖母绿除了颜色之外，透明度也非常好，同时颗粒也大。哥伦比亚祖母绿矿主要位于安第斯山脉东区、考第雷拉区域，主要矿区有木佐（Muzo）、契沃尔（Chivor）等地。

哥伦比亚祖母绿具有特征的气、液、固三相包裹体（图 5-1-5），固相包裹体为石盐，液相包裹体为石盐水，气体为封闭在液相包裹体中的 CO_2 气泡。此外方解石、云母、钠长石和白云石包裹体有完好的晶体形态，也有晶棱溶蚀后呈浑圆状的外形。

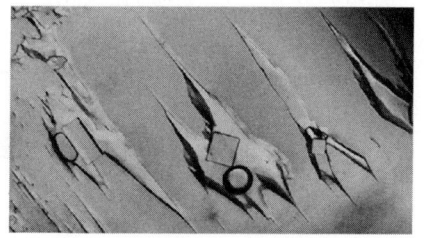

图 5-1-5 祖母绿中的三相包裹体
（引自：尘境珠宝）

契沃尔祖母绿的颜色一般呈蓝绿色，密度为 2.69g/cm³；折射率：$N_o=1.579$，$N_e=1.573$；双折射率为 0.005~0.006。在滤色镜下呈强红色，紫外光下具有红色荧光，内部有三相包裹体，且常见晶形完好的黄铁矿包裹体（图 5-1-6）。

木佐祖母绿的颜色一般为较深的绿色，稍带黄色色调；密度比契沃尔祖母绿的稍高，为 2.70g/cm³；折射率：$N_o=1.580$，$N_e=1.570$；双折射率为 0.005~0.006。内部

图 5-1-6　祖母绿中的黄铁矿包裹体
（引自：尘境珠宝）

具有典型的呈分叉状或锯齿状外形的三相包裹体，在木佐祖母绿中不见黄铁矿包裹体，但在黄棕色色调的祖母绿中见有稀土矿物碳氟钙铈矿，这可以作为木佐祖母绿的产地特征。

② 巴西祖母绿

最早发现于 1554 年，主要产于巴西 Minas Gerais、戈亚斯州、巴伊亚州和塞阿拉州等地区，颜色常呈淡黄绿色和绿色，彩度较差，一般不太鲜艳，属劣质祖母绿。特征的矿物包裹体有含铬尖晶石、黄铁矿、方解石-白云石、滑石、黑云母-绢云母、石英、磷灰石、赤铁矿等，此外，还有气液两相包裹体呈不规则状或层状分布（图 5-1-7）；部分愈合裂隙及不规则外形的空洞。

③ 俄罗斯祖母绿

最早发现于 1830 年，主要产于乌拉尔山脉的亚洲一边。祖母绿晶体一般较大，但裂隙较发育。俄罗斯祖母绿由于铁含量较高，其颜色为绿色中常有明显的黄色色调，且颜色比哥伦比亚祖母绿稍淡，只有少部分小粒祖母绿颜色很好。俄罗斯乌拉尔祖母绿典型的内部特征是含有似竹节状单个或晶簇状的阳起石针状包裹体或云母片、愈合裂隙、平行 c 轴的管状包裹体、空洞及生长带等。

图 5-1-7　巴西祖母绿中的两相包裹体
（引自：尘境珠宝）

④ 印度祖母绿

印度祖母绿的内部特征包裹体是平行 c 轴分布的六方柱状负晶，空洞内存有气液两相包裹体，被称为"逗号"状包裹体，即由具有两相（液体和泡）包裹体的逗号状孔洞及小的黑云母片组成。滤色镜下不显红色。

⑤ 津巴布韦祖母绿

主要产于津巴布韦桑达瓦纳山谷的 Mweza 带，呈鲜艳绿色，可具色带，一般晶体很小，可切成 1~2ct 的戒面，典型的内部包裹体有针状或短柱状、细纤维弯曲状透闪石晶体，还可见石榴石、褐铁矿等固相包裹体。在紫外光下无荧光反应，查尔斯滤色镜下呈弱红色。

⑥ 坦桑尼亚祖母绿

坦桑尼亚祖母绿呈翠绿、黄绿、蓝绿色。可见云母、磷灰石、正长石、石英等固相包裹体，两相或多相的柱状负晶呈三角或六边形交叉排列，还有部分愈合裂隙，大晶体内部常见浑浊的雾状包裹体。

⑦ 赞比亚祖母绿

赞比亚祖母绿与哥伦比亚祖母绿相近，紫外光下无荧光，在查尔斯滤色镜下呈红色（少数绿色），具很强的 Cr 吸收谱；内部有黑色的镁电气石、磁铁矿、黑云母-金云母、橙红色的金红石、金绿宝石、赤铁矿、磷灰石等包裹体。

⑧ 阿富汗祖母绿

阿富汗祖母绿呈蓝绿色，品质较高，其内部特征与哥伦比亚的祖母绿最为相似，是典型的三相包裹体。

⑨ 巴基斯坦祖母绿

巴基斯坦祖母绿一般呈翠绿-暗绿色，因富含铁，无荧光，折射率和双折射率均较高；优质者内部无瑕。通常可见两相包裹体和云母片、白云石等矿物包裹体。少数情况下可见平行 c 轴、边缘呈锯齿状的三相包裹体。

⑩ 中国祖母绿

主要产于云南和新疆。云南祖母绿呈中等绿色，稍带黄色，少部分为浅绿色，个别偏蓝绿色。常见裂隙发育，有的裂隙被铁质浸染。内部常见有白色管状包裹体，呈密集状平行排列；色带一般中间为浅绿色，外层为中等绿色，生长纹较明显；还有气液两相包裹体以及黑色电气石、云母、黄铁矿等矿物包裹体。偶见三相包裹体、石英与长石的连生体等。滤色镜下微红或无反应，无紫外荧光。

（2）与相似宝石的鉴别

与祖母绿相似的宝石及仿宝石有铬透辉石、铬钒钙铝榴石、翠榴石、绿色碧玺、绿色萤石、绿色磷灰石、玻璃等。祖母绿与这些宝石主要依据折射率、双折射率、相对密度、光性特征、吸收光谱及内部包裹体等进行区别，具体鉴别特征见表 5-1-2。

表 5-1-2　祖母绿与相似宝石的鉴别特征

宝石名称	颜色	折射率	光性	密度/(g/cm^3)	其他特征
祖母绿	翠绿色（带黄、蓝色）	1.577～1.583	一轴晶，负	2.71	三相包裹体、两相包裹体，阳起石、方解石、赤铁矿，裂隙发育
铬透辉石	深绿-黄绿色	1.675～1.701	二轴晶，正	3.29	气液包裹体、管状包裹体，但很少有三相包裹体
铬钒钙铝榴石	黄绿-艳绿色	1.74～1.75	均质体	3.60～3.70	常见固体包裹体或负晶
翠榴石	绿色-暗绿色	1.88	均质体	3.84	常见有马尾丝状石棉矿特征包裹体
绿色碧玺	蓝绿-暗绿色	1.62～1.64	一轴晶，负	3.06	双折射率高，强多色性，发育有线状分布的气液包裹体
绿色萤石	蓝绿色	1.438	均质体	3.18	四组解理发育而呈异常消光，色带发育，气液包裹体边界不清晰
绿色磷灰石	绿色	1.634～1.638	一轴晶，负	3.18	可见 580nm 双吸收线
玻璃	绿色	不定	均质体	2.60	气泡

（3）优化处理祖母绿的鉴别

祖母绿优化处理的方法主要有浸注处理和覆膜处理两种，浸注处理包括注无色油、注有色油、充填处理等，覆膜处理包括底衬处理和镀膜处理。

① 注无色油祖母绿的鉴别

注无色油属于优化类型，但由于油能提高祖母绿的视净度，必须加以提防，凡有通向表面开放裂隙的祖母绿都应怀疑注过油。祖母绿注油受热后会从裂隙中渗出，包装纸会有油迹，某些油在紫外光下可发出荧光。

② 注有色油祖母绿的鉴别

注绿色油属于处理类型，必须在证书中指明。在显微镜下观察绿色油在裂隙中呈丝状分布；油受热后会从裂隙中渗出，包装纸有绿色油迹；某些油在紫外光下可发出荧光。

③ 充填处理祖母绿的鉴别

充填处理是指用天然或人工树脂充填祖母绿中的裂隙。其鉴定特征为：注胶祖母绿充填区有时呈雾状，可见流动构造和残留的气泡，反射光下充填裂隙处可见黄色干涉色。

④ 底衬处理祖母绿的鉴别

底衬处理是指在祖母绿底部衬上一层绿色薄膜，用包镶全封闭镶嵌，以加深祖母绿的颜色。其鉴定特征为：放大检查薄膜与宝石的接合缝，有时薄膜会起皱或脱落，接合处亦可见气泡；颜色鲜艳，但是二色性不明显；缺少祖母绿的典型吸收谱线。

⑤ 覆膜处理祖母绿的鉴别

覆膜处理是指在无色绿柱石戒面的表面上生长一层合成祖母绿。这种祖母绿也被看成具有特殊种晶的合成祖母绿。其典型的鉴定特征是在显微镜下可见新生长的绿色合成祖母绿，具有网状裂纹。

（4）合成祖母绿的鉴别

合成祖母绿主要有两种方法，即助熔剂法和水热法。其折射率、密度等物理特征与天然祖母绿很接近。鉴定的主要依据是内部特征及红外光谱特征。

① 助熔剂法合成祖母绿的鉴别

常见助熔剂法合成祖母绿为查塔姆合成祖母绿、吉尔森合成祖母绿、莱尼克斯合成祖母绿，具体鉴别特征见表 5-1-3。

表 5-1-3　助熔剂法合成祖母绿的鉴别特征

品种	折射率	双折射率	密度/(g/cm^3)	紫外荧光	包裹体
查塔姆（美）	1.564～1.60	0.003	2.65～2.66	强红色	云翳状包裹体
吉尔森Ⅰ型（法）	1.559～1.569	0.005	2.65±0.01	橙红色	羽状包裹体、长方形硅铍石晶体
吉尔森Ⅱ型（法）	1.562～1.567	0.003～0.005	2.65±0.01	红色	同上
吉尔森N型（法）	1.571～1.579	0.006～0.008	2.68～2.69	无	纱状、树状固相助熔剂包裹体，铂金片及硅铍石
莱尼克斯（法）	1.555～1.566	0.004	2.65～2.66	红色	破碎熔融包裹体，二相或三相羽状包裹体

a. 折射率、双折射率和相对密度。助熔剂法合成祖母绿的折射率值、双折射率值和相对密度值都低于天然祖母绿。

b. 发光性。助熔剂法合成祖母绿呈强红色荧光，只有吉尔森N型的不发荧光；天然祖母绿中哥伦比亚的荧光较强，其他的呈暗红或无荧光。

c. 查尔斯滤色镜下颜色变化。查尔斯滤色镜下助熔剂法合成祖母绿一般显示强红色；天然的祖母绿中哥伦比亚的为强红色，其他的呈粉红色或不变色。

d. 内含物。助熔剂法合成祖母绿常见面纱状助熔剂残余物（图 5-1-8）；另外硅铍石晶体无色透明、形态完整。

e.红外光谱。助熔剂法合成祖母绿的红外光谱测试不含水的吸收峰。

② 水热法合成祖母绿的鉴别

常见水热法合成祖母绿为俄罗斯合成祖母绿、林德合成祖母绿、拜伦合成祖母绿、莱切雷特纳合成祖母绿、精炼池法（澳）合成祖母绿和中国（桂林）合成祖母绿，具体鉴别特征见表5-1-4。

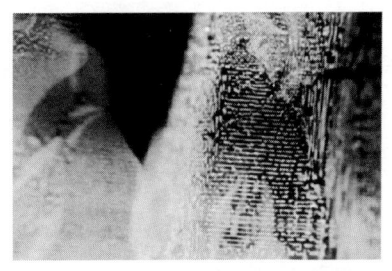

图5-1-8　合成祖母绿中的面纱状残余助熔剂

a.折射率、双折射率和相对密度。水热法合成祖母绿与天然祖母绿相同。

b.查尔斯滤色镜下颜色变化。通常显强红色，但也有些变色效应较弱，如俄罗斯合成品呈弱红色。

c.紫外荧光。通常呈强红色，桂林合成品呈弱红色，俄罗斯合成品无荧光。

d.包裹体。水热法合成祖母绿中常见羽状体包裹体、钉状包裹体（硅铍石晶体与含两相包体的孔洞相连，孔洞逐渐变细成一个尖端，外形似大头针）、锯齿状生长纹或者波纹状生长纹（图5-1-9）。

图5-1-9　合成祖母绿中的波纹状生长纹

e.红外光谱。水热法合成祖母绿的红外光谱测试含水的吸收峰。

表5-1-4　水热法合成祖母绿的鉴别特征

品种	折射率	双折射率	密度/(g/cm³)	紫外荧光	包裹体
莱切雷特纳（澳）	1.559～1.605	0.003～0.010	2.65～2.73	红色	籽晶，交叉裂纹
林德（美）	1.566～1.578	0.005～0.007	2.67～2.69	强红色	气体及羽状二相气液包裹体，平行钉状或针状包裹体，硅铍石
精炼池法（澳）	1.570～1.575	0.005	2.694	弱-无	云翳状、窗纱状包裹体
中国（桂林）	1.569～1.573	0.004	2.70	弱	三相钉状包裹体，似麦苗状，硅铍石
拜伦（澳）	1.569～1.573	0.004	2.65	强红	指纹状、钉状、二相气液包裹体，含合金碎片、硅铍石晶体、白色彗星状、串珠状颗粒
俄罗斯	1.572～1.584	0.005～0.007	2.66～2.73	弱红	无数细小的棕色微粒，呈云雾状

5.1.4.2　其他绿柱石类宝石的鉴别

（1）其他绿柱石类宝石与相似宝石的鉴别

绿柱石的颜色丰富，可与很多宝石混淆，如各种颜色的蓝宝石、各色碧玺等，可通过外观光泽、放大检查、测试折射率及相对密度等物理参数进行区别。

蓝宝石：呈强玻璃光泽、折射率为1.762～1.770，相对密度为4.00，莫氏硬度为9，均远远大于绿柱石。

碧玺：折射率为 1.624～1.644，双折射率较大为 0.020，均大于绿柱石，碧玺可见后刻面棱重影，在相对密度为 3.05 的重液中碧玺悬浮，绿柱石上浮。

（2）优化处理的其他颜色绿柱石的鉴别

其他颜色绿柱石的优化处理方法主要有热处理、辐照处理及覆膜处理。

① 热处理（优化）

绿柱石中含有 Fe^{2+}、Fe^{3+}，若 Fe^{2+}、Fe^{3+} 取代绿柱石中铝的位置，绿柱石将呈现黄色，并随 Fe^{3+} 含量增多，颜色从无色逐渐变成金黄色。因此绿柱石可经过热处理变成优质的海蓝宝石。此外，摩根石可经热处理去除黄色色调，由铁和锰致色的橙黄色绿柱石，可经热处理得到粉红色的绿柱石。经热处理的绿柱石宝石颜色稳定，不易鉴别，可被人们接受。

② 辐照处理

绿柱石经 X 射线、γ 射线及高、低能电子等辐照后，可产生颜色变化，颜色稳定，常不易检测。国内对无色或绿色绿柱石进行辐照处理后，得到了金黄色和蓝绿色的绿柱石，这些颜色在光照下也很稳定。

市场上还有一种特殊类型辐照处理的绿柱石，称为 maxixe 型蓝色绿柱石，即经 γ 射线或短波紫外线照射后，形成深钴蓝色的绿柱石。无色、暗蓝色、绿色、黄色、粉色的绿柱石在 γ 射线的辐照下能变成钴蓝色，辐照时间的长短和绿柱石的类型决定了辐照后颜色的深浅。maxixe 型蓝色绿柱石的鉴定特征是：颜色为钴蓝色，吸收光谱具有 688nm、624nm、587nm 和 560nm 处的吸收带，密度为 $2.80g/cm^3$，折射率为 1.579～1.592，均高于一般的绿柱石。

③ 覆膜处理

浅色、无色绿柱石表面覆上绿色薄膜，放大检查有时可见部分薄膜脱落，较易识别。

（3）合成海蓝宝石的鉴别

海蓝宝石的合成方法与祖母绿一样，也有两种方法，即助熔剂法和水热法。外观呈浅蓝色，折射率分别为 1.568～1.572（助熔剂法）、1.575～1.581（水热法），密度为 2.65～2.73g/cm^3，无荧光，内部包裹体特征与合成祖母绿的内部特征一样，红外光谱中助熔剂法合成海蓝宝石无水的吸收峰。

5.1.5　绿柱石族宝石的质量评价

5.1.5.1　祖母绿的质量评价

在传统的国际市场，衡量祖母绿价格主要基于颜色、光泽度、纯净度、重量和切工五个方面进行评价。

（1）颜色

颜色是评价祖母绿的首要因素，高档的祖母绿要求颜色为浓艳纯正的翠绿色，无色带。优质的祖母绿要求颜色均匀分布，中至深绿色，中亮至中暗的明度，同时可带稍黄或稍蓝的色调，有柔软绒状外观。如果色浅，即使无裂纹、5ct 以上的祖母绿，其价格也低。

（2）光泽度

在哥伦比亚，祖母绿的光泽度是仅次于颜色的第二重要的价格评估标准，光泽度高的祖母绿，让人感觉宝石的光芒非常鲜艳生动，不会有黯然无光之感。光泽度越好其价格越高。

（3）纯净度

祖母绿在生成的过程中，有多种其他物质如云母、黄铁矿、方解石等混入其中，故多杂质和裂纹。祖母绿俗称包裹体的"花园"，杂质越少的祖母绿就越加珍贵，在挑选祖母绿的时候，杂质和细纹不在中间窗口部分的为佳。

（4）重量

祖母绿绿柱石的生成，需要极其特殊的地理环境，一般在10万个祖母绿矿石中才能发掘出一个祖母绿裸石，而把祖母绿裸石制成刻面宝石的成品率只有10%～30%，有时几十克的一块原料，只能磨得2～3ct的少许成品，成品常见为0.2～0.3ct，一般小于1ct。因此，优质祖母绿的价格随重量增加的幅度十分明显，大于0.5ct的优质祖母绿价格已高于同重量的钻石。

（5）切工

祖母绿宝石一般切磨成四边形阶梯状，称为祖母绿型切工。这种切工有利于展现祖母绿的颜色、防裂，且和同样大小的其他款式相比，祖母绿型切工的重量最大。质量好的祖母绿一般切割成祖母绿型，也有切磨成闪烁型或闪烁型和阶梯型的混合型。祖母绿的切割冠部角为40°～50°，亭部角为43°。裂隙较多的祖母绿和绿柱石类宝石一般切磨成弧面型或做成链珠。

在祖母绿质量评价的实践中，颜色、透明度和净度往往被作为一个综合性指标。根据这一综合性指标，祖母绿可分为下列三个档次。

第一档次：颜色为纯正的深翠绿色，透明，10倍放大镜下少见包裹体，裂隙。

第二档次：颜色为翠绿色或带蓝、带黄的绿色，透明，包裹体较少。

第三档次：颜色为带蓝或带黄的翠绿色，透明稍差，包裹体也较多。

5.1.5.2 其他绿柱石类宝石的质量评价

绿柱石类宝石主要从颜色、透明度、净度、切工及大小几个方面去评价。

① 颜色　在颜色明度和彩度上，以明亮鲜艳的单一颜色为佳，其他颜色次之，色彩过浓或浅淡者相对偏差，颜色分布要均匀。

② 透明度　越透明，价值越高。

③ 净度　内部瑕疵越少，越干净，价值越高。

④ 切工和大小　切磨时加工比例符合规范，抛光精良，颗粒越大价值越高。

5.1.6　绿柱石族宝石的成因与产地

5.1.6.1　祖母绿的成因与产地

（1）热液蚀变超基性岩型祖母绿

它主要产于受花岗岩侵入交代的蚀变超基性岩的边缘及接触带内，矿化与云母、滑石及绿泥石等蚀变矿物有关，矿体呈透镜状及不规则脉状。这一类型矿床具有重要的工业意义，是祖母绿宝石的主要来源之一。祖母绿呈浸染状晶体分布于蚀变交代岩石中。这种成因类型的产地见于俄罗斯、津巴布韦、南非、印度、奥地利、巴西、埃及、巴基斯坦及赞比亚等地。

（2）伟晶岩型祖母绿

祖母绿产于微斜长石伟晶岩晶洞中，以浅色、浑浊晶体为主，优质晶体少，工业意义不大，主要代表产地是美国的北卡罗来纳州祖母绿矿及挪威奥斯陆以北的祖母绿矿。

（3）低温热液脉型祖母绿

哥伦比亚的祖母绿矿床赋存于碳质黑色页岩中。祖母绿主要赋存于方解石、白云石脉中，与祖母绿共生的矿物除方解石、白云石外，还有黄铁矿、钠奥长石、重晶石及少量磷灰石、萤石和氟碳钙铈矿及金红石等。含祖母绿矿脉的围岩有强烈的碳酸盐化和钠长石化现象。

5.1.6.2 其他绿柱石类宝石的成因与产地

海蓝宝石、金色绿柱石、铯绿柱石等品种的成因主要有花岗伟晶岩型和云英岩型两种。

（1）花岗伟晶岩型

花岗伟晶岩一般都和一定的花岗岩体有成因联系。矿体主要产于伟晶岩脉体的膨胀部位，优质海蓝宝石位于伟晶岩内核的晶洞中。铯绿柱石和金黄色绿柱石主要产于巴西、马达加斯加和美国等地的花岗伟晶岩中。我国新疆、内蒙古、云南、湖南等地均发现有含海蓝宝石、金黄色绿柱石和铯绿柱石的花岗伟晶岩。

（2）云英岩型

在我国、俄罗斯一些地区与花岗岩有关的云英岩蚀变交代岩中，有海蓝宝石、金黄色绿柱石及无色绿柱石的宝石矿物，含海蓝宝石的云英岩脉赋存地段的花岗岩中，可见强烈的钠长石化现象。

5.1.7 绿柱石族宝石的佩戴与保养

5.1.7.1 绿柱石类宝石的佩戴

绿柱石类宝石通常加工成椭圆刻面型、祖母绿型或者素面型等，适合镶嵌成戒指、吊坠、耳钉、手链等款式，下面我们以祖母绿为例介绍一下佩戴规则。

① 数量规则　佩戴祖母绿首饰时数量上的规则是以少为佳，与其他宝石饰品叠戴时，最多不能超过3件，整体协调为最佳，过多给人以繁重感。

② 质地规则　祖母绿首饰时质地上的规则是争取同质，若同时佩戴两件或两件以上首饰，应使其颜色一致、透明度相同、内部包裹体特征尽量少。

③ 身份规则　祖母绿属于名贵宝石，佩戴祖母绿首饰时，身份上的规则是要令其符合身份。

④ 搭配规则　祖母绿具有独特的颜色，因此在搭配服装方面，要尽量避免跟蓝、绿、黄色的衣服搭配，可以与黑、白色和其他浅色调的颜色进行搭配，不显得压抑，反而能够突出祖母绿的艳丽。

5.1.7.2 绿柱石族宝石的保养

以祖母绿为例介绍绿柱石类宝石的保养。祖母绿象征着仁慈、信心、善良、永恒、幸运和幸福,因此,我们也希望自己的祖母绿饰品能够青春永驻,那在日常佩戴中我们对祖母绿饰品应该如何进行保养呢?

① 祖母绿性脆,在佩戴中应尽量避免和其他宝石或金属接触、磕碰,造成表面划伤和棱角受损。

② 在运动、做粗重活及家务时,应摘下祖母绿首饰,以免受到碰撞,使宝石内部产生裂纹。

③ 在炒菜、做饭或者在有油烟地方的时候,应该避免佩戴祖母绿饰品,以免油烟对祖母绿表面有侵蚀作用,会使宝石的表面光泽受损。

④ 祖母绿首饰忌高温,部分注油祖母绿在高温下会显露出瑕疵,所以在高温环境中应取下祖母绿首饰。

⑤ 在存放祖母绿首饰的时候,一定要放在专门的首饰盒里面,最好用软布包裹,同时要避免和其他的首饰接触,特别是金银首饰,这些首饰很容易划伤祖母绿。

⑥ 清洗祖母绿首饰时,不能使用酸、碱、酒精、乙醚等物质,它们会破坏裂隙中的充填物质,从而降低其透明度;同时也不能用超声波或蒸汽清洗祖母绿首饰,超声波振动可能会让含裂缝的宝石更加脆弱,热蒸汽可能会导致油脂或树脂融化并从裂缝处流出。最安全的清洗方式就是使用温肥皂水轻柔地擦洗祖母绿首饰。

⑦ 定期检查祖母绿首饰。建议每半年送到专业店面检查1次祖母绿首饰的镶嵌情况,如果发现问题可以及时处理。

5.1.8 绿柱石类宝石矿物材料的应用及发展趋势

绿柱石家族中的祖母绿、海蓝宝石、摩根石等不仅是重要的宝石材料,而且也是提取铍的主要矿物。由绿柱石制取氢氧化铍,再经焙烧即得氧化铍粉体,供制备氧化铍陶瓷。后者用作电子工业中集成电路的衬里材料及单晶炉的耐火材料。高纯品用于原子能工业,特别是用在火箭燃烧室的内衬材料中。氧化铍陶瓷对中子的减速能力强,对X射线有很高穿透能力的性能,可用作核反应堆的中子减速剂和防辐射材料。

祖母绿作为名贵宝石,受到国内外市场的热捧,整体呈上升的发展趋势。其中,哥伦比亚是世界上最大的优质祖母绿供应地,每年数以千万美元计的祖母绿被运往各国,几乎垄断了国际市场。近年来,对哥伦比亚祖母绿的需求有明显增长,大克拉优质的祖母绿需求增长最为显著。

思考题

1. 简述绿柱石的物理化学性质。
2. 如何鉴别天然与合成祖母绿?
3. 简述祖母绿的质量评价要素。

4. 简述祖母绿的地质成因,并举例。

5. 祖母绿最常见的优化处理方法是注油,请大家结合祖母绿的优化处理方法谈谈你对美的理解。

5.2 电气石(tourmaline)族

5.2.1 概述

电气石是自然界中成分最复杂的宝石之一,其具有丰富的颜色、较高的硬度,较好的热电性和压电性,因此在宝石学、电子、化工及环保等领域都有着广泛的用途。电气石的宝石学名称为碧玺,英文名称是"tourmaline",是由古僧伽罗语"turmali"衍生而来,意为"混合宝石"。碧玺的颜色最为丰富多彩,它以鲜艳的颜色和高透明度在宝石大家族中别具一格,深受人们的喜爱,被称为"风情万种的宝石"。电气石的品种较多,但用来做宝石的仅有红色电气石、绿色电气石、蓝色电气石、多色电气石和电气石猫眼,其中红色电气石最受欢迎,蓝色碧玺价值最高。

18世纪的一个夏天,几个小孩在荷兰阿姆斯特丹玩弄航海者带回来的石头,惊奇地发现这些石头在阳光下能吸引或排斥轻物质(灰尘、草屑等)。因此,荷兰人把这种石头称为"吸灰石",并发现碧玺与祖母绿有所差异。1768年,瑞典科学家发现了绿色电气石和黑色电气石之间的关系,但人们仍然怀疑各种颜色的电气石是否为同一物质。目前可发现有关碧玺的鉴定证书之一是出自1892年的加利福尼亚州,当时碧玺并没有引起人们的重视,直到19世纪末,通过蒂凡尼(Tiffany)的宝石学家George F. Kunz的努力,碧玺作为美国宝石而闻名于世。尽管碧玺的市场起源于美国,但当时最大的碧玺市场在中国。许多产自加利福尼亚州圣地亚哥县的粉红色和红色碧玺被运往中国,因为当时慈禧太后特别喜欢这种颜色的宝石。

现在,碧玺是受人喜爱的中高档宝石品种,碧玺(红色)用作十月诞生石,以象征安乐、平安。

5.2.2 电气石的物理化学特征

电气石为岛状硅酸盐类宝石矿物,成分复杂,其化学式为$(Ca,Na)(Mg,Fe,Li,Al)_3Al_6(Si_6O_{18})(BO_3)_3(OH,F)$,属于三方晶系的硅酸盐矿物,其晶体呈柱状,常见单形有三方柱、六方柱、三方单锥,有纵纹,横截面呈球面三角形,见图5-2-1。

5.2.2.1 光学性质

图 5-2-1 电气石(引自:GIA)

① 颜色 电气石的颜色随成分而异,富含Fe的呈深蓝、暗褐或黑色;富含Cr的呈绿色;富含Mg的呈黄色或黄褐色;富含Li、Mn的呈玫

瑰红色。有的电气石外面为绿色，里面为红或黄色，或者一头红一头绿。作为宝石用碧玺的颜色主要有三个系列。

红色系列：红、紫红、玫瑰红、粉红色。

蓝色系列：蓝、紫蓝色。

绿色系列：蓝绿、黄绿、绿色。

② 光泽和透明度　玻璃光泽，透明至半透明。

③ 光性与多色性　碧玺为非均质体，一轴晶，负光性。碧玺具有明显的二色性，褐色及绿色碧玺肉眼可见，其多色性的颜色与体色和颜色的深浅程度相关。

④ 折射率和色散　折射率为1.624~1.644，双折射率为0.22；具有较低的色散，其值为0.017。

⑤ 发光性　碧玺在紫外荧光灯下一般为荧光惰性，但浅粉红色碧玺在长、短波下可能会呈现弱红至紫色的荧光。

⑥ 吸收光谱　红色和粉红色碧玺在绿光区可见1个宽的吸收带，有时可见525nm窄带，451nm、458nm吸收线。蓝色和绿碧玺在红区普遍吸收，具有498nm强吸收带。

⑦ 特殊光学效应　碧玺中可见猫眼效应和变色效应（稀少）。市场上常见红色、蓝色、绿色的碧玺猫眼。

5.2.2.2　放大检查

含有较多的气液包裹体，并且包裹体的气液比较大，即包裹体中气泡所占的比例较大，这些包裹体多单独出现，或交织成松散的网状；还可见到长管状、纤维状包裹体分布；此外还可见磷灰石、云母、黄铁矿、锆石、电气石等晶体包裹体。

5.2.2.3　力学性质与密度

电气石无解理，表现为垂直光轴c轴的波状裂隙；可见贝壳状或不平坦状断口，莫氏硬度为7~7.5，密度为3.04~3.20g/cm^3，随Fe、Mn含量的增加而加大。

5.2.2.4　其他性质

电气石的熔点在1050~1725℃之间，因品种而异。其热稳定性相对较低。碧玺的抗HF性比绿柱石、硼铝镁石等稍低。其他酸对碧玺不起作用。同时碧玺具有热电性和压电性。

5.2.2.5　主要鉴定特征

电气石为岛状硅酸盐类宝石矿物，颜色种类最多，多呈柱状，晶体横断面呈球面三角形，晶面有纵条纹。

5.2.3　电气石族宝石矿物的分类

电气石类宝石根据颜色和特殊光学效应分为以下品种。

① 红碧玺　指粉红至红色碧玺的统称，其中深粉至浅粉色者称"双桃红"，带深紫色的紫红色者称"紫水"。

② 绿色碧玺　指深浅不同的绿色及黄绿色、蓝绿及褐绿色。

③ 蓝色碧玺　指主要是蓝色调，包括向绿蓝、紫蓝色过渡及过渡到蓝黑色者。包括市场上昂贵的亮蓝色至绿蓝色的帕拉伊巴碧玺。

④ 黄、橙色碧玺　属于 Mg 电气石，较少见，纯黄、金黄、橙黄色者更少见。

⑤ 黑色碧玺　指半透明至不透明的黑色者，其中半透明的黑色碧玺可见蓝色调。

⑥ 多色碧玺　又称杂色碧玺、双色碧玺、西瓜碧玺（图 5-2-2），颜色分带。

⑦ 碧玺猫眼　指具有猫眼效应的碧玺，一般眼线较粗，见图 5-2-3。

图 5-2-2　多色碧玺　　　　　图 5-2-3　碧玺猫眼

5.2.4　电气石（碧玺）的鉴别

5.2.4.1　与相似宝石的鉴别

碧玺属中档宝石，仿制品极少，假冒者只有玻璃制品，玻璃为均质体，易与碧玺区分。与红色碧玺相似的宝石有红色尖晶石、锂辉石、托帕石、红色绿柱石等；与绿色碧玺相似的宝石有透辉石、祖母绿及绿色绿柱石；与蓝色碧玺相似的宝石有蓝色尖晶石。碧玺与上述宝石的区别如下。第一，碧玺的二色性明显，从宝石的不同方向观察，可看到不同的颜色。第二，碧玺的双折射率大，用放大镜观察棱角处有明显的双影。第三，碧玺的气液包裹体较多，气液比较高，气泡可占包裹体总体积的1/3。第四，碧玺具有静电和热电效应：用绸布摩擦，可使碧玺一端带正电，另一端带负电，如在碧玺的一端加热，另一端也会产生静电；带有静电的碧玺可以吸引纸屑、灰尘等。表 5-2-1 是红色碧玺与相似宝石的鉴别特征表。

表 5-2-1　红色碧玺与相似宝石的鉴别特征

宝石名称	折射率	双折射率	光性	密度/(g/cm³)	硬度	多色性
红色碧玺	1.620～1.644	0.018	一轴晶，负	3.06	7	明显的二色性
红色尖晶石	1.718	0	均质体	3.60	8	无
红色锂辉石	1.660～1.676	0.016	二轴晶，正	3.29	5.5～6	明显的三色性
红色托帕石	1.619～1.627	0.010	二轴晶，正	3.53	8	弱-明显的三色性
红色绿柱石	1.577～1.583	0.008	一轴晶，负	2.72	7～7.5	明显的二色性

5.2.4.2　优化处理碧玺的鉴别

为改善碧玺的外观，可使用热处理、辐照、覆膜、充填等方法对其进行优化处理，市面上较为常见的是充填处理碧玺。

由于碧玺裂隙发育，因此对裂纹较多的碧玺进行树脂或铅玻璃充填，既可以提升外观，也可以保证高成品率。这种碧玺的鉴别特征如下。

① 放大检查充填处理碧玺，可见充填处光泽与主体宝石存在差异。

② 充填材料与碧玺之间存在气泡。

③ 树脂材料充填的碧玺，由于充填物硬度低，钢针触及可划入，且在紫外荧光灯照射下可见充填物发出的荧光。

④ 红外光谱检测存在树脂吸收峰。

⑤ 铅玻璃充填的碧玺通过 X 射线荧光光谱测试可见 Pb 特征峰。

5.2.5 电气石的质量评价

碧玺的质量主要从颜色、透明度、净度、切工、重量和特殊光学效应几个方面进行评价。

（1）颜色

颜色是决定碧玺品质的首要因素，以色泽明亮、纯正为佳。红色碧玺中玫瑰红、紫红色的价格很昂贵，粉红色的价值次之；绿色碧玺以祖母绿色最好，黄绿色次之；纯蓝色和蓝绿色的帕拉伊巴碧玺因少见而具有很高的价值，其价格比其他颜色的碧玺都要高。通常好的红色碧玺的价格比相同大小的绿色碧玺高 2/3。

（2）透明度和净度

要求内部瑕疵尽量少，晶莹无瑕的碧玺价格最高，含有许多裂隙和气液包裹体的碧玺通常用作玉雕材料。

（3）切工

碧玺的切磨加工常常需要考虑其多色性，即颜色较深者应使宝石台面平行于晶体光轴方向，而颜色较浅者应使台面垂直于光轴方向。

（4）重量

市场上碧玺的重量变化较大，刻面宝石可从零点几克拉变化到 10 克拉，同等条件下，颗粒大者为上品。

（5）特殊光学效应

碧玺猫眼的眼线长较宽、散，其价值一般不及同样体色的透明刻面碧玺。此外，变色碧玺较为罕见，属贵重收藏品。

5.2.6 电气石的成因与产地

碧玺的主要成因类型是花岗伟晶岩型及砂矿型。通常产在花岗伟晶岩及钠长石锂云母云英岩中，但具有宝石价值的电气石多产在强烈钠长石化和锂云母化的微斜长石-钠长石伟晶岩的核部，与碧玺共生的宝石矿物有水晶、托帕石、绿柱石、锂辉石、磷灰石和锂磷铝石等。我国及世界上许多国家，如巴西、斯里兰卡、缅甸、苏联、坦桑尼亚、意大利、肯尼亚、美国等，都产碧玺。其中，巴西是世界上彩色碧玺最重要的产地之一，出产各种颜色的碧玺，也有"西瓜碧玺"、碧玺猫眼和帕拉伊巴碧玺；美国是世界优质碧玺的产地之一，主要产红碧玺和绿碧玺；阿富汗主要出产薄荷绿色的碧玺；纳米比亚出产祖母绿色碧玺、"西瓜碧玺"和桃红、紫红色碧玺；中国的主要产地有新疆、内蒙古和云南，其中以新疆阿勒泰地区为最佳。

5.2.7 电气石族矿物材料的应用及发展趋势

碧玺不仅具有丰富的颜色、较高的硬度，而且具有热电性和压电性，因此在宝石学、电子、化工及环保等领域都有着广泛的用途。

① 压电性较好的晶体可用于无线电工业中的波长调整器、偏光仪中的偏光片，或作为测定空气和水冲压用的压电计。

② 细粒电气石可作研磨材料。利用电气石超细粉的热释电性，可制备保健涂料、声电材料、保健制品等，用于净化空气和人体保健，如电气石人造纤维及具有优异保健性能的织物等，具有一定的电磁屏蔽性能。

③ 利用电气石的自发电极性可净化工业废水，改善饮用水水质，如用于吸附重金属离子，调节水体的 pH 值等。

④ 利用电气石极性晶体的天然电场、远红外辐射及负离子性能，制备电气石-PE 塑料复合薄膜，用于种子发芽、水果保鲜、活化水体性能等用途。

综上所述，无论是用作宝石材料还是其他材料，电气石的前景都非常乐观。

思考题

1. 简述电气石的物理化学性质。
2. 简述碧玺的鉴定特征。
3. 简述充填处理碧玺的鉴定特征。
4. 案例分析

碧玺因其颜色极其丰富，被誉为"落入人间的彩虹"。一直以来也以美丽的外形和多种吉祥的寓意为广大女性所喜爱，名气仅次于红蓝绿宝，在珠宝收藏投资市场中占据重要的位置。然而，从 2020 年开始，疯涨 6 年的碧玺，部分价格却呈现离奇的"大降温"，甚至最高暴跌达到 70%，真变"地摊货"了。

请结合材料信息和社会环境分析碧玺价格暴跌的原因，谈谈该事件带给我们的启示。

5.3 石榴子石（garnet）族

5.3.1 概述

石榴子石，作为一个矿物族的总称，因其晶体与石榴籽的形状、颜色十分相似，故得此名。在珠宝商贸中，常将石榴子石称为"石榴石"。石榴石由于种类丰富、颜色多样、晶体美观、硬度较高，价格适中，已成为人们最为喜爱的宝石品种之一。石榴石除了作为宝石被赋予的文化内涵之外，在研究记录岩石温度变化，寻找矿物等方面也具有重要的指示意义。

石榴石的英文名称为 garnet，源自拉丁语 granatum，意思是粒状、像种子一样。相传，石榴树来自安息国，史称"安息榴"，简称"息榴"，并转音为"石榴"。在我国珠宝界，石榴石的工艺名"紫牙乌"。"雅姑"源自阿拉伯语 yakut（红宝石），又因石榴石常呈紫红色，故名紫牙乌。

数千年来，石榴石被认为是信仰、坚贞和纯朴的象征。人们愿意拥有、佩戴并崇拜它，不仅是因为它的美学装饰价值，更重要的是人们相信石榴石具有一种不可思议的神奇力量，使人逢凶化吉、遇难成祥，可以永葆荣誉地位，并具有重要的纪念意义。如今，石榴石作为一月诞生石，象征着忠实、友爱和贞洁。石榴石也为结婚 18 年纪念宝石，故结婚 18 年，称为石榴石婚。在中东，紫牙乌被选作王室信物。

5.3.2 石榴石的物理化学特征

石榴石属于岛状硅酸盐，是一个复杂的矿物族，其化学式可用 $A_3B_2(SiO_4)_3$ 来表示，其中 A 为 Ca、Mg、Fe、Mn 等；B 为 Al、Fe、Ti、Cr 等。石榴石属于等轴晶系矿物，晶体常呈菱形十二面体和四角三八面体（图 5-3-1），还可见六、八面体及其聚形，晶面可见生长纹。

图 5-3-1 石榴石

5.3.2.1 光学性质

① 颜色 石榴石类质同象替代广泛，颜色丰富，几乎各种颜色均有，总体可划分为红色系列（粉红、红、紫红、橙红、褐红色）、黄色系列（黄色、橘黄、褐黄色）和绿色系列（浅绿-翠绿、橄榄绿、黄绿、深绿色）三大类。

② 光泽和透明度 玻璃光泽至亚金刚光泽；透明至不透明。

③ 光性与多色性 石榴石为光性均质体，正交偏光下全消光，部分可见异常消光，无多色性。

④ 折射率和色散 随成分变化略有不同，铝质系列折射率在 1.710~1.830 之间，钙质则在 1.734~1.940 之间。各品种具体折射率值和色散值等物理参数见表 5-3-1。

表 5-3-1 各种石榴石的物理参数一览表

名称		化学成分	折射率	相对密度	色散	硬度
铝质系列	镁铝榴石	$Mg_3Al_2(SiO_4)_3$	1.74~1.76	3.7~3.8	0.022	7.25
	铁铝榴石	$Fe_3Al_2(SiO_4)_3$	1.76~1.82	3.8~4.2	0.024	7.5
	锰铝榴石	$Mn_3Al_2(SiO_4)_3$	1.80~1.82	4.16	0.027	7
钙质系列	钙铝榴石	$Ca_3Al_2(SiO_4)_3$	1.74~1.75	3.6~3.7	0.028	7.25
	钙铬榴石	$Ca_3Cr_2(SiO_4)_3$	1.87	3.77		7.5
	钙铁榴石	$Ca_3Fe_2(SiO_4)_3$	1.89	3.85	0.057	6.5

⑤ 发光性 石榴石因含铁，在紫外荧光灯下一般为惰性，但有些近于无色、浅黄色、浅绿色钙铝榴石可呈弱橙黄色荧光。

⑥ 吸收光谱 不同品种的石榴石由于致色元素不同，吸收光谱差别较大。

⑦ 特殊光学效应 可见变色效应、星光效应。星光效应可呈四射星光和六射星光。

5.3.2.2 放大检查

不同品种的石榴石包裹体特征不同，如铁铝榴石中包裹体较丰富，通常可见大量的晶体和三组金红石针分布于宝石中，如图5-3-2所示。锰铝榴石中含有大量的面纱状愈合裂隙，常被描述为花边状包裹体。铁钙铝榴石中常含大量的浑圆状无色透明晶体包裹体，常被描述为糖浆状构造。翠榴石中含有典型的马尾丝状包裹体（图5-3-3）。

图 5-3-2 铁铝榴石中的金红石针包裹体　　图 5-3-3 翠榴石中的马尾丝状包裹体
（引自：GUILD）

5.3.2.3 力学性质与密度

石榴石的解理不发育，常有平行菱形十二面体方向的多组裂开，具有贝壳状断口；莫氏硬度一般为7～8，相对密度一般为3.50～4.30，各品种的硬度和相对密度值见表5-3-1。

5.3.2.4 其他性质

石榴石熔点大于800℃，但热敏性强，切磨时，温度梯度过大也会导致石榴石破裂。除钙铁榴石与热浓盐酸或王水有微弱反应以及水钙铝榴石与HCl有反应外，其他石榴石只与HF有微弱作用。

5.3.2.5 主要鉴定特征

石榴石为岛状硅酸盐类宝石矿物，等轴晶系，均质体，晶体形态多呈菱形十二面体，颜色丰富多样。

5.3.3 石榴石的分类

石榴石类质同象替代广泛，常见的石榴石因其化学成分而被确认的有六种，分别为铁铝榴石（almandine）、镁铝榴石（pyrope）、锰铝榴石（spessartite）、钙铁榴石（andradite）、钙铝榴石（grossular）及钙铬榴石（uvarovite）。

（1）铁铝榴石（贵榴石/深红榴石）

其化学式为$Fe_3Al_2(SiO_4)_3$，其中Fe可被Mg、Mn等取代。宝石级铁铝榴石多呈带褐色调的暗红色、黑红色，亦称"贵榴石"或"深红榴石"，其颜色是铁铝榴石的特点之一。由于光泽较强，硬度大，常用作拼合石的顶层，铁铝榴石是珠宝市场最常见的石榴石品种。折射率为1.760～1.820；相对密度约为4.05；具有Fe^{2+}的特征吸收光谱，573nm、520nm及504nm处有强吸收带。在铁铝榴石中，常含有大量的针状金红石包裹体，包裹体多平行于石榴石菱形十二面体的晶棱排列，分散分布。铁铝榴石一个独特的变种，含有相当多的似针状包裹体，切割成腰圆形戒面时，可显星光效应，可以有4射星光，也可以有6射，甚至12射星光。

（2）镁铝榴石（红榴石/紫牙乌）

化学式为$Mg_3Al_2(SiO_4)_3$，其中含有少量的Fe、Mn替代Mg。镁铝榴石的颜色以紫红色-橙色色调为主，宝石级镁铝榴石颜色艳丽，呈红色、玫瑰红色，亦称之为"红榴石"或"火红榴石"。紫牙乌主要指红色的镁铝榴石。镁铝榴石一般为中档宝石。折射率为1.714～1.742；相对密度约为3.78；具有564nm宽吸收带，505nm吸收线，含铁的镁铝榴石可有445nm和440nm吸收线，优质的镁铝榴石可有Cr吸收线，表现为685nm和687nm吸收线及670nm和650nm吸收带。镁铝榴石中有针状金红石包裹体，平行于菱形十二面体的晶棱排列，密集分布时，也具有星光效应。

（3）锰铝榴石（芬达石）

化学式为$Mn_3Al_2(SiO_4)_3$，其中Mn^{2+}可被Fe^{2+}取代，Al^{3+}可被Fe^{3+}取代。颜色为黄色至橙红，其中橙红色最漂亮，市场上称为"芬达石"，价值较高，成分纯时为黄色至淡橙黄色，含铁时为褐红色色调。折射率为1.790～1.824；相对密度为4.1～4.2；锰铝榴石特征吸收为430nm、420nm和410nm三条吸收线和460nm、480nm和520nm吸收带，有时可有504nm、573nm吸收线。锰铝榴石在查尔斯滤色镜下呈红色，其特殊鉴定标志为内部一定有束状及放射状石棉纤维包裹体，优质的锰铝榴石较罕见。

（4）钙铁榴石（翠榴石）

化学式为$Ca_3Fe_2(SiO_4)_3$，其中Ca^{2+}常被Mn^{2+}和Mg^{2+}取代，Fe^{3+}可被Al^{3+}取代，当部分Fe^{3+}被Cr^{3+}取代时为珍贵的翠榴石，滤色镜下变红。钙铁榴石相对密度为3.81～3.87；折射率为1.855～1.895。又有较高的色散（0.057，高于钻石）。因此，成品翠榴石颜色艳丽、光亮耀眼。俄罗斯乌拉尔山脉为优质翠榴石的产出地，被称为"俄罗斯祖母绿"，其含有典型的"马尾丝状"（纤维状石棉）包裹体。

（5）钙铝榴石

化学式为$Ca_3Al_2(SiO_4)_3$，其中Al^{3+}和Fe^{3+}可以形成完全类质同象替代。钙铝榴石的颜色多样，主要有绿色、黄绿色、黄色、褐色、白色等。相对密度为3.57～3.73；折射率为1.730～1.760。钙铝榴石根据化学成分差异，有铁钙铝榴石（也称桂榴石）、铬钒钙铝榴石（商贸名称"沙弗莱"石）、水钙铝榴石三个变种。沙弗莱石是丰富多彩的石榴石家族中钙铝榴石的一员。因含有微量的铬和钒元素而呈现娇艳翠绿色，使人赏心悦目，可与祖母绿媲美，因其色彩通透，被誉为"宝石中的圣女"。沙弗莱石因稀少色美而显得珍贵异常，已逐步进入高级珠宝行列。

（6）钙铬榴石

化学式为 $Ca_3Cr_2(SiO_4)_3$，其中 Cr^{3+} 通常被少量 Fe^{3+} 置换，是一种与翠榴石相似的品种，钙铬榴石的颜色为鲜艳绿色、蓝绿色，常被称为祖母绿色石榴石，钙铬榴石相当漂亮，但是太稀少了，不能成为重要宝石。由于其颗粒也很小，难以琢磨，很少用作宝石，一般以晶簇标本为主用于观赏和收藏。相对密度为 3.72~3.78；折射率为 1.82~1.88。

5.3.4 石榴子石族宝石矿物的鉴别

5.3.4.1 与相似宝石的鉴别

石榴石颜色变化很大，根据其常见颜色可分为红色系列、黄色系列和绿色系列。

（1）红色系列石榴石与相似宝石的鉴别

与红色石榴石相似的宝石有红色尖晶石、红色碧玺、红宝石、红色锆石等。可以根据折射率、包裹体、光性和特征的吸收光谱将它们区分开来，具体鉴别特征见表5-3-2。

表 5-3-2　红色石榴石与相似宝石的鉴别特征

宝石名称	折射率	双折射率	光性	光谱特征	包裹体
铁铝榴石	1.760~1.820	0	均质体	铁谱	针状或浑圆状晶体包裹体
镁铝榴石	1.740	0	均质体	铁谱	晶体包裹体
红色尖晶石	1.718	0	均质体	铬谱	八面体负晶
红色碧玺	1.624~1.644	0.020	一轴晶，负	无	气液包裹体
红宝石	1.762~1.770	0.008~0.010	一轴晶，负	铬谱	金红石针、指纹状包裹体
红色锆石	1.810	0.059	一轴晶，正	653.5nm 吸收线	后刻面棱线重影

（2）黄色系列石榴石与相似宝石的鉴别

黄色系列的石榴石主要有锰铝榴石，常呈黄色、橙黄色、褐黄色等，相似的黄色宝石主要有锆石、托帕石、蓝宝石和楣石等，这些宝石与石榴石最大的差异是光性特征不同，石榴石为光性均质体，而其他宝石均为非均质体。此外，也可根据折射率、光性、包裹体特征及典型吸收光谱进行区别。具体鉴别特征见表5-3-3。

表 5-3-3　黄色石榴石与相似宝石的鉴别特征

宝石名称	折射率	双折射率	光性	光谱特征	包裹体
锰铝榴石	>1.81	0	均质体	410~430nm 吸收线	内部一定有束状及放射状石棉纤维包裹体
锆石	>1.81	0.059	一轴晶，正	653.5nm 吸收线	后刻面棱线重影
托帕石	1.619~1.627	0.008~0.010	二轴晶，正	无	两种不混溶包裹体
蓝宝石	1.762~1.770	0.008~0.010	一轴晶，负	铬谱	金红石针、指纹状包裹体，色带
楣石	>1.81	0.100~0.135	二轴晶，正	580nm 双吸收线	后刻面棱线重影、晶体包裹体、指纹状包裹体

（3）绿色系列石榴石与相似宝石的鉴别

绿色系列的石榴石主要有钙铝榴石、钙铁榴石（翠榴石）和钙铬榴石，常见颜色包括翠绿、橄榄绿、黄绿色等。与之相似的宝石有绿色锆石、铬透辉石、祖母绿、绿色碧玺、橄榄石等，具体鉴别特征见表5-3-4。

表 5-3-4　绿色石榴石与相似宝石的鉴别特征

宝石名称	折射率	双折射率	光性	光谱特征	包裹体
钙铝榴石	1.74	0	均质体	410～430nm 吸收线	短柱状包裹体、浑圆状包裹体、气液包裹体
钙铁榴石（翠榴石）	1.888	0	均质体	铬谱	马尾丝状包裹体
钙铬榴石	1.619～1.627	0.008～0.010	均质体	无	两种不混溶包裹体
绿色锆石	>1.81	0.059	一轴晶，正	653.5nm 吸收线	后刻面棱线重影
铬透辉石	1.675～1.701	0.024～0.030	二轴晶，正	铬谱	后刻面棱线重影、气液包裹体
祖母绿	1.577～1.583	0.005～0.009	一轴晶，负	铬谱	气液包裹体
绿色碧玺	1.624～1.644	0.020	一轴晶，负	无	气液包裹体
橄榄石	1.654～1.690	0.036	二轴晶，可正可负	铁谱	圆盘状气液包裹体

此外，水钙铝榴石的集合体与翡翠很相似，具体鉴别特征为：水钙铝榴石的折射率一般为1.72，相对密度为3.47，红区无特征吸收线，在查尔斯滤色镜下呈红色，而翡翠的折射率值常为1.66，相对密度在3.34左右，在红区可见由Cr引起的690nm、660nm和630nm的三条特征吸收线，在查尔斯滤色镜下不变红。放大检查，水钙铝榴石为粒状结构，而翡翠一般为纤维交织结构。

5.3.4.2 拼合石榴石的鉴别

石榴石拼合石通常为二层石，将红色石榴石（一般用铁铝榴石）和有色玻璃黏合在一起再磨制成刻面，从台面看具有很好的光泽和颜色。这种拼合石的鉴别特征如下。

① 侧视拼合石，上下光泽、颜色有差异，上下部分的折射率、包裹体特征、荧光现象亦有不同。

② 放大检查可找到黏合层以及黏合层面上可能有气泡。

③ 拼合石具有红环效应。将拼合石台面向下置于白色背景上，在合适的光照条件下，可见一红色圈环绕宝石腰部，即"红环效应"。

5.3.5 石榴石的质量评价

评价石榴石通常以其颜色、透明度、切工、净度和重量等方面为依据，颜色浓艳、纯正，内部洁净、透明度高、颗粒大者具有较高的价值。

（1）颜色

颜色要求纯正、美丽。品种不同，颜色不同，价值亦大不相同。翠绿色的翠榴石在国际宝石市场上非常受欢迎，纯净无瑕、颜色鲜艳、晶莹剔透的翠榴石价值很高。翠绿色铬钒钙铝榴石（沙弗莱）价值很高，质优者可与祖母绿相比。红色、橙红色石榴石也很珍贵，橙色的锰铝榴石（也称为橘榴石）最近几年价格上涨较快。而褐红、暗红色的铁铝榴石价值较低。

（2）透明度和切工

质优者要透明洁净。石榴石一般可切割成刻面型和弧面型宝石。刻面型宝石的冠部主面角和亭部主面角都是40°，半透明或色深者常加工为凹弧形以增加透明度。同时对不透明至半透明品种要检查内部包裹体排列情况，看是否可加工为弧面型而呈现出星光效应。

（3）净度

要无裂纹、瑕疵，尤其是大量的暗红色铁铝榴石。晶体完整者要注意内部是否有分带结构或夹有黑色不透明团块状包裹体。目前国内优质石榴石多为不规则粒状。

（4）重量

原料块度越大越好，形状以浑圆状为佳，这样可以提高加工成品率。对翠榴石、绿色钙铝榴石等高档品种，其价格随重量增加而成倍增长，一般0.5 ct以上就很有价值；而其他品种的成品其价格随重量不同变化不大，主要是依据制作首饰时所需的款式和大小要求而定。但少数罕见的巨大的晶体或成品可视为珍品。

5.3.6 石榴子石族矿物的成因与产地

石榴子石族矿物在地壳中产出普遍，可产于区域变质岩、接触变质带中，也可作为幔源包裹体产于各种超基性岩中。不同品种的宝石级石榴石产出特点略有差异。

（1）铁铝榴石

铁铝榴石主要产于区域变质的片岩、角闪岩、片麻岩、榴辉岩、麻粒岩及其砂矿中，属于中级至高级变质相的产物。铁铝榴石分布广，世界各地均有产出，以印度、斯里兰卡、巴西、马达加斯加等地为代表。

（2）镁铝榴石

镁铝榴石主要产于金伯利岩及其地幔岩（橄榄岩、榴辉岩）包体和玄武岩中。镁铝榴石的冲积砂矿可具有工业价值。镁铝榴石主要产于缅甸、南非、马达加斯加、坦桑尼亚以及中国。

（3）锰铝榴石

锰铝榴石主要产于伟晶岩、花岗岩及锰矿床的围岩内，伟晶岩型的锰铝榴石通常晶体较大，最大者达100ct以上。锰铝榴石最早发现于德国巴伐利亚州，最著名的产地是亚美尼亚的卢瑟福（Rutherford）矿区以及美国弗吉尼亚州。其他产地有巴西、马达加斯加、斯里兰卡、缅甸、美国等，我国主要产地为福建和广东等。

（4）钙铝榴石

钙铝榴石主要见于中-酸性岩浆岩与泥质灰岩的接触带内，属于接触交代型（矽卡岩型）的产物，此外在冲积砂矿中也可见。产地有巴西、加拿大、肯尼亚、坦桑尼亚、巴基斯坦、南非、新西兰、美国、斯里兰卡等。水钙铝榴石是钙铝榴石的交代产物，主要产于接触变质岩中，绿色及红色水钙铝榴石的主要产地有南非、加拿大、美国、中国等。此外，缅甸和我国也是无色水钙铝榴石的重要产地。

（5）钙铁榴石

钙铁榴石是接触交代变质产物，其中翠榴石产于蛇纹岩中，是超基性岩类经强烈自变质交代作用的产物。俄罗斯乌拉尔山脉为优质翠榴石的产出地，被称为"俄罗斯祖母绿"，其他还有意大利、纳米比亚、朝鲜、赞比亚等地。

（6）钙铬榴石

钙铬榴石产于有钙和铬存在的变质环境中，最著名的产地为芬兰奥托孔普，其他产地还有挪威、俄罗斯、南非、加拿大等。

5.3.7 石榴子石族矿物的应用及发展趋势

石榴石主要用于磨料、水质滤料、建筑材料等。

① 磨料　高等级石榴石可用作研磨和抛光玻璃、陶瓷等材料，同时也可作为敷涂料制成砂纸、纱布等，主要用于抛光金属、木材和塑料。低等级石榴石可以用于钢结构、船体、桥梁等的喷砂除锈；石榴石加工后的微细粒磨粉，特别适宜用于对电子工业的半导体、荧光屏，光学工业的镜头、镜片的研磨。同时也是喷砂抛光、制磨纸浆砂轮和高精度砂轮、砂布的理想材料；另外对于印刷版、玻璃制品、皮革、骨料、石料、塑料、电镀层的加工均有良好的效果。

② 水质滤料　优质石榴石可以做成钟表、精密仪器的宝石轴承，石榴石还可作为砂层型过滤材料，用于工业过滤系统和游泳池，起消除污染、净化水质作用。

③ 建筑材料　石榴石广泛用于建筑行业领域，高档真石漆、外墙装饰、室内装修，气质高贵典雅，是理想的新型非金属耐磨骨料。

近年来，我国石榴石生产及消费水平逐渐上升，但是就目前国内情况而言，石榴石产品种类较少，除高级松散磨料外，砂吹和过滤介质尚未形成定形的系列产品，在敷涂磨料和磨具系列产品中，几乎为人造磨料所占领，因而石榴石磨料产品需要以价廉而质优及能源消耗少的特点去拓宽市场，促进消费。随着各项经济建设的蓬勃发展，磨料需求必然增长，因而在目前改革开放的大好形势下，利用石榴石优势资源，从事开发石榴石磨料生产有着美好的前景。

思考题

1. 简述石榴石的物理化学性质。
2. 简述石榴石的种类及其鉴别特征。
3. 案例分析

河南姐姐讲述了一个她真实的经历，大概10年前，拿着价值50块钱的石榴石去鉴定，结果却拿回来一条价值10万的翡翠珠链，两口子在家纠结了半小时，是留下这笔横财，还是把货还回去,最终理智战胜了贪婪,把货还回去。结果到鉴定中心后,看到一个缅甸籍男子坐在鉴定中心门口的台阶上哭泣,还在和鉴定中心的工作人员哭诉,拿来的是一条价值17万的翡翠珠链,可现在却是一条石榴石,但是鉴定中心的工作人员却不承认搞错了,因为内部也没有摄像头监控设施,没有证据表明缅甸籍男子来鉴定的是什么。最后河南姐姐和她老公到鉴定中心找到老板,把事情原委说清楚,把翡翠珠链原封不动地还给缅籍男子,缅籍男子出于感谢,拿了1000元钱给了河南姐姐作为酬谢,而鉴定中心的老板也拿了2000元钱表示歉意和感谢,就这样把这场意外化解。

请结合材料信息分析,价值50元钱的石榴石手链属于哪种石榴石?河南姐姐及其爱人以及鉴定工作人员对这件事的处理,给予我们什么样的启示?

5.4 黄玉(topaz)族

5.4.1 概述

黄玉的宝石学名称为托帕石,英文名为topaz。托帕石不仅有着秋天迷人的美丽色彩,而且还是一种有着多种颜色的中档宝石,诸如雪梨般鲜艳的橙黄色、高贵的紫罗兰色、火焰一般的红色、爽朗的蓝色、雅致的淡绿,甚至水珠般的无色等。因其晶体大、硬度高、耐磨性好、价格便宜,深受人们的喜爱。托帕石作为中低端宝石具有较好的市场发展前景。

托帕石的历史充满了神秘色彩,一种说法是它起源于希腊语"托帕桑斯"(topazos),源于红海扎巴贾德岛,该岛又称"托帕焦斯"(译音),意为"难寻找"。这个岛因为常被大雾笼罩,不易被发现而得名;另一种说法即来源于梵语中的托帕斯,意为"火"。

世界上名贵的托帕石很多,产自巴西,272.16kg 的托帕石晶体,晶形完美,现陈列于美国自然历史博物馆,为世界之最。世界上最大的托帕石成品"巴西公主"呈浅黄色,达21327ct,磨有221个刻面,价值约107万美元。因为托帕石的透明度很高,又很坚硬,所以反光效应很好,加之颜色艳丽,深受人们的喜爱。黄色象征着和平与友谊,所以国际上许多国家定义托帕石为十一月诞生石,是友情、友谊和友爱的象征。

5.4.2 黄玉的物理化学特征

黄玉为典型的岛状硅酸盐类宝石矿物,其化学式为 $Al_2SiO_4(F,OH)_2$,属于斜方晶系矿物,晶体常呈柱状(图5-4-1)或粒状,柱面上常有平行于 c 轴的纵纹,可作为加工定向的标志。

5.4.2.1 光学性质

① 颜色 颜色丰富,有无色、蓝色、粉色、紫色、红色、黄色、橙色、绿色及白、灰等多种颜色。

② 光泽和透明度 玻璃光泽,透明至半透明。

③ 光性与多色性 黄玉为非均质体,二轴晶,正光性。托

图5-4-1 黄玉晶体

帕石的多色性为弱至中等，依体色不同而不同，表现为一种色彩的深浅变化，美丽的颜色常在 c 轴方向上。

④ 折射率和色散　折射率为 1.619～1.627，粉色和黄色稍高，双折射率为 0.008～0.010。具有较低的色散，其值为 0.014。

⑤ 发光性　托帕石的发光性一般较弱，长波下可显橙黄色（酒黄、褐和紫色者）或弱的黄绿色（蓝和无色）荧光，短波下更弱。含铬的雪莉托帕石在长波下有橙色荧光。

⑥ 吸收光谱　黄玉无特征吸收光谱，含痕量铬者或经热处理改色的粉红色者在 682nm 处有弱吸收。

⑦ 特殊光学效应　有时可见猫眼效应（稀少）。

5.4.2.2　放大检查

常见面网状分布的细薄气液包裹体（图 5-4-2）、管状包裹体（图 5-4-3），还可见云母、钠长石（板状）、电气石、磷灰石、赤铁矿等固相包裹体。

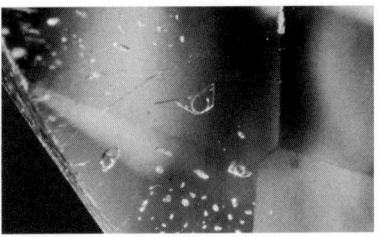
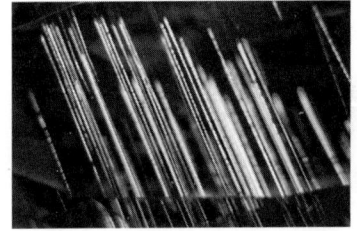

图 5-4-2　托帕石中的气液包裹体　　　图 5-4-3　托帕石中的管状包裹体

5.4.2.3　力学性质与密度

黄玉有一组平行于底面的 {001} 中等到完全的解理，贝壳状断口，解理面发育处兼有阶梯状断口；莫氏硬度一般为 8，密度为 3.53～3.56g/cm³，与钻石的密度相近。

5.4.2.4　其他性质

与任何酸短期内无反应，可用 HF 酸清洗，长期浸泡，可部分溶于硫酸。热稳定性较低。

5.4.2.5　主要鉴定特征

黄玉的颜色多呈黄色、蓝色，极少呈绿色，常呈柱状晶形，有一组垂直柱面的完全解理，晶体柱面有纵纹。

5.4.3　黄玉的分类

商贸上宝石级黄玉按照颜色划分为如下品种。

（1）黄色托帕石

黄色托帕石多指黄色、金黄色、红橙色的托帕石。棕色-黄棕色托帕石因为外观颜色很像西班牙产的一种呈浅黄或深褐色的葡萄酒，因此，也有人用"雪莉酒"来形容其颜色。其中最昂贵的是橙黄色托帕石，称"帝王黄玉"。罕见的"天鹅绒般"色调柔和的褐色至黄褐色以及橙色、橙红色托帕石也备受青睐。

（2）蓝色托帕石

蓝色托帕石包括不同深浅色调的蓝色。商业上将改色的托帕石划分为"美国蓝"（鲜亮的艳蓝色）、"伦敦蓝"（亮的深蓝色）和"瑞士蓝"（淡雅的浅蓝色）等。

（3）粉红色托帕石

粉红色托帕石指粉、浅红色至浅紫红色或紫罗兰色托帕石。市场上的粉红色托帕石主要是黄色、褐色托帕石经辐照与加热处理而成，也有由无色托帕石处理而成，但多带褐色调。

（4）无色托帕石

无色托帕石是无色透明的托帕石。现在是改色托帕石的原料，很少直接用作宝石材料。

5.4.4 黄玉的鉴别

5.4.4.1 与相似宝石的鉴别

与托帕石相似的宝石及仿制品主要有水晶、尖晶石、碧玺、绿柱石、合成蓝宝石、玻璃等，可以通过对比其折射率、密度及光性等内容进行区别，具体鉴别依据见表5-4-1。

表5-4-1 托帕石与相似宝石的鉴别

宝石名称	硬度	密度/(g/cm^3)	折射率	光性	二色性	其他特征
托帕石	8	3.53	1.619～1.624	二轴晶，正	明显	不混溶气液包裹体
水晶	7	2.65	1.544～1.553	一轴晶，正	弱	气液包裹体
尖晶石	8	3.60	1.718	均质体	无	八面体负晶
碧玺	7	3.05	1.624～1.644	一轴晶，负	强	扁平状气液包裹体
绿柱石	7.5～8	2.70	1.577～1.583	一轴晶，负	弱	三相包裹体
合成蓝宝石	9	4.00	1.762～1.770	一轴晶，负	明显	弧形生长纹
玻璃	5	2.60	不定	均质体	无	气泡

5.4.4.2 优化处理托帕石的鉴别

托帕石的优化处理主要是加热和辐照，但也有扩散和镀膜。

（1）辐照处理托帕石的鉴别

无色托帕石辐照成深蓝色或褐绿色，再经热处理可产生蓝色；黄色、橙色、褐绿色可经辐照加深颜色或去除杂色，多数无法检测。根据HeenU&BankH研究，天然蓝色托帕石热致发光的峰值有两个，温度分别为250℃和500℃，且前者的发光强度大于后者。辐照处理的蓝色托帕石，其热致发光的峰值大于400℃，并呈单峰的形式。

（2）热处理托帕石的鉴别

天然或辐照致色的褐或橙色托帕石都在加热后变为稳定的粉色或带粉色调。黄、绿或褐色托帕石热处理后变为无色或蓝色，蓝色的处理温度过热后会变为无色。这些颜色在日光下是稳定的。

（3）镀膜处理托帕石的鉴别

镀膜处理是在低温下将氧化物、金属等用物理气相沉淀喷镀到无色托帕石表面。这种处理的托帕石极易鉴别，主要表现是光泽较弱，表面常有不规则的斑点或划痕以及干涉虹彩。

（4）扩散处理托帕石的鉴别

扩散处理托帕石是在高温条件下将Co、Cr等致色元素渗透在无色托帕石的表层使之呈色。其鉴别特征是颜色富集于表层，棱线处颜色集中。

5.4.5 黄玉的质量评价

托帕石的质量主要取决于颜色、净度、切工和重量等因素，价值最高的托帕石是红色和雪莉酒色，其次是蓝色。黄色托帕石在外观上和价格便宜的黄色水晶接近，因此价格不高。无色托帕石的价值最低。另外，在评价托帕石质量时，还应注意它的颜色是天然的，还是人工改色而成的。市场上最多见的是蓝色和粉色的托帕石。不过它们中超过99%是由原石无色或褐色的托帕石，经过辐射和高温转变而成的。托帕石中常含气液包裹体和裂隙，含包裹体多者则价格低。优质的托帕石要求透明度好，无瑕疵、无裂纹，且加工质量好，光泽明亮。虽然托帕石为中档宝石，重量大者较为常见，但和其他宝石一样，越大者越珍贵。

5.4.6 黄玉的成因与产地

黄玉主要产于花岗伟晶岩中，其次产于云英岩和高温气候热液脉及酸性火山岩中的气孔中。砂矿型托帕石矿床是很重要的成因类型。世界上绝大部分托帕石产在巴西半纳斯吉拉斯花岗伟晶岩中。另外，在斯里兰卡、俄罗斯、美国、缅甸、非洲、澳大利亚等地也有所发现。我国云南及广东、内蒙古等地也产托帕石。

5.4.7 黄玉族矿物的应用及发展趋势

黄玉不仅可以用作宝石材料，还可以作为研磨材料，制作精密仪表的轴承等。黄玉作为一种中低端宝石，在市面上能看到的蓝色托帕石多是由无色托帕石经人工辐照而成的，很少会出现雪莉酒色托帕石和帝王托帕石。无色托帕石和人工辐照而成的蓝色托帕石，在市面上量很大，价格不高，一般在35~100元/ct，其价值远低于海蓝宝石。当然有些商家会在这些方面研究一些特色复杂的切工，让宝石更完美，特殊完美的切工会让宝石价值更高，黄玉作为中低端宝石材料具有较好的市场发展前景。

思考题

1. 简述黄玉的物理化学性质。
2. 简述托帕石优化处理的方法及其鉴别特征。
3. 我们都知道辐射对人体有害，那我们佩戴辐照处理的托帕石饰品是否损害我们的身体呢？请结合对立与统一的辩证思想谈谈您的看法。

5.5 橄榄石（peridot）族

5.5.1 概述

橄榄石是近年来才兴起的为人们所喜爱的宝石，其英文名称为 peridot 或 olivine，前者直接源于法文 peridot，后者为矿物学名词。优质橄榄石呈透明的橄榄绿或黄绿色，象征着和平、幸福、安详等美好意愿。橄榄石因其颜色漂亮，价格适中，深受年轻人的喜爱。

在公元前 1000 多年，当时在红海中一个"托帕兹（topaz）"岛上发现了大粒的橄榄石。古埃及人把它看作是代表太阳神的宝石，用金子镶好后挂在身上作为护身符，以消除对黑夜的恐惧。然而，值得注意的是，该岛屿并不出产现代矿物学中的黄玉（亦称托帕石），可由于当时古埃及人对矿物分类的认知局限，把黄玉（托帕石）和橄榄石这两种矿物都称为"托帕兹"。古埃及在公元 1000 多年前就用它做饰物，将其称为"黄祖母绿"，古罗马人认为橄榄石具有太阳一般神奇的力量，可以去除恶，降魔伏妖，给人类带来希望与光明，把它称为"太阳的宝石"，并作护身符。

橄榄石颜色艳丽悦目，为人们所喜爱，给人以心情舒畅和幸福的感觉，故被誉为"幸福之石"。国际上许多国家把橄榄石和缠丝玛瑙一起列为八月诞生石，象征温和聪敏、家庭美满、夫妻和睦。

5.5.2 橄榄石的物理化学特征

橄榄石属于岛状硅酸盐矿物，因其颜色多为橄榄绿色而得名，矿物学中属于橄榄石族，其化学式为 $(Mg,Fe)_2SiO_4$，Mg 和 Fe 可完全类质同象。橄榄石属于斜方晶系的岛状硅酸盐矿物，晶体呈短柱状（图 5-5-1）或厚板状，但晶体常以碎块或滚圆卵石形式出现。

5.5.2.1 光学性质

① 颜色　橄榄石常见中到深的草绿色，部分为绿黄色，少量为绿褐色，甚至褐色。色调主要因含铁量而变化，含铁量越高，颜色越深。橄榄石的致色元素为铁，是自色宝石，颜色较稳定。

图 5-5-1　橄榄石晶体

② 光泽和透明度　玻璃光泽，透明至半透明。

③ 光性与多色性　橄榄石为二轴晶，光轴角很大，$2V=82°\sim134°$，当铁橄榄石分子含量少时为二轴晶正光性，当铁橄榄石分子含量大于12%时变为负光性。橄榄石的多色性一般较弱，呈三色性，黄绿色/绿色/弱黄绿色，多色性随颜色的深浅不同而略有差异。

④ 折射率和色散　折射率为1.654～1.690，其大小随铁含量增加而增大。双折射率为0.036，后刻面棱双影明显。橄榄石色散值为0.020。

⑤ 发光性　橄榄石一般不发光。

⑥ 吸收光谱　橄榄石的颜色由铁（自色）致色，宝石一般显示典型铁的吸收光谱，在蓝光区有三条主要吸收带为493nm、473nm和453nm。

⑦ 特殊光学效应　目前，未发现具有特殊光学效应的橄榄石。

5.5.2.2　放大检查

常含铬铁矿、铬尖晶石，其周围有扁平状应力纹环绕或者是气液包裹体，像水百合花的叶子称为睡莲状或水百合花状包裹体（图5-5-2）。

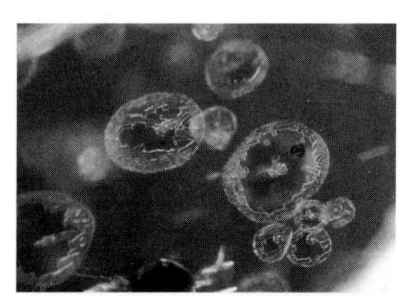

图5-5-2　橄榄石中的睡莲状包裹体

5.5.2.3　力学性质与密度

橄榄石可见不完全解理，性脆而易碎；莫氏硬度为6.5～7，随含铁量的增加而略有增大；密度为3.27～3.48g/cm³，随铁含量增大而增大。

5.5.2.4　其他性质

橄榄石的热敏性高，不均匀或快速加热时易破裂，可迅速与HCl、HF或浓、热的H_2SO_4反应，因此不能用任何酸、碱液清洗。

5.5.2.5　主要鉴定特征

橄榄石为岛状硅酸盐类宝石矿物，非均质体，晶体形态多呈粒状，特殊的橄榄绿色，少量呈红色，常含有特征的水百合花状气液包裹体。

5.5.3　橄榄石的分类

目前按照商业上的品种名称，将橄榄石分为以下两种。

① 橄榄石　指中-深的绿黄色宝石橄榄石。

② 贵橄榄石　指黄绿色及淡黄绿色宝石级橄榄石。

5.5.4　橄榄石的鉴别

5.5.4.1　与相似宝石的鉴别

橄榄石与透辉石、硼铝镁石、金绿宝石、钙铝榴石、绿碧玺、绿锆石等宝石相似，橄榄石因其独特的物理性质而比较容易鉴定。首先是其特征的橄榄绿色（略带黄的绿色），它与几乎所有的绿色矿物的特征都不同。而橄榄石多色性微弱，这在中-深颜色的非均质矿物晶体中是很少见的。其次是具有较强的双折射，用放大镜很容易透过一个面看到另一个面上棱的双影。最后，橄榄石的折射率为1.65～1.69，在折射仪上很容易测定。具体特征见表5-5-1。

表 5-5-1　橄榄石与相似宝石的鉴别

宝石名称	颜色	密度/(g/cm³)	折射率	光性	多色性	光谱	其他特征
橄榄石	黄绿色	3.32～3.37	1.654～1.690	二轴晶，负	弱	三条明显吸收带 (453nm、473nm、493nm)	睡莲状包裹体，明显的后刻面棱线重影
绿碧玺	绿色	3.01～3.11	1.624～1.647	一轴晶，负	明显二色性	无	气液包裹体
绿锆石	绿色	4.68	1.930～1.990	一轴晶，正	弱	653.5nm 吸收线	明显的后刻面棱线重影
透辉石	绿色	3.30	1.675～1.701	二轴晶，正	明显三色性	红区吸收线	晶体包裹体
硼铝镁石	褐色、黄褐色	3.48	1.668～1.707	二轴晶，负	明显三色性	四处吸收带 (452nm、463nm、475nm、493nm)	晶体包裹体，明显的后刻面棱线重影
金绿宝石	黄色、蜜黄色	3.72	1.744～1.750	二轴晶，正	弱	444nm 处吸收带	晶体包裹体
钙铝镁石	浅黄、黄、褐黄色	3.60～3.70	1.74	均质体	无	无	晶体、气液包裹体

5.5.4.2　合成橄榄石的鉴别

合成橄榄石于1994年面世，由俄罗斯采用高温高压法生长，常见绿色合成橄榄石，由镍致色合成橄榄石的折射率为1.63～1.67，相对密度约为3.2，硬度为6.5～7。

5.5.5　橄榄石的质量评价

橄榄石以淳朴、柔和、亲切、自然的美感而深受人们的喜爱，颜色、净度、切工、重量是评价橄榄石的重要因素。

① 颜色　以中-深绿色为佳品，色泽均匀，有一种温和绒绒的感觉为好；绿色越纯越好，黄色增多则价格下降。

② 净度　橄榄石中往往含有较多的黑色固体包裹体和气液包裹体，这些包裹体都直接影响橄榄石的质量评价。没有任何包裹体和裂隙的为佳品，含有无色或浅绿色透明固体包裹体的质量较次，而含有黑色不透明固体包裹体和大量裂隙的橄榄石则几乎无法利用。

③ 切工　橄榄石在切磨时，要求切磨成刻面型，最合适的角度为42°40′。

④ 重量　大颗粒的橄榄石并不多见，半成品橄榄石多在3ct以下，3～10ct的橄榄石少见，因而价格较高，而超过10ct的橄榄石则属罕见。

5.5.6　橄榄石族宝石矿物的成因与产地

宝石级橄榄石主要产于玄武岩包体中及超基性岩体内的脉体中。主要产地有缅甸、美国夏威夷、巴西、澳大利亚、挪威和肯尼亚等地。我国的宝石级橄榄石主要产于玄武岩包体中，如河北大麻坪和吉林蛟河橄榄石矿床。此外，山西和内蒙古也有这种类型橄榄石宝石矿床。

5.5.7 橄榄石族矿物的应用及发展趋势

橄榄石的用途很多，常用作宝石材料和耐火材料。此外橄榄石还可以作为冶金熔剂，起助熔剂和炉渣调节作用，提高渣体流动性，降低焦炭消耗量和烧结温度，改进炼钢生产过程中的高温软化性能，降低膨胀程度，有效防止炉内产生碱性结核。橄榄石可用来清洗桥梁、建筑物和钢件。随着对橄榄石的需求增多，橄榄石作为宝石矿物材料，其前景必将有着较好的发展。

思考题

1. 简述橄榄石的物理化学性质。
2. 简述橄榄石与相似宝石的鉴别。
3. 我们都知道"淘金"是一个诱惑与危险并存的词汇。例如在19世纪加州的淘金热，虽然与一朝暴富这样的词汇经常同频，但那时大多数前往加州的人往往毫无收获，甚至葬身荒漠。如今在中国的东北，一座偏远的小城传来了"全球最大橄榄石宝石矿"的消息，很多人又有了去东北淘橄榄石的想法，作为新时代的您，会去东北找橄榄石吗？谈谈您对"淘金"的看法。

5.6 锆石（zircon）族

5.6.1 概述

锆石，中文名称源自其中的主要成分元素锆。其英文名称为 zircon。锆石因其性脆，容易被磨损，因此，珠宝商们很少用其制作首饰。

锆石早期主要是指红锆石，英文为 hyacinth，中文译作"夏信石"或"风信子石"。早在古希腊时，这种美丽的宝石就已被人们所钟情。相传，犹太主教胸前佩戴的12种宝石中就有锆石，称为"夏信斯"。据说，锆石的别名"风信子石"，就是由"夏信斯"转言而来，现今流行于日本、我国的香港及内地。现有些国家把锆石和绿松石一起作为十二月诞生石，象征成功和必胜。因为无色锆石极像钻石，一直有意无意地被当作钻石。

由于锆石晶体中含有放射性元素铀（U）、钍（Th），在其衰变过程中会使晶体结构遭到破坏，根据结晶程度的好坏将锆石划分为高型、中型、低型三种类型。一般说的宝石锆石仅指高型锆石。

5.6.2 锆石的物理化学特征

锆石，也称锆英石，属于岛状硅酸盐，其化学式为 $ZrSiO_4$，可含有微量的放射性元素铀

（U）和钍（Th）及 MnO、CaO、Fe_2O_3 等杂质。锆石属于四方晶系矿物，晶体呈柱状，常为四方柱及四方双锥（图 5-6-1），因锆石的生长环境不同，其柱及锥面的发育程度不一，有时锥面较柱面发育，而使锆石呈似八面体的双锥晶体，双晶类型为膝状双晶。

图 5-6-1 锆石晶体

5.6.2.1 光学性质

① 颜色 锆石颜色丰富，常见无色、绿色、黄色、褐色、蓝色、红色、紫色等颜色。

② 光泽和透明度 强玻璃光泽至亚金刚光泽；透明至不透明。

③ 光性与多色性 锆石为非均质体，一轴晶，正光性。锆石的多色性强弱和颜色取决于其体色，一般较弱，蓝色锆石的多色性强，呈蓝/棕黄至无色；低型锆石无多色性。

④ 折射率和色散 高型锆石的折射率为 1.925～1.984，低型锆石为 1.780～1.815，双折射率变化很大，高型的双折射率为 0.059。高型锆石具有高色散，其值为 0.039。

⑤ 发光性 不同颜色锆石的发光性有差异，且荧光色常带有不同程度的黄色。绿色锆石一般无荧光、蓝色锆石有无至中等浅蓝色荧光、橙至褐色锆石有弱至中等强度的棕黄色荧光、红色锆石具有中等紫红到紫褐色荧光。

⑥ 吸收光谱 许多锆石中可见到的光谱主要是因含铀引起的，但稀土元素也可导致所见的光谱。锆石中 653.5nm 吸收线具有诊断性，可见于包括无色锆石在内的几乎所有的锆石中。锆石中有时可见 2～40 条吸收线，俗称"管风琴"谱线。

⑦ 特殊光学效应 可具有猫眼效应和星光效应，罕见。

5.6.2.2 放大检查

高型锆石中具有愈合裂隙［图 5-6-2(a)］、指纹状包裹体［图 5-6-2(b)］及各种矿物包裹体，如磁铁矿、磷灰石［图 5-6-2(c)］、黄铁矿、透辉石等；后刻面棱双影现象十分明显。由于锆石性脆，也可见棱角磨损现象。

(a) 愈合裂隙

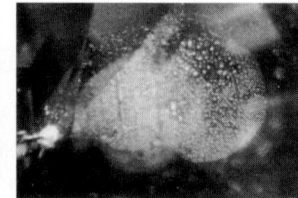
(b) 指纹状包裹体

(c) 磷灰石包裹体

图 5-6-2 高型锆石中的包裹体

5.6.2.3 力学性质与密度

锆石无解理，可见贝壳状断口；性脆，常见小面边角及棱，有破损。如果散装的锆石在包装纸内互相摩擦，也会发生损坏，称为"纸蚀"现象。锆石的莫氏硬度为 6～7.5，其中高型为 7～7.5；低型可到 6。高型锆石的密度为 4.60～4.80g/cm^3，低型锆石的密度为 3.90～4.10g/cm^3。

5.6.2.4 其他性质

锆石耐高温，高达1450℃的温度可使一些中型锆石恢复为高型锆石。锆石耐酸，除粉末外不与酸作用，也不与其他化学试剂发生反应。

5.6.2.5 主要鉴定特征

锆石为岛状硅酸盐类宝石矿物，非均质体，双折射率较大，高色散。

5.6.3 锆石的分类

（1）按照结晶程度划分

锆石根据其结晶程度可划分为高型、中型和低型三种。

高型锆石：受辐射少，晶格没有或很少发生变化，可用作宝石材料。

中型锆石：结晶程度介于高型和低型之间，其物理性质也介于两者之间。

低型锆石：结晶程度低、晶格变化大，由不定型的氧化硅和氧化锆的非晶体混合物组成。

（2）按照颜色划分

在贸易中一般以颜色来划分锆石的种类，具体种类如下。

① 无色锆石　常为高型锆石，天然和经热处理的均有，可带灰色调。

② 红色锆石　又称"风信子石"，常呈红色、橙红、褐红等色，具有高型锆石的特征。

③ 金黄色锆石　指深浅不同的黄色、绿黄色，具有高型锆石特征，大多为热处理的产物。

④ 蓝色锆石　常呈深浅不一的蓝色，如蓝、铁蓝、天蓝、绿蓝色等，大多经热处理而成。

⑤ 绿色锆石　常呈绿色、绿黄色、褐绿、绿褐色等。具有中-低型锆石特征。

5.6.4 锆石的鉴别

5.6.4.1 与相似宝石的鉴别

锆石常与钻石、合成金红石、合成立方氧化锆混淆，可以通过对比折射率、密度、光性等方面的内容进行区分，具体鉴定特征依据见第3章表3-4-1。

5.6.4.2 优化处理锆石的鉴别

锆石主要用热处理（优化）和辐照处理来改善或改变颜色、改变锆石的类型。

无色、蓝色的锆石常是热处理产生的，也可产生红色、棕色、黄色等颜色。经热处理的锆石颜色稳定，只有少数遇光后会变化。热处理锆石仅显示653.5nm吸收谱线。

低型锆石加热至1450℃，能转变为高型锆石，还可以提高透明度和明亮程度。热处理引起的重结晶可产生纤维状微晶，形成猫眼效应。经热处理的锆石表面或棱角处常容易发生碎裂和小破坑，且一般韧性变差。

5.6.5 锆石的质量评价

锆石的质量一般从颜色、净度、切工和重量四个方面进行评价。

① 颜色　锆石中最流行的颜色是无色和蓝色,其中以蓝色的价值最高,它的色调鲜艳纯正。无色锆石应不带任何杂质,如钻石般透明清澈。除此以外,纯正的绿色、黄色锆石因其折射率高于其他宝石而显得格外明亮,也深受人们的喜爱。评价颜色时,还应该注意热处理产生颜色的稳定性。

② 净度　由于无瑕的锆石供应量较大,所以对锆石内部净度的要求也较高。评价标准是在10倍放大镜下不见任何瑕疵。

③ 切工　锆石的美丽取决于它的高折射率、高色散和强光泽,所以锆石的切工评价应考虑其切磨比例和切割方向。另外,切割时要严格定向,让光轴尽量垂直台面,避免双折射造成的双影现象使样品出现模糊的感觉,尤其是蓝色锆石,只有平行于光轴方向观察,蓝色才最漂亮。

④ 重量　市场上供应的蓝色和无色锆石,常见从几分(1克拉=100分)到数克拉,超过10ct的不多见,特别是颜色好的大颗粒不多见,因此,大于10ct的优质锆石为锆石中的珍品。

5.6.6 锆石的成因与产地

锆石分布很广,锆石作为副矿物多产于花岗岩、正长岩、花岗闪长岩、霞石正长岩中,也可在碱性玄武岩中成为巨晶矿物。但宝石级锆石主要产于变质岩或玄武岩中,也产于残坡积、冲积砂矿中。

主要产地是斯里兰卡、柬埔寨、缅甸、法国、澳大利亚、坦桑尼亚、美国等。我国海南碱性玄武岩中有深源粗晶-巨晶锆石矿物产出,多为红色,与蓝宝石共生,并呈嵌晶产出。福建明溪碱性玄武岩中可见无色或白色锆石巨晶。

5.6.7 锆石的应用及发展趋势

锆石是提取 Zr、Hf 的主要矿物原料,锆石以不同的物理、化学形态用于多种工业领域。

① 耐火材料　锆石的耐火度高达2000℃,且热膨胀系数低、耐热震性强、耐钢水及碱性渣侵蚀。用于生产熔铸耐火材料,或与 Al_2O_3 制成莫来石-ZrO_2 砖,与 MgO 制成镁橄榄石-ZrO_2 砖。这些材料的耐高温性能优异。

② 型砂材料　锆石的耗酸量在 pH=3~5 时仅为 2.45~4.8mL。锆石还可克服表面缺陷,避免铸件表面形成次生外皮,且抗压强度高,易成型,与有机、无机黏合剂系列相容,次圆形外表仅需少量的黏合剂即可达到高强胶结,并获得良好的光滑度和冷铸性。锆石细粉还可作为涂料、填料。

③ 陶瓷原料　用作白色陶瓷的乳浊剂。锆石的折射率仅次于金红石,色彩淡雅,能与陶瓷色彩混溶。超细锆石粉用于釉料中具有极好的遮光作用。特种玻璃和搪瓷釉等则需要锆石的高折射率、耐碱性、辐射稳定性及不透明性。

④ 宝石材料　高型锆石可用作宝石材料,由于其性脆,容易磨损,因此限制了其在宝石饰品中的应用,目前还属于冷门宝石品种。

思考题

1. 简述锆石的物理化学性质。
2. 简述锆石的鉴别特征。
3. 案例分析

在 2009 年 3 月 23 日下午，上海市黄浦警方接到报案，亚一金店内一颗标价 33 万的裸钻被调包成不值钱的锆石了。警方通过细看监控慢动作录像，锁定了一个非常细微的动作。

在视频的 11 时 44 分 20 秒，一名售货员原本放在柜台上的左手悄悄放下来并伸入了裤袋中，随后又快速地拿回到柜台上，并与右手有一个瞬间的交替动作，这颗价值 33 万元的钻石就是这名售货员调换的。

请结合所学的知识，谈谈作为一名珠宝人，应具备哪些职业素养。

5.7 长石（feldspar）族

5.7.1 概述

长石属于典型的架状硅酸盐，是地壳分布最广、数量最多的矿物，是一个包含许多种、亚种的矿物族。在众多的长石品种中只有少数透明或具有特殊光学效应的品种可作为宝石。长石宝石家族，品种繁多，凡是颜色漂亮，透明度高的均可用作宝石，重要的品种还有特殊的光学效应，如月光石、日光石和拉长石等。

月光石，是长石类宝石中最有价值的，几个世纪以来都作为宝石。在世界许多地区，人们相信佩戴它可以带来好的命运。在印第安人中，月光石仍然被认为是神圣的石头，它只戴在神圣的黄色衣服上。在古时候，人们相信它能唤醒心上人温柔的热情，并给予力量，憧憬未来。今天，月光石与珍珠一起被用作六月的生辰石，象征着康寿富贵。拉长石是在 18 世纪被发现以后才用作宝石的，它因具有彩虹效应而价值倍增。现在有人认为中国著名的和氏璧，可能是变彩拉长石。天河石是一种绿色含钾的微斜长石，是一种较低档的宝石，天河石现在属于大众化宝石。

5.7.2 长石族矿物的物理化学特征

长石族的矿物成分主要为 $KAlSi_3O_8$-$NaAlSi_3O_8$-$CaAl_2Si_2O_8$ 的三元系列，即相当于由钾长石、钠长石和钙长石三个端元分子组成的混溶矿物。正长石、透长石为单斜晶系，其他为三斜晶系。通常呈板状、短柱状（图 5-7-1），双晶普遍发育，斜长石发育聚片双晶，钾长石发育卡氏双晶和格子状双晶。与宝石学相关的主要是前两类。

图 5-7-1 长石晶体

5.7.2.1 光学性质

① 颜色　长石通常呈无色至浅黄色、绿色、橙色、褐色等,颜色与其中所含有的微量元素(如 Rb、Fe)、矿物包裹体或特殊光学效应有关。

② 光泽和透明度　抛光面呈玻璃光泽,断口呈玻璃至珍珠光泽或油脂光泽;透明至不透明。

③ 光性与多色性　长石为非均质体,二轴晶,光性可正可负;钠长石和拉长石为正光性。长石的多色性一般不明显,黄色及其他颜色的斜长石可显示弱至中等多色性。

④ 折射率　钾长石折射率为 1.518～1.533,双折射率为 0.005～0.007;斜长石折射率为 1.529～1.588,双折射率为 0.007～0.013。

⑤ 发光性　紫外荧光灯下呈无至弱的白色、紫色、红色、黄色、粉红色、黄绿色、橙红色等颜色的荧光。

⑥ 吸收光谱　长石一般无特征吸收光谱,黄色正长石可具有 420nm、448nm 宽吸收带。

⑦ 特殊光学效应　可见月光效应、砂金效应、晕彩效应、猫眼效应和星光效应等。

5.7.2.2 放大检查

月光石中常有蜈蚣状包裹体[图 5-7-2(a)]、指纹状包裹体和针状包裹体[图 5-7-2(b)];天河石中常见白色网格状色斑;拉长石中常见双晶纹,可见针状或板状包裹体;日光石中常见具有红色或金色的金属矿物片状包裹体[图 5-7-2(c)]。

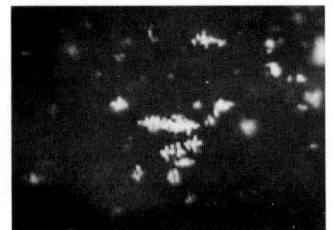 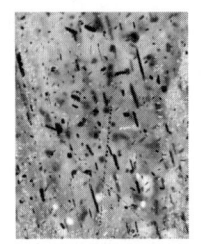 

(a) 月光石中的蜈蚣状包裹体　　(b) 月光石中的针状包裹体　　(c) 日光石中的片状包裹体

图 5-7-2　长石中的包裹体

5.7.2.3 力学性质与密度

长石具有两组夹角近 90°的 {001} 和 {010} 完全解理,有时还可见不完全的第三组解理;莫氏硬度为 6～6.5,密度为 2.55～2.75g/cm³,视品种不同而变化。

5.7.2.4 其他性质

长石耐高温,除与 HF 反应外,与其他酸无反应或作用微弱。

5.7.2.5 主要鉴定特征

长石为架状硅酸盐类宝石矿物,非均质体,硬度较低,解理发育,特殊光学效应明显。

5.7.3 长石族宝石的分类

自然界中的长石品种繁多,但能达到宝石级的并不多,常见宝石品种如下。

(1) 月光石

广义的月光石是指具有月光效应的各种长石,包括正长石、钠长石、透长石、冰长石等。狭义的月光石是指正长石（$KAlSi_3O_8$）和钠长石（$NaAlSi_3O_8$）两种成分层状交互的宝石矿物。

月光石通常呈无色至白色,也可呈浅黄、橙至淡褐、蓝灰或绿色,透明或半透明,具有特征的月光效应。所谓月光效应即指随着样品的转动,在某一角度,可以见到白色至蓝色的发光效应,看似朦胧月光,其晕彩的出现主要和格子状双晶引起的干涉现象有关。

月光石的折射率为 1.518～1.526,双折射率为 0.005～0.008,密度为 2.55～2.61g/cm³。放大检查,可见特征的两组交叉裂隙形成的蜈蚣状包裹体、指纹状包裹体、针状包裹体、初始解理；月光石中可见针状包裹体,可形成猫眼效应,偶尔可见星光效应。高质量的月光石应具有漂游波浪状的蓝光 [图 5-7-3(a)]。

(2) 拉长石

拉长石属斜长石系列,最主要的品种是晕彩拉长石。常呈无色、浅黄-黄色、棕色或灰色,透明至不透明,聚片双晶发育。放大检查,可见片状磁铁矿和针状钛铁矿包裹体。折射率为 1.559～1.568,双折射率为 0.009,密度为 2.65～2.75g/cm³。

当把拉长石转动到某一定角度时,见整块样品亮起来,可显示蓝色、绿色中的一种颜色的辉光,即晕彩效应 [图 5-7-3(b)]。或者交替呈现出从绿色到橙红色的辉光,即变彩效应。有的拉长石因内部含有针状包裹体,可呈暗黑色,产生蓝色晕彩。如果切磨方向正确,有时还可以产生猫眼效应,这种拉长石还被称为黑色月光石。产生晕彩和变彩的原因是拉长石中有斜长石的微小出溶体,斜长石在拉长石晶体内定向分布,两种长石的层状晶体相互平行交生,折射率略有差异而出现干涉色。

(3) 日光石

日光石（sun stone）又称"日长石""太阳石",属于钠奥长石 [图 5-7-3(c)]。含有大量定向排列的金属矿物薄片,如赤铁矿和针铁矿,能反射出红色或金色的反光,即砂金效应。常见颜色为金红色至红褐色,一般呈半透明,其折射率为 1.537～1.547,双折射率为 0.007～0.010,密度为 2.63～2.67g/cm³。日光石在长波紫外灯下为无至弱的黄绿色荧光,短波下无反应,X 射线长时间照射后呈弱绿色。无特征吸收光谱。

(4) 天河石

天河石是微斜长石中呈绿色至蓝绿色的变种 [图 5-7-3(d)],成分和微斜长石一样为 $KAlSi_3O_8$。含有 Rb 和 Cs,半透明,体色为浅蓝绿-艳蓝绿色,常有白色的钠长石出溶体,呈条纹状或斑纹状绿色和白色。常见聚片双晶,但由于双晶纹较厚,不能像月光石那样出现月光效应,但天河石以美丽均匀的微蓝色而得到人们的喜爱。

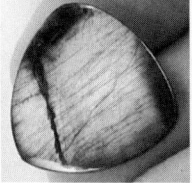

(a) 月光石　　　　(b) 拉长石　　　　(c) 日光石　　　　(d) 天河石

图 5-7-3　长石品种

天河石常为微透明至不透明，其折射率为 1.522～1.530，双折射率为 0.008（常不可测），密度为 2.54～2.58g/cm³。

5.7.4　长石族宝石的鉴别

5.7.4.1　与相似宝石的鉴别

（1）月光石与相似宝石的鉴别

与月光石相似的宝石及仿宝石有玉髓、牛奶状刚玉、云雾状石英、合成尖晶石和玻璃。月光石和玉髓、玻璃及尖晶石的区别是在正交偏光镜下月光石会有明暗交替现象，而玉髓及玻璃全黑；另外，玻璃及玉髓的包裹体与月光石的明显不同，玉髓内常见后生的包裹物如铁锰质氧化物，玻璃内则为气泡。与尖晶石的区别是尖晶石的折射率远大于长石的折射率，用折射仪易于区分。月光石与石英、牛奶状刚玉的区别可从密度方面入手，月光石在密度为 2.65g/cm³ 的重液中漂浮，而石英悬浮，刚玉则下沉。

（2）晕彩拉长石与相似宝石的鉴别

与晕彩拉长石相似的宝石主要是欧泊、彩斑菊石、鲍鱼贝和月光石等。

欧泊。变彩效应随样品转动颜色会产生变化，而晕彩拉长石转动时并没有明显的颜色色片界限，颜色依光谱的色彩变化，而不是每块彩色斑块均随样品的变化而变化。拉长石的相对密度和折射率均高于欧泊，放大检查可见片状或针状黑色包裹体。

彩斑菊石。是一种贝壳化石，仅在表面薄层见到橙红、黄、绿、蓝绿色的晕彩，但变彩薄层易裂，常有龟裂纹。彩斑菊石的折射率为 1.52～1.67，密度为 2.80g/cm³，且其相对硬度仅为 4。

鲍鱼贝。具有强烈的蓝色、绿色和粉红色晕彩，表面可见一系列水平边缘突起，放大检查可见波状外观，横截面上可见贝壳的平行生长层。

月光石。月光效应与晕彩效应有相似之处，但月光石的折射率和密度都低于拉长石，且两者内部包裹体也不同。

（3）日光石与相似宝石的鉴别

与日光石相似的宝石有合成硒金玻璃，二者的区别是合成硒金玻璃（图 5-7-4）中的"金色铜片"密集

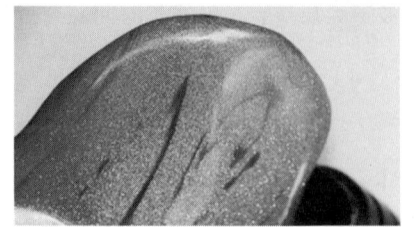

图 5-7-4　硒金玻璃仿日光石

排列,远比日光石中的赤铁矿分布密度大,并且多呈三角形或六边形。

（4）天河石与相似宝石的鉴别

与天河石相似的宝石品种主要有澳玉、绿柱石、翡翠、绿松石等。可从外观颜色、包裹体或结构、解理特征以及折射率、密度等方面进行区别。

5.7.4.2 优化处理长石的鉴别

长石的优化处理方法主要有覆膜处理、浸蜡处理、辐照处理、底衬处理及扩散处理等。

（1）覆膜处理

覆膜处理长石,放大检查表面可见五颜六色的晕彩或明显划痕,有时可见薄膜脱落的现象。

（2）浸蜡处理

浸蜡处理长石鉴别时可观察外观光泽的差异,用热针探测,可见蜡熔化,也可用红外光谱测定。

（3）辐照处理

通常由白色微斜长石经辐照处理后变成蓝色,少见,不易检测。

（4）底衬处理

一些月光石用黑或暗色底衬来减弱透明度、增强月光效应。鉴别方法是：放大检查可见拼合缝；底部与顶部的包裹体不同；顶部可有两组近直角的完全解理,底部可见气泡与漩涡纹。

（5）扩散处理

经扩散产生鲜艳的颜色,表面所扩散元素（如铜）含量异常,颜色沿解理或双晶纹分布。有研究表明,市场上的红色长石为一种黄色透明的中长石经铜扩散而得到。黄色中长石主要产于墨西哥和中国的内蒙古、西藏地区。一些浅黄色的长石在空气中 1200℃ 条件下加热约 50h 会变为红色,造成内部铜离子的扩散,形成日光效应。通过放大检查经扩散处理的长石,可见透明晶体包裹体产生形变,边缘熔融；不连续的管状包裹体因加热导致间断；扁平状的晶体包裹体；卵圆形金属片熔融成更大的金属片。

5.7.5 长石族宝石的质量评价

长石的质量评价主要从长石的特殊光学效应及其颜色、透明度、净度几个方面来进行。其中特殊光学效应在长石的质量评价中起着重要作用,这些光学效应越明显,其价值越高。如月光石以无色、透明至半透明、具漂浮状蓝色月光为最好,白色月光的价值就差多了；晕彩拉长石中以蓝色波浪状的晕彩最佳,其次是黄色、粉红色、红色和黄绿色；日光石则以金黄色、透明度高、强砂金效应者为最好,颜色偏浅或偏暗均会影响价格；天河石的颜色也以纯正蓝色为最佳,其次为稍带绿色的蓝色。对具有特殊光学效应的长石来说,内部包裹体对价值影响程度比其他宝石品种轻得多,即便中等的瑕疵也不影响价值,只有严重的裂隙等明显瑕疵会使其价格变低。

5.7.6 长石族宝石矿物的成因与产地

（1）月光石

月光石主要产于低温热液脉中。透长石和歪长石都是高温下结晶的矿物。透长石主要产于粗面岩、响岩、石英二长安山岩、钾质流纹岩、中酸性凝灰岩中。呈斑晶产出。该类矿床产于斯里兰卡、缅甸、印度、澳大利亚、马达加斯加、坦桑尼亚、美国和巴西。

（2）拉长石

拉长石主要产于辉长岩、斜长岩、苏长岩、辉绿岩、玄武岩、紫苏花岗岩及辉长伟晶岩中。优质宝石级晕彩拉长石产自美国俄勒冈来克县沃伦谷、得克萨斯州阿尔平附近、加利福尼亚州莫多克县和犹他州米勒德县以及俄罗斯、马达加斯加等地。

（3）日光石

日光石主要产于片麻岩中的石英脉内（如挪威）、方钠霞石正长岩（英格兰南部安大略湖）、伟晶岩（印度和马达加斯加）中。优质日光石主要产自美国（新泽西州和犹他州）、加拿大和俄罗斯。

（4）天河石

天河石主要产于伟晶岩中,目前主要产于克什米尔和巴西,美国的优质天河石曾一度开采于弗吉尼亚,但现在已采空。北美最重要的产地在美国科罗拉多州。另外,加拿大、俄罗斯乌拉尔山脉、马达加斯加、坦桑尼亚、南非等地均有很好的绿色或蓝绿色天河石。我国天河石主要产于新疆哈密和阿勒泰地区、甘肃酒泉、云南贡山等地,内蒙古、山西、福建、湖北、湖南、广东、广西、四川等地也有产出。

5.7.7 长石族矿物的应用及发展趋势

长石因为品种丰富,且每种长石的物理化学性质或多或少都有差异,导致长石的用途很广泛,除了用作宝石材料之外,还有以下几个方面的用途。

① 玻璃原料 长石在玻璃工业中的用量占其消费总量的 $50\%\sim60\%$。长石中的铝代替部分硅,可提高玻璃的韧性、强度和抵抗酸侵蚀的能力。此外,长石熔融后变成玻璃的过程较缓慢,可防止玻璃生产过程中出现析晶。

② 陶瓷原料 长石在陶瓷工业中的用量约占其总用量的 30%。钾长石不仅熔点低,熔融间隔宽、熔体黏度高、透明,而且这些性能随温度的改变而变化不明显,有利于工艺过程的烧成控制,防止制品变形。钠长石熔点稍低于钾长石,熔融间隔窄,熔体黏度较低,且随温度的变化,这些性能的变化加快,制品易变形。但高温下钠长石对石英、黏土及莫来石等高熔点矿物的熔解能力强且速率快,故适合配制瓷釉。

③ 坯体原料 长石除可供给 SiO_2、Al_2O_3 外,还可提供 K_2O、Na_2O,在配料中既是瘠性原料,又是熔剂性原料。作为瘠性原料,具有降低黏土或坯泥的可塑性和黏结性、减少坯

体干燥与烧成的收缩变形、改善干燥性能和缩短干燥时间等效果。长石质瓷具有良好的电绝缘性和强度。

④ 耐火材料　钙长石熔点高，熔融间隔小，熔体不透明，烧成过程易产生析晶。因此钙长石可作耐火材料原料。

综上所述，长石因其优异的性能，用途广泛，无论是作为宝石材料还是其他材料都有着较好的发展前景。

思考题

1. 简述长石的物理化学性质。
2. 简述长石的品种及鉴别特征。
3. 案例分析

近几年来，天津市和深圳市的多家珠宝公司曾对外宣称，他们在西藏地区发现了红色长石及其矿点，并标注"拉雅神"（lazasine）或"西藏太阳石"等名称进行宣传和销售。一般来说，在国际上，天然产出的红色长石（指红色斜长石）十分稀少，主要在美国的俄勒冈州被发现过。如果说中国西藏发现了红色长石矿点，自然是宝石界发现新资源的重要事件，必然会引起中、外宝石专家们的关注。我国国家珠宝玉石质量监督检验中心（NGTC）十分关注西藏发现红色长石的信息，但通过样品的室内鉴定检测和野外调研发现，红色长石是人为撒在地上和埋进土层的，而且红色长石经过了铜铁元素的高温扩散处理，从此揭露了西藏太阳石的真面目，实际上是一起严重的珠宝原料作假案例。

请针对此案例，谈谈此事件对珠宝行业有无影响，您对此事的看法如何？

5.8　辉石（pyroxene）族

5.8.1　硬玉——翡翠（jadeite）

5.8.1.1　概述

翡翠颜色丰富，色泽亮丽灵润，艳美动人，有着健康、活力、富贵、长寿等美好祝福，深受世人的追捧。翡翠之所以深受人们的喜爱，不仅具有很高的观赏价值，而且还具有重要的艺术收藏价值，因此，被人们称为"玉石之王"。

翡翠的英文名称为 jadeite，来源于西班牙语 picdo de jade 的简称，为古今玉石之王，属世界七大宝石之一。在古代，翡翠本为美丽的鸟名，翡为赤鸟，翠为绿鸟。玉石翡翠其颜色之美犹如赤色羽毛的翡鸟和绿色羽毛的翠鸟。翡翠是一种以硬玉矿物为主的辉石类矿物集合体，优质翡翠是当今世界上价格昂贵的宝石品种之一。

缅甸的翡翠于何时发现，至今没有确切的结论，据《缅甸史》记载，公元1215年刚被封为土司的珊龙帕在距今孟拱不远的孟拱河上游过河时，无意中在河滩上发现了一块形如鼓状的蓝玉，随后在附近修筑城池，并起名孟拱，意思是鼓城。孟拱曾经是重要的翡翠集市，位于翡翠玉石产区的东边，相距 50km。另一种说法是，13 世纪时，云南的商人在从缅甸运商品回云南的途中，无意中把一块翡翠巨砾用来平衡他的骡子驮的担子，进而发现了翡翠。

翡翠饰品不仅以光润、鲜艳的特性吸引着人们的眼球，更以其独特的文化信息透射出无穷的魅力。翡翠饰品蕴藏着丰厚的儒家思想，儒家将深厚的道德思想人格化地赋予翡翠，以儒家思想的"五德"来寓意体现翡翠饰品的文化底蕴。

① 仁 "润泽以温，仁之方也"——翡翠温和滋润，具有光泽，与儒家所提倡的善施恩泽、富有仁爱之心的思想不谋而合。

② 义 "鳃理自外，可以知中，义之方也"——翡翠有较高的透明度，从外部可以看出其内部具有的特征纹理，能充分体现儒家所倡导的竭尽忠义思想。

③ 智 "其声舒扬，博以远闻，智之方也"——翡翠轻轻相击，能发出清远、悠扬、悦耳的声音，这种特性就是儒家所追求的将智慧布达四周的思想境界。

④ 勇 "不挠而折，勇之方也"——翡翠具有极高的韧性和硬度，集中体现了儒家所倡导的坚韧不拔的人格品质。

⑤ 洁 "锐廉而不忮，洁之方也"——翡翠有断口但边缘却不锋利，与儒家洁身自爱、不伤害他人的精神相吻合。

翡翠饰品也彰显出厚重的宗教文化品质：无论中国原创的道家、儒家还是中国化的佛教，都赋予了翡翠神奇的力量和智慧，使翡翠饰品具备了祭礼、避邪、护宅、护身等独特的佛神文化景观。

5.8.1.2 翡翠的物理化学特征

翡翠主要是由一种称为硬玉的矿物组成的集合体（参见图 5-8-1），主要矿物成分为硬玉，属单斜晶系，常呈纤维状、粒状或局部为柱状的集合体，其化学分子式是 $NaAl(Si_2O_6)$，理论成分是 SiO_2 为 55.94%（质量分数），Al_2O_3 为 25.22%，Na_2O 为 15.34%。但天然翡翠除硬玉外，总是含有 1%～52% 辉石族的其他矿物，如透辉石、钙铁辉石、霓石及微量的铬铁尖晶石。因混入物的比例不同，实际的化学成分也就有所差异。

图 5-8-1　翡翠

(1) 光学性质

① 颜色

翡翠的颜色是由不同颜色的矿物颗粒组合而成的，有白、绿、紫、红、黄、褐、黑等各种颜色。通常称翡翠中的红色为"翡"，绿色为"翠"。

a. 白色　不含任何杂质的翡翠 [图 5-8-2(a)]，应为纯净的白色。常见的白色翡翠是略带灰、绿、黄的白色，有些白色翡翠还带有褐色。

b. 紫色　紫色翡翠，其色调可以为粉紫色、蓝紫色、茄紫色，一般都比较淡 [图 5-8-2(b)]。

它是少量的二价铁离子和三价铁离子共同作用的结果。

c. 红色和黄色　红色和黄色的翡翠一般都带棕色调。而红色翡翠［图 5-8-2(c)］是赤铁矿所致。黄色翡翠［图 5-8-2(d)］是因含黄色的褐铁矿所致。

d. 绿色　翡翠的绿色，其色调明暗、深浅等变化最大，它是确定翡翠价值的一个重要因素，也吸引着人们对其进行不断探索。研究表明，由三价铁离子代替铝离子而出现的绿色，色调比较暗。随着三价铁离子代替铝离子的量增加，翡翠就会出现淡绿色、暗绿色甚至墨绿色。若由一些铬离子代替铝离子，翡翠就呈鲜艳的绿色。总的说来，铁离子和铬离子含量的比例决定翡翠的鲜艳程度，而两种离子的含量多少决定翡翠绿色的深浅。具体的颜色如下。

玻璃艳绿：绿色浓艳，如玻璃般明净，玻璃艳绿在阳光或白光下观察，色调均匀，透明度高，也称高绿，见图 5-8-2(e)。

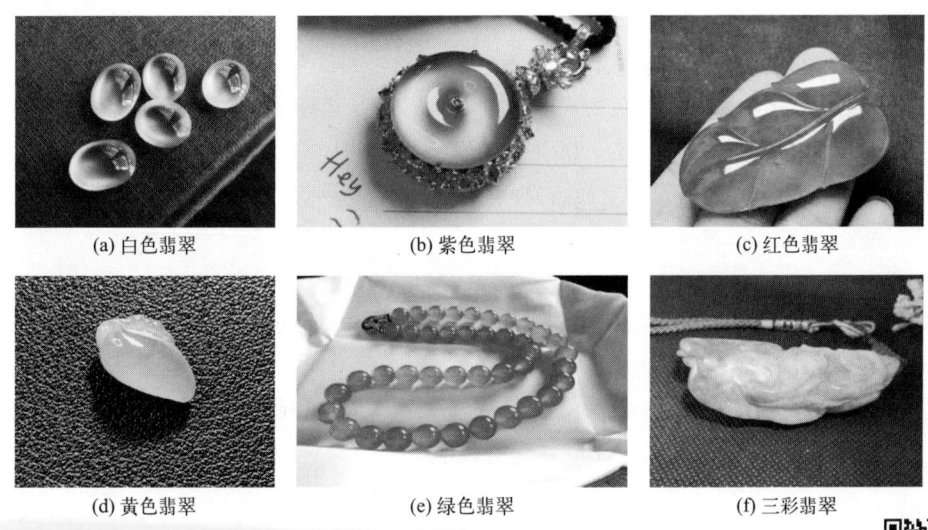

图 5-8-2　各种颜色的翡翠

玻璃绿：透明，绿色鲜而亮，但不够浓艳，色调浅。

祖母绿：透明，色似祖母绿宝石，色浅的祖母绿翡翠质量较低。

艳绿：透明或半透明，颜色浓而艳者，颜色分布较均匀。

黄杨绿：透明或半透明，颜色鲜而艳者，似初春黄杨树的新树叶。

鹦鹉绿：透明或半透明，色似鹦鹉绿色羽毛，颜色娇艳，但常常有黄绿色调，有的为绿带蓝的色调。

葱心绿：半透明，色如娇嫩的葱叶，带有黄的色调。

豆青绿：半透明，色绿如豆青色，此品种最多。

菠菜绿：半透明至不透明，绿色暗，欠鲜。

丝瓜绿：透明或半透明，色似丝瓜皮的绿色，最大特点是有丝瓜络形的绿色。

匀水绿：透明或半透明，绿色均匀而鲜浅的一种绿色，有时仅有绿色，常称地子绿。

江水绿：透明或半透明，色虽均匀，但有浑浊感，色不如匀水绿。

蛤蟆绿：透明或半透明，绿中带蓝或带灰的色调，可见瘤状色斑，色不均匀，欠纯正。

瓜皮绿：半透明或不透明，色似青色瓜皮，青中有绿色，不纯正。

灰绿：半透明至不透明，灰色中有绿色，非常不纯正。
灰蓝：半透明，灰色中有不纯的蓝色，为不纯正的绿色。
油绿：透明或半透明，色绿暗，不纯正。
墨绿：半透明或不透明，黑中透绿。

e. 福禄寿　指一块原料上同时有红或黄、绿、紫三色的翡翠，也称三彩翡翠［图5-8-2(f)］。是罕见的品种，可以只有三色，也可以在白色基底上有三色。

翡翠颜色与组成矿物及化学成分有关，按成因可分为两类。

a. 原生色　翡翠形成过程中在内生作用下形成的颜色，如白色、绿色、紫色等。由纯净硬玉矿物组成的翡翠为白色；绿色由硬玉成分中含 Fe^{3+}、Cr^{3+} 引起，含 Fe^{3+} 为暗绿色，含 Cr^{3+} 呈鲜绿色。含透辉石、霓石、阳起石等矿物也会影响绿色变化。紫色被认为是由硬玉成分中的 Fe^{2+} 至 Fe^{3+} 电荷转移引起的。

b. 次生色　翡翠形成后在次生作用下形成的颜色，如红色、黄色、褐色等。红、黄、褐色主要是含铁的氧化物所致。黑色的成因较复杂，有的是由于含深色碱性角闪石（蓝闪石），属于原生色；有的是受氧化锰污染，属于次生色。

② 光泽和透明度　玻璃光泽至油脂光泽，透明至不透明，在行业中翡翠的透明度也称为"水头"。

③ 折射率　折射率为1.66～1.69，点测值常为1.66。

④ 发光性　白色及浅紫色翡翠在长波紫外光中发出暗淡的浅黄-黄色荧光，短波紫外光下无反应。绿色及其他颜色的翡翠无荧光。

⑤ 吸收光谱　翡翠在紫光区437nm处可观察到一吸收线（此线具有鉴定意义）。绿色翡翠在红光区630～690nm处出现三条阶梯状吸收谱带。

（2）放大检查

① 结构　翡翠由细粒至粗粒的硬玉晶体组成，常见纤维交织结构和粒状结构，粗粒的硬玉颗粒很容易识别，与很难看出颗粒的白玉有很大的区别，传统上称为"豆"，或者"豆性"。粒状结构是识别翡翠的重要特征。

② 橘皮效应　由于硬玉颗粒在平行解理方向的硬度小，垂直解理方向的硬度大，在抛光时平行解理出露到表面的颗粒就容易破碎而形成凹坑，因此造成起伏的波浪状表面。橘皮效应是识别翡翠的重要特征。

③ 翠性　硬玉中接近表面的解理面对光线的镜面反射，形成像昆虫翅膀似的闪光，翠性是识别翡翠的重要特征。

（3）力学性质与密度

翡翠的主要组成矿物硬玉具有平行于{110}的两组完全解理，并且平行于{001}和{100}的简单双晶和聚片双晶。解理面的星点状、片状、针状闪光也就是人们所说的"翠性"，俗称"苍蝇翅"。莫氏硬度为6.5～7，坚韧、耐磨。密度为3.28～3.40g/cm³，一般为3.33g/cm³。

（4）主要鉴定特征

翡翠的主要矿物为硬玉，颜色丰富，常见无色、绿色、紫色、红色和黄色等，玻璃光泽，透明至半透明，粒状至纤维交织状结构，可见翠性和橘皮效应为其独有的特征。

5.8.1.3 翡翠的质地和"种"

（1）翡翠的质地

翡翠除颜色以外，质地的好坏也很重要。翡翠的质地俗称"地子"或"地张"，简称"地"或"底"，是指翡翠其本身主要由其结构决定，并与透明度和颜色有关的综合特征，是翡翠定价的重要因素之一。翡翠的结构有多种类型，透明度和颜色也变化多端，因此其质地有多种。底细（结构细腻）、底粗（质地粗糙）、底脏（黑色）等俗语是对底子好坏的通俗描述。常见的翡翠质地有以下几种。

① 玻璃地　结构细腻，清澈透明，如玻璃般的地子，是翡翠中的最高档质地，这种地子的弧面翡翠饱满时会"起荧"。

② 蛋清地　玉质细腻，像蛋清（或鼻涕）一样透明，稍有浑浊感或雾感，颜色和质地比较均匀、清淡、纯正。

③ 冰地（水地）　结构较细腻，透明如冰，可有少量絮状物。

④ 糯米地　底色为白色，半透明，玉质细腻，具有熟糯米的细腻感，果冻状，结构较均匀，在10倍放大镜下可见模糊的颗粒界限，与藕粉地类似，但颜色不是紫色。

⑤ 藕粉地　底色为紫色或微带粉色（似熟藕粉的颜色），半透明，果冻状，质地细腻、均匀。

⑥ 油地　透明，质地细腻，表面泛油脂光泽，偏灰色调或蓝色调。

⑦ 豆地　颜色多为浅绿色，半透明至微透明，中至粗粒结构，常带有石花，颗粒边界清晰，肉眼可见颗粒。

⑧ 干白地　底色为白色，不透明，颗粒粗糙，结构松散，肉眼可见颗粒。

⑨ 瓷地　底色为白色，微透明至不透明，如同瓷器，给人感觉凝滞、死板。

⑩ 芋头地　白中略带灰色，似芋头的质地。

⑪ 灰地　色暗似香灰，不透明，具有砂性。

⑫ 狗屎地（乌地）　不透明，质粗水差，为黑褐色或黄褐色，其色形如狗屎的一种质地。

（2）翡翠的"种"

翡翠的"种"又称为"种质"或"种份"，是对翡翠的颜色、透明度和质地细腻程度等品质因素的综合评价。目前常见翡翠的种有21种，图5-8-3展示了20种。

① 老坑（玻璃）种　透明、质地细腻、杂质少，绿色符合正、阳、浓、匀等特点，是翡翠中最高档的品种。

② 玻璃种　无色透明、晶莹剔透、结构细腻。玻璃种翡翠中常见由于翡翠内部规则排列的矿物颗粒对光的反射而形成的柔和亮光，称为"起荧"现象。玻璃种翡翠也可飘花。

③ 芙蓉种　呈淡绿色，颜色均匀、清淡，质地细腻。

④ 金丝种　绿色呈丝状分布，绿中略带黄，色泽清淡、明亮。绿色沿一定方向出现，绿丝可粗可细、可连可断，透明度较好。

⑤ 冰种　无色或淡色，亚透明至透明，结构细腻，可见少量絮状物，透明如冰，给人以

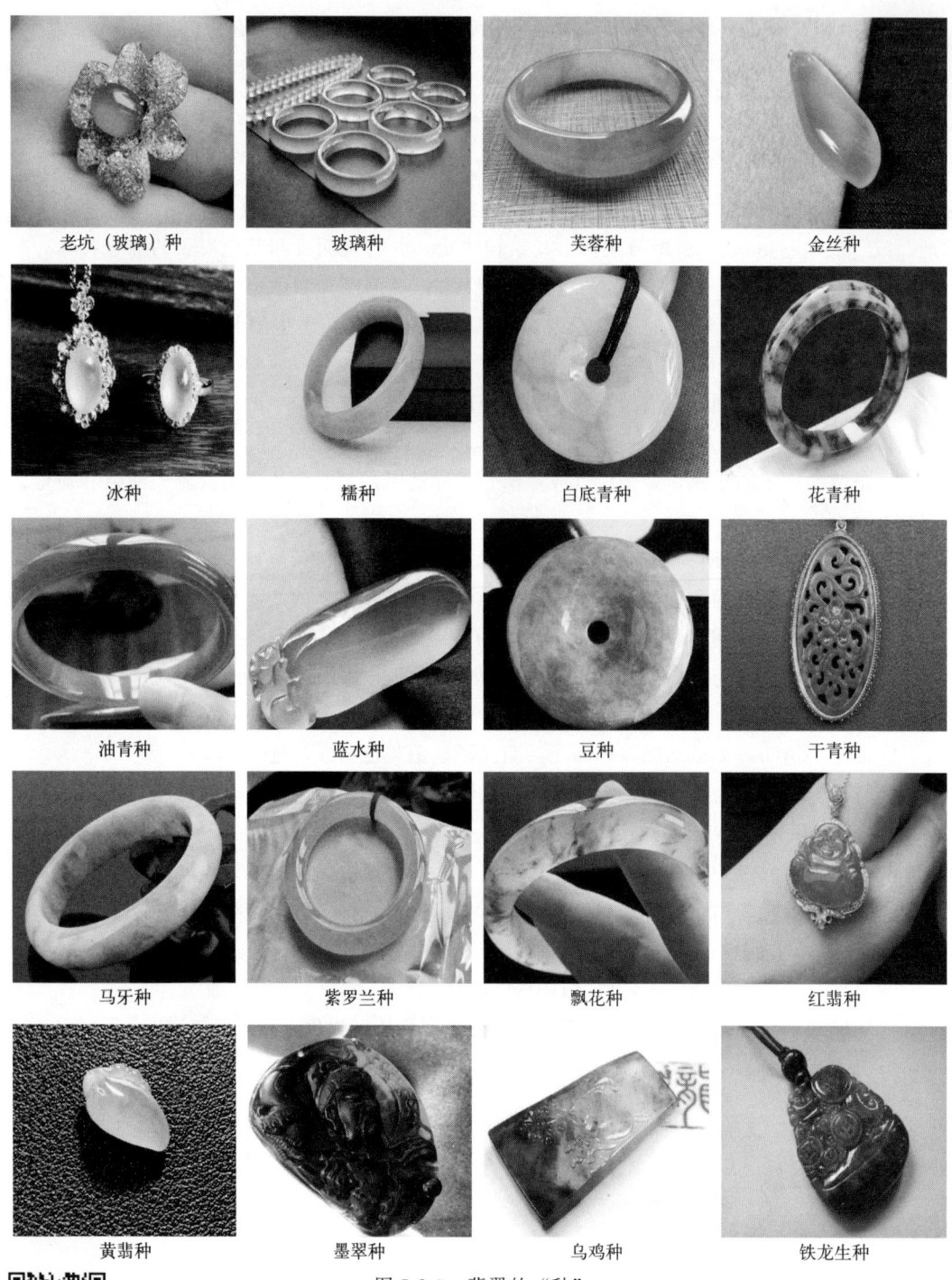

图 5-8-3 翡翠的"种"

冰清玉洁的感觉。若冰种翡翠上有蓝色或绿色絮状物或脉状物分布,则称为冰种飘花。蓝花一般为闪石矿物,呈分散状不规则形态分布。

⑥ 糯种　底色为白色,半透明至微透明,玉质细腻,比冰种透明度和质地略差。

⑦ 白底青种　底色为白色,绿色鲜艳呈团块状,与白色形成鲜明对比,大多数为不透明。

⑧ 花青种　主体绿色分布不均匀，呈脉状或斑状分布，底色为淡绿色，质地可粗可细，半透明至不透明。

⑨ 油青种　颜色为灰绿色至暗绿色，透明至半透明，质地细腻。

⑩ 蓝水种　蓝水种与油青种类似，颜色呈浅蓝色，透明至半透明，质地细腻。

⑪ 豆种　质地粗（中粒-粗粒结构），颗粒感明显，多为浅绿色-阳绿色，透明度差。俗话说"十有九豆"。

⑫ 干青种　满绿色，颜色浓艳且纯正，常有黑点，不透明，质地较粗。主要矿物成分为钠铬辉石。

⑬ 马牙种　质地粗糙，无水，不透明，看上去好像瓷器一样，在高倍放大镜下观察，能看到绿色中有很细的一丝丝白条。颜色虽绿，但有色无种。

⑭ 紫罗兰种　一种紫色翡翠，行内习惯称"春"。按其色调的不同，可细分为粉紫、茄紫和蓝紫。质地较细、透明度好的粉紫比较难得，茄紫较次，蓝紫一般质地较粗，可称为紫豆。中-粗的粒状结构，细粒者少见。质地细腻、透明度好的紫罗兰种翡翠很稀少。

⑮ 飘花种　绿色或绿色偏蓝，呈丝带状飘在透明翡翠上。

⑯ 红翡种　红翡指颜色为鲜红-红棕色的翡翠。红翡的颜色是次生形成的一种颜色，分布于原石风化表层之下或原石裂隙或晶隙之中，可为亮红色和深红色，它是由于赤铁矿浸染所致。中-细粒结构，透明度为半透明-亚透明。其中亮红色翡翠色鲜质细，十分美丽，是翡中精品。

⑰ 黄翡种　指黄色至褐黄色的翡翠，是次生色，它是由于褐铁矿浸染所致。细、粗粒结构均有，亚透明至透明。

⑱ 墨翠种　墨翠和乌鸡种外观均为黑色，但两者不同。墨翠，漆黑如墨，从表面看是黑色的，但在强光下显现绿色，质地可粗可细。其矿物成分主要为绿辉石，次要矿物为硬玉。

⑲ 乌鸡种　在透射光或反射光下均为浑浊色至灰黑色，颜色分布不均，微透明至不透明，颗粒有粗有细，黑色为含碳质、黑色氧化物所致。如果黑色呈带状分布，犹如水墨画一般。

⑳ 铁龙生种　铁龙生种是1999年大量上市的新品种。其优质者主要矿物组成为富铬硬玉（占75%以上）集合体，与之共生或伴生的矿物为铬硬玉、硬玉钠铬辉石和铬铁矿等。铁龙生种几乎全部为较鲜艳的绿色，差的部分含有白色石花和黑点；中粒状结构，结构松散。

㉑ 黄加绿（皇家绿）种　黄色和绿色组合在一起的翡翠品种，通常为糯地到冰地。

5.8.1.4　翡翠的鉴别

（1）与相似玉石的鉴别

翡翠的鉴定特征可从如下几个方面加以论述。

① 变斑晶交织结构　无论是翡翠原料还是成品，只要在其抛光面上仔细观察，均可见到变斑晶交织结构，像花斑一样。也就是说在一块翡翠上可以见到两种形态和排列方式不同的硬玉晶体：一种是颗粒稍大的粒状（斑晶），另一种是在斑晶周围交织在一起的纤维状小晶体。一般情况下一块翡翠中斑晶颗粒大小均一，呈眼球状，与纤维状小晶体呈定向排列。

② 石花　翡翠中均有细小团块状、透明度稍差的白色纤维状晶体，它们交织在一起就构成了石花，与斑晶的区别是斑晶透明，石花微透明到不透明。

③ 颜色　翡翠的颜色不均匀，在白色、藕粉色、油青色、豆绿色的底子上伴有浓淡不同的绿色、黑色和褐红色。翡翠的褐红色原先并不是那么受人欢迎，人们喜爱的是深浅不同的绿色。但如今红褐色的翡翠（红翡）、褐黄色的翡翠（黄翡）经过俏色巧雕后价格也不菲。

④ 光泽　翡翠一般呈玻璃光泽、珍珠光泽和油脂光泽，也就是说翡翠光泽明亮、柔和。

⑤ 密度和折射率　上述特征可以把翡翠及与其相似的软玉、蛇纹石玉、石英质玉石、葡萄石等区别开来，另外翡翠的密度大和折射率高也是其特点。翡翠在三溴甲烷中迅速下沉，而软玉、蛇纹石玉、石英质玉石均在该重液中悬浮或漂浮。翡翠的点测法折射率为1.66左右，而其他相似的玉石均低于1.63（表5-8-1）。

表 5-8-1　翡翠与相似玉石的鉴别

宝石名称	颜色	折射率	密度/(g/cm³)	硬度	其他特征
翡翠	颜色丰富（白色、粉色、紫色、红色、黄色以及各种绿色）	1.66～1.69，点测为1.66	3.33	6.5～7	放大检查可见变斑晶交织结构，纤维状集合体，玻璃光泽-油脂光泽，较明亮；437nm处的吸收线具有鉴定特征
软玉	颜色丰富（白色、黄色、青色、绿色、烟灰色等）	1.606～1.632，点测为1.62	2.90～3.10	6～6.5	质地细腻，无斑晶，矿物呈细小纤维状，交织毡状结构，玻璃光泽和油脂光泽，较暗淡
葡萄石	黄绿色，颜色均匀	1.625～1.635，点测为1.62	2.88	6	颜色均一，内部可见放射状包裹体，玻璃光泽
蛇纹石玉（岫玉）	黄绿色，颜色均一，还可见褐黑色、杂色	1.49～1.57	2.57	2.5～5.5	放大检查可见纤维状网格结构，有黑色包裹体及白色絮状物，玻璃光泽和蜡状光泽
独山玉	白色、绿色、褐色、粉色等，色杂不均一	1.56～1.70	2.7～3.09	6.5～7	颜色不均一，粒状结构，玻璃光泽，发干
石英质玉石	白色，深浅不一的绿色	1.544～1.553，点测为1.54	2.65	7	颜色均一，粒状结构，玻璃光泽
水钙铝榴石（青海翠）	绿色至蓝绿色	1.720	3.47	7	颜色均一，有较多黑色斑点和斑块，粒状结构，玻璃光泽

(2) 翡翠 A、B、C、B+C、D 货的鉴别

在宝石业内，特别是在翡翠交易过程中，人们通常要区分 A、B、C 货。以前的刊物上也有学者提出了一个 D 货的概念，D 货并不是翡翠，而是其仿制品。A、B、C 货仅是翡翠类别的划分，并非指等级的划分。那么 A、B、C、D 货究竟是什么样的概念，如何鉴别它们？这对每一个宝石鉴定工作者以及经销者和消费者来说都是十分重要的。

① A 货翡翠的鉴别

A 货是指只做过改变形状的加工（切割和抛光），未经过任何改色、褪色和加色的人工改

善处理，原成分和结构不变，无外来物质加入的天然翡翠，也就是俗称的真货。

A 货翡翠的鉴别特征是颜色不均匀，但看上去纯正自然，有色根，内部包裹体较多，质地不纯，呈玻璃光泽和油脂光泽。在显微镜反射光下，观察其表面不具有酸腐蚀的溶蚀坑和胶状充填物，可见因纤维状硬玉矿物解理而构成的原生三角孔。

② B 货翡翠的鉴别

B 货翡翠是指那些经过酸溶液等浸泡溶去杂质，提高透明度、光泽、净度与原生绿色的艳度后，又以环氧树脂、硅胶与玻璃充填处理而增加耐久性的天然翡翠。其颜色是原生色，但结构有不同程度的破坏，而且有外来物质的加入。有人称 B 货是"去劣存优"或"洗过澡"的翡翠。

B 货在质量上较 A 货纯净，颜色鲜艳，透明度好，多为蜡状光泽或树脂光泽，或是蜡状光泽、树脂光泽与玻璃光泽。表面具有溶蚀现象，出现凹坑、凹沟或网状蚀线等，俗称酸蚀纹（图 5-8-4），结构显得松散，显微镜反射光下可以看出颗粒间的接触界面和反射率明显较低的脉状充填物。未充胶者也可根据溶蚀坑呈渠网状或蛛网状分布特征确定其为 B 货翡翠。用微火灼烧 B 货时其中的灌注物会灼焦、熔化。因 B 货中往往含有树脂之类的外来物质，所以在紫外光下具有荧光性（图 5-8-5），A 货则没有荧光性。在特制的红外光谱仪上，可测出 B 货中的环氧树脂等灌注物，B 货的红外光谱图上，2928cm^{-1} 处有明显宽大的吸收峰，A 货的吸收峰则出现在 3500cm^{-1} 处。当 B 货翡翠中的树脂胶较多时，由 2430cm^{-1}、2485cm^{-1}、2540cm^{-1} 和 2590cm^{-1} 的 4 个吸收峰组成的峰系变得更为明显，像手指形状。

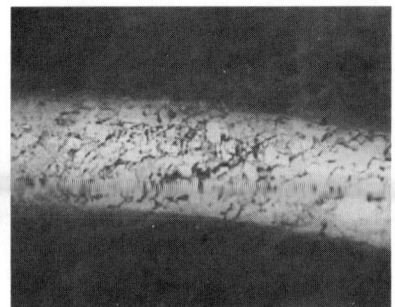
图 5-8-4 B 货翡翠的酸蚀纹

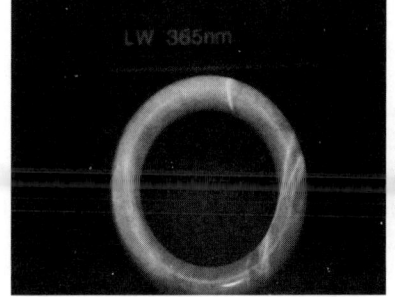
图 5-8-5 B 货翡翠中充填物的荧光

③ C 货翡翠的鉴别

C 货翡翠通常指对翡翠颜色进行人工处理的翡翠，即其颜色是用人工方法制造出来的，往往是将无色或浅色的低档翡翠放入硫酸铜、碘化钾或重铬酸钾溶液中浸泡后，使其致色。还可用激光或高能辐射线轰击无色或浅色低档翡翠，使颜色加深变浓。C 货结构有破坏，也可无破坏，外来物质可有可无。C 货颜色分布不均匀，有局限性，多沿裂隙或颗粒间隙分布，呈条带状、网脉状，无色根，在查尔斯滤色镜下可变红，而 A 货、B 货则不变色，当然并非所有 C 货均在滤色镜下变红。是否为染色翡翠还可通过吸收光谱确定，染绿色翡翠仅在 650nm 处有一吸收带，而无 630nm、660nm 及 690nm 吸收线。

市场上还有一种镀膜翡翠，其外观上颜色很鲜艳，为很均匀的翠绿色。其实只不过是在翡翠上镀了一层绿色的软膜，用指甲或小刀轻轻一刮就会脱落；用沾有酒精或二甲苯的棉球擦洗其表面，镀膜就会褪色，并使棉球染上绿色；另外用微火烧其表面后，镀膜就会熔化变焦，所有镀膜翡翠都属C货。还有一种翡翠称作拼合翡翠，就是在翡翠中做一夹层，夹层间加入绿色的胶状物，使其看上去有绿色，但只要仔细观察鉴定，就可以找到一条拼合的缝隙，这也是一种C货。

④ B+C货翡翠的鉴别

这种翡翠由于既经过酸蚀漂洗，又加上染色，所以它会同时具有B货翡翠和C货翡翠的双重鉴定特征。其鉴别特征是颜色沿硬玉等矿物颗粒之间的间隙分布的现象，色形的边界模糊不清，可有较强的绿白色荧光，尤其是绿色部分的荧光。

⑤ D货翡翠的鉴别

D货翡翠即仿翡翠，也称翡翠赝品，是指用玻璃、塑料、烧料、瓷料及劣质翡翠粉末仿制的翡翠赝品及仿冒翡翠的染色石英岩、染色大理岩等假货。绿玉髓、独山玉、青海翠等也常常成为翡翠的假冒品，市场上还有一种称为马来玉的品种，常用来冒充高档翡翠，蒙骗消费者。因为这两种仿冒品的鉴定特征均与翡翠差别较大，故不会带来太大的麻烦。根据颜色、矿物成分、内部结构、折射率、密度可以很容易鉴定出D货。如绿玉髓、马来玉、石英岩的矿物成分均为石英，折射率为1.54，低于翡翠的1.66。染色大理石在稀盐酸（浓度小于5%）下强烈起泡，当然这种做法略带损伤性，测定时一定要认真仔细，特别是用点测法时更应如此。有条件的单位，当有X射线衍射仪时，对翡翠D货的鉴定乃至所有玉石的区分，就不会存在困难，任何由多晶集合体构成的玉器，经X射线衍射无损鉴定后，均会以不同的矿物相表现出来，只要矿物组成不是硬玉，那就不是翡翠。若矿物组成为斜长石、黝帘石等，则为独山玉；若矿物组成主要是钙铝榴石，则是青海翠（乌兰翠）；当衍射结果为玻璃质或非晶体时，则是玻璃或塑料制品等。

（3）翡翠与八三玉和钠长石玉的鉴别

① 翡翠与八三玉的鉴别

八三玉是一种特殊的翡翠，也称为拔山玉、爬山玉等，是1983年缅甸新发现的一种翡翠矿床。矿物成分主要是硬玉，可含少量透辉石，粒度大小不均匀，密度约为3.31g/cm³，折射率为1.66，无荧光反应。八三玉有以下三种特征。

a. 底偏红、偏紫、淡淡的绿色并发灰色。

b. 带有黑色、黑灰色斑块。绿色呈斑状、块状、条带分布，不鲜艳。

c. 八三玉一般水头较好，但结构不致密，多玉纹（天然隐性裂纹），最适合作B货，现在这种翡翠成品市场上已经不多见了。

② 翡翠与钠长石玉的鉴别

钠长石玉，又称水沫子，一种似翡翠又不能完全称作翡翠的玉石，它产于翡翠矿床的围岩部分，称为纯翡翠岩的围岩，呈构造角砾状，产于翡翠岩外带的镁质钠铁闪石集合体内。矿物成分主要由钠长石和硬玉组成，也可含少量其他矿物。因矿物含量比例不同，折射率在1.53~1.66之间，密度在2.68~3.25g/cm³之间变化。钠长石玉的外观整体上为蜡状光泽，颜色呈鲜绿色、暗绿和灰白相杂，绿色往往呈条带状、斑状分布，并且绿色不正，有点偏灰偏蓝。灰白部分以半透明为主，常常见到微透明的条带分布于其间。钠长石玉在结构上也有其特点：钠长石为粒状、板柱状，硬玉呈纤维状夹杂其间，呈不均匀的团块或条带分布。所以钠长石玉常呈粒状、板状及纤维状镶嵌变晶结构，有时还见定向构造。在反光显微镜下，钠长石的反射率较硬玉低，鉴定某一玉石是翡翠还是钠长石玉，关键是测折射率，多测几次，若折射率较明显小于1.66，则其中肯定有一定量的钠长石矿物；另外通过密度测定也可区分两者。

5.8.1.5 翡翠的质量评价

翡翠质量评价依据是颜色、质地和地子、透明度、裂纹、瑕疵、雕工等方面，不同的要素组合，其价格也有很大的差异，如一粒戒面可以从几十元到几十万元，甚至到几百万元不等。

（1）颜色

翡翠以绿色为贵，其次为紫色、红色、黄色、灰绿色、灰色、无色等。颜色评价标准："浓、阳、正、匀（和）"。对绿色而言：浓，即绿色要浓郁饱满；阳，即绿色要鲜艳明亮；正，即绿色要纯正不邪；匀，即绿色要均匀柔和。具备这四项条件的正绿及略微偏黄的绿都是高质量的绿，属于上品。如翠绿、秧苗绿、苹果绿等。绿色中忌带青、蓝、灰、黑等色调，这些杂色俗称为"邪色"，使质量降低，"邪色"明显者为下品。对于绿色不均匀的品种，评价时需考虑：绿色形态、绿色范围和基底颜色。以绿色鲜艳、绿色条带或斑块宽大、所占面积比例大、底色纯净和谐者为佳品。

（2）质地和地子

质地指玉石的结构性质，即组成矿物的颗粒大小、形态及致密程度。内部结构性质不同，反映出来的质地特征不同：①具有粗粒结构的玉石，组织较松散，质地粗糙；②具有细粒纤维状结构的玉石，组织紧密，质地细腻；③质地越细腻越好，通过肉眼看不到闪亮的矿物晶粒小面为优质者。

地子（底子、地张）指翡翠中除绿色外的其他性质，包括整体颜色、结构、透明度、净度等多方面的综合美学效应。地子以结构细腻、透明度高、洁净、色泽淡雅均匀者为好。如玻璃地、水地、蛋清地等。

（3）透明度

玉石的透明度常被称为"水头"。一般呈半透明-不透明，透明者罕见。透明度越高越好。透明度高：称"水好""水头高"或"水头足"；透明度低：称"水干""水头差"或"水头不足"。常用光线能透射玉料的深度，称"几分水"，来定量表示透明度。其中一分水为光线能透射玉料一分深度，约3mm；二分水为光线能透射玉料二分深度，约6mm。在我国港澳地区，翡翠的透明度称为"种"。划分为：玻璃种、半玻璃种、冰种、半冰种、粉地（无种）。相当于：透明、亚透明、半透明、亚半透明、不透明。

（4）裂纹（绺裂）

玉石中的裂纹（隙）也称"绺裂""绵柳"。裂纹的存在会影响玉石原料的成材率，以及玉石成品的完美度和耐用性。评价时需考虑裂纹出现的部位、裂纹的大小、裂纹的数量、裂纹的性质（原生、次生、贯穿深度等）。一般地，凡有明显裂纹的玉制品，无论其他条件（颜色、质地、透明度）如何，除非有改制前景外，均不能售以高价。

（5）瑕疵

翡翠中常见的瑕疵分两类：①白色瑕疵：呈白色絮状、团块状、云雾状等杂质，俗称"石花""石脑"，成分可能为长石、石英等；②黑色瑕疵：呈黑色或褐色的点状、斑状、丝带状等杂质，成分多为角闪石、铬铁矿等，对净度的影响更大。评价时需考虑瑕疵的种类、出现的部位、大小、数量等。

（6）雕工

对于戒面、串珠、手镯等的质量评价，要看其规格比例是否合适，琢磨、抛光是否精细。对于玉雕、玉片、玉佩等雕件的质量评价，要看其造型的艺术价值，俏（巧）色效果，琢磨、抛光精细程度。

5.8.1.6 硬玉（翡翠）的成因与产地

尽管硬玉矿物主要产于榴辉岩、角闪岩、蓝闪石片岩等变质岩中，属变质矿物。但几乎全世界的翡翠矿床都产在超基性岩的蚀变交代岩及其与围岩的接触带中，并常与钠长石、阳起石共生。砂矿型的翡翠砾石矿也是个重要类型。

缅甸是翡翠的主要产地，世界上 95% 以上的优质翡翠产于缅甸。危地马拉、俄罗斯、美国、日本和新西兰等国也有翡翠产出。

缅甸翡翠矿床按行政区划分为八大场区：后江、雷打、龙肯、帕敢、香洞、会卡、达木坎、南奇，某些场区可由若干个"场口"（缅甸语称为"冒"或"磨"）组成。也可按矿床开采历史的早晚将场区分为：老场区、新场区和新老场区，老场区有帕敢、达木坎、后江、雷打等；新场区有著名的马萨场口、凯苏场口等；新老场区有著名的龙塘场口。又可按矿床的成因类型分为两种：原生矿床和次生（外生）矿床。

（1）原生矿床

缅甸原生矿产于乌尤河上游，主要分布在雷打场区和龙肯场区。代表性的场口有度冒、凯苏、铁龙生、雍曲冒、纳磨、马萨、缅磨和目乱岗等。该区位于阿尔卑斯褶皱区外带。属于早第三纪变质带区。矿区内除了蛇纹石化纯橄榄岩、角闪石橄榄岩和蛇纹岩外，还广泛分布有蓝闪石片岩、阳起石片岩及绿泥石片岩。主要原生翡翠矿床产于度冒蛇纹石化橄榄岩体中及其与片岩的接触带内。矿体呈脉状、透镜状。矿体一般具有分带现象，中心为较纯的硬玉（白色），其中可产优质翡翠，由内向外依次出现钠长石→硬玉岩带和细粒钠长岩带（其中产块状、角砾状艳绿色硬玉钠长岩）→角闪石岩→绿泥石岩。

（2）次生矿床

缅甸北部的冲积砂矿因其翡翠质量很高而久负盛名。这些砂矿沿乌尤河及其支流河谷分布，特别是集中在马蒙、潘马、肯西和卡杰冒一带。其次生矿床主要有以下两种类型。

① 砾岩阶地型翡翠矿床　由原生翡翠矿体经风化、剥蚀、搬运和陆相河流沉积作用，形成洪积和冲积矿床后，又由于古近-新近纪地壳构造抬升作用，使其成为远离河床的阶地（高地）型翡翠矿床。翡翠矿床以砾石状产出，砾石层厚薄不等，最厚可达百余米；砾石层中翡

翠原石与其他岩石砾石混杂，分选性差，大小不等，且磨圆度各异，并由一些砂质和黏土质胶结。该类矿床主要分布在由龙塘到帕敢乌尤河段的西北岸和会卡，主要场区有帕敢、会卡、后江等地，所产翡翠皮厚且颜色丰富多样，有黄砂皮、黑灰色砂皮、水翻砂皮等类型。

② 现代河流冲积型翡翠矿床　原生翡翠矿床和砾石阶地型翡翠矿床（以后者为主）受地表风化作用和河流冲刷搬运作用至现代河床中沉积而成。缅甸翡翠的冲积砂矿以其所产的高质量翡翠而久负盛名，这些砂矿沿乌尤河及其支流河谷分布，主要产地有帕敢、后江等地。该类矿床中的翠砾石与其他岩石，如漂砾、卵石、沙，混在一起，未胶结。翡翠原石可以直接从河床中采出，其特点是皮薄、磨圆度好，颜色变化较大，常见有高质量特级翡翠，因此此类矿床最具经济价值。

5.8.1.7　翡翠的佩戴与保养

翡翠是玉石的一种，自古以来就深受国人的喜爱，随着人们生活水平的不断提高，越来越多的人喜欢佩戴玉饰，而其中的大部分人都喜欢佩戴翡翠手镯、吊坠等。

（1）翡翠手镯

翡翠手镯一般只戴一只。古有"左进右出"一说，像玉、水晶等具有灵性的饰品，一般应当戴在左边，净化进来的气。

① 佩戴翡翠手镯的好处

第一，在炎热的夏天，翡翠手镯的凉感比其他玉镯强，可以使人镇定心神。第二，腕部是身体血液循环的末端，而回流的血液全凭心脏的压力来实现，如果佩戴翡翠手镯，可以有效促进血液的循环。第三，具有按摩的作用。佩戴翡翠手镯或者玉指箍，夏天除具有降温消暑的作用外，还可起到按摩，调节人体机能，稳定人的情绪的功能。第四，自然美的享受。翡翠手镯的颜色丰富，适合人们的各种需求，增添魅力。

② 翡翠手镯的分类

现在的翡翠手镯样式越来越多，为消费者提供了更大的选择空间。按照翡翠手镯表面装饰来说，可以分为：光面（素面）翡翠手镯和刻面（雕刻花纹）翡翠手镯。大多数翡翠手镯都是光面的。按照形状来说，翡翠手镯大致可以分成圆条平镯（圆镯）、扁条手镯与贵妃镯三种，见图5-8-6。圆条手镯光素无纹，简洁大方，佩戴效果最优，适合中老年女士佩戴。扁镯的佩戴舒适性最优，也最流行，市场上的翡翠手镯大多属此类型（制作要求：孔正条圆。正看水平面，立看一卦书，没有翘棱，没有断裂，光滑圆润）。贵妃镯是新款手镯，主要制作成

(a) 圆条平镯

(b) 扁条平镯

(c) 贵妃镯

图 5-8-6　翡翠手镯

一些小圈口的，尤其适合年轻窈窕的时尚女士佩戴。如果按照玉质或翠色来说，翡翠手镯大致可以分成满绿手镯、福禄寿手镯、金丝种翡翠手镯、紫罗兰手镯、满红色手镯、白底青翡翠手镯、花青种翡翠手镯等。款式虽然多，但是佩戴还是有一定讲究的。手腕偏瘦，选圆镯比较合适；手腕粗胖，选择扁形较好；手腕较细，选择贵妃镯比较服帖漂亮。手镯有粗有细、有宽有窄，身材苗条者可选细窄的，体态丰满者可选粗宽的。不同玉质、不同翠色的手镯能满足各种人群的不同喜好，佩戴者可以根据自己的体形和爱好来选购。

③ 翡翠手镯尺寸的选择

在选购玉镯时，玉镯的尺寸一定要适合自己，过小会因紧贴腕部皮肤而引起不舒适感，甚至影响血液流通，日后也不易取出；过大则容易在手摆动过程中脱落而摔坏。佩戴手镯最美观的是镯与腕之间稍有一定的活动距离，一般来说戴上后，只要能沿着手臂往后推至离手腕大约10cm的距离，佩戴起来是最舒适的。

我们也可以根据自己的体型和手型粗略地估计自己适宜的尺寸。体型和手型中等者，在选择条宽时可细可粗，内径一般为55～58mm，大多数人的手都能佩戴；体型和手型偏胖的女士，尽量不要挑选细条手镯，要选择中等偏宽的，条宽合适，跟体型搭配较为协调，可增加其美感，内径一般在58mm以上；体型和手型都比较小巧的女士可选内径一般为55mm以下的手镯，条子细窄并且不要太厚。

④ 翡翠手镯的正确佩戴方法

佩戴手镯时最好选在清晨，因为这个时候手骨是一天当中最软的。在佩戴过程中，特别是第一次佩戴时，要谨慎小心，多加注意。

第一，在佩戴之前应选择好佩戴的地点，一般可以在铺有地毯的房间坐下来或者是在床上佩戴翡翠手镯，这样可以防止佩戴过程中，手镯摔落而受到损坏。

第二，佩戴翡翠手镯之前对手和手腕进行按摩，这样可以防止佩戴翡翠手镯僵硬时，卡住关节部位的疼痛。

第三，用洗手液或者香皂来润滑手，这样手镯比较好戴进去，但是要注意戴翡翠手镯的那只手一定要用毛巾擦干，尤其手上不要有洗手液，否则两只手都太滑无法用力戴了。

第四，在佩戴翡翠手镯时，手部要自然向上放松，这样可以让翡翠手镯向下滑落，也能避免翡翠手镯在佩戴过程中不慎滑落而损坏。

（2）翡翠吊坠

① 概述

玉坠的造型多利用体积较小的原料雕刻而成，其形式简练集中、琢工简洁明快、风格简约粗犷，是唐宋元时期非常流行的佩戴玉饰，同时开创了装饰品的新风格。从宋代至明代，玉坠多以人物、动物、瓜果等食物为题材。玉坠发展到今天，无论材质、图案、做工、理念都已美轮美奂，变化多端。一般地说，只要材质上乘，做工精巧，选择得体，玉坠都有画龙点睛的微妙作用，都能表现出男性的豪迈和热情，女性的气质和追求。玉坠虽小，却包含着一个美丽的世界。民间流传着"男戴观音女戴佛"之说，这主要是因为在过去经商的、赶考的等都是男子，常年出门在外，最要紧的是平安。观音可保平安，同时人们也希望在其保护下，生活顺利、事业顺心、身体健康、万事如意。佛，也就是弥勒佛，未来之佛，能带给人们福气、祥和之气，以祈盼美好的明天。男戴观音女戴佛，是取阴阳调和、二性平衡之意。男戴观音，特别是佩戴玉观音，就是希望男士们能借观音来弥补自身的不足，多一些像观音一样的慈悲与柔和，自然就得观音保佑平安如意。女士多带弥勒，是让女人少一些嫉妒和小心眼，少说点是非，多一些宽容，要像弥勒佛一样肚量广大，自然得菩萨保佑快乐自在。

因为俗传有男戴观音女戴佛的说法，所以大多数翡翠观音尺寸较大，如：翡翠观音挂件、滴水观音等比较适合男性。男性的发型相对女性种类较少，只要不是特别夸张和新潮的都没什么问题，平头、分头、寸头均可。女性佩戴观音则需要迎合观音慈祥、温和的特点，不然会显得颈上的饰物十分突兀，自然的长发披肩、温柔的盘发、大波浪的卷发、干练的短发都是不错的选择。配合发型的同时切记不可浓妆艳抹，以免失了翡翠观音的柔性。翡翠观音的颜色应以淡色为主。一般皮肤偏黄的人建议不要购买颜色过于鲜艳的翡翠观音，可以选择无色或者是微黄颜色；其次要注意搭配，可以与不同的宝石搭配融合，更显翡翠耀眼。皮肤偏黑的人可以选择绿色、白色的翡翠观音，这两种颜色的翡翠吊坠，因其颜色明亮，光泽透亮，造型尤其生动，与颜色对比强烈，更能凸显翡翠的美。体型大的人一定要戴型号大些的挂件，这样才好与体型相配，太小会显得不伦不类。其次，体型高大的人适宜戴比较厚重的翡翠挂件，显得饱满圆润，这样可以与佩戴者的整体气质相配，不会显得戴在身上的吊坠很突兀或者多余。

② 玉坠的搭配

一件好的玉器吊坠，一定要配一条相称的挂绳才算完美。现在市场常见的手工纺织的工艺挂绳，外形比较漂亮。挂绳的颜色也比较丰富，常见的有五彩色、红色、绿色、蓝色、棕色、黑色、七彩色；绳也有粗、细、单股、多股等。

中国人自古对红色情有独钟，红色是喜气、吉祥的象征，尤其是在中国的传统节日春节中红色更是处处可见。本命年用红绳，可以辟邪。有些人喜欢黑色的绳，黑色给人以深邃之感，是永不过时的时尚色。咖啡色是男士们比较喜欢选用的颜色，它没有红色的张扬，黑色的冷酷，感觉比较中庸平和。平时小孩子用五彩线绳，特别是过生日送玉的，用五彩线绳的特别多。亦可根据自己的五行佩戴，如：黄、红、蓝颜色象征土、火、水三大元素。

以绳配加各种材质的圆珠，也是常见的节艺方法，行家称为"节珠"。玛瑙节珠，有红色、黑色、白色等很多颜色，透明度好，价格便宜，但档次较低，适合与中低档的翡翠相配。珊瑚节珠，颜色鲜艳，透明度差，适合与颜色绿、种分普通（透明度较差）的中高档翡翠相配。红翡、黄翡节珠，透明度一般，颜色不够鲜艳，档次不高，适合与绿色不多、不艳的中低档翡翠相配。

高档翡翠有时仅用素绳搭配，以突出翡翠本身的美感，有时也会配桃红碧玺、绿翠节珠，碧玺的透明度高，颜色美丽，与高绿老种的翡翠相得益彰。高绿翠珠成本也很高，适合高档翡翠。

③ 玉坠的寓意

俗话说"玉必有意，意必吉祥"。几千年文化积累和筛选，精炼出许许多多的优美传说、典故，各种各样的精美图案，为玉器雕琢提供了丰富的素材。

不同图案的玉佩寓意不同，在日常生活中可根据翡翠玉佩的不同寓意进行选购和佩戴。

吉祥如意类反映人们对幸福生活的追求与祝愿。在图案中主要用龙、凤、祥云、灵芝、如意等表示，梅花、喜鹊、云纹（形似如意、绵绵不断）、三星（福、禄、寿）、笔、鲶鱼

（谐音年年有余）、蝙蝠（同福、遍福）、古钱（谐前、眼前）、双钱（谐双全）、寿桃（桃形如心）等适合各种人群佩戴。如龙凤呈祥，图案由一龙一凤和祥云组成。

长寿多福类表达人们对健康长寿的期望与祝愿。图案中主要用寿星、寿桃，代表长寿的龟、松、鹤等。佩戴人群以中、老年人为主。如三星高照图案中往往由手持蟠桃的寿星、鹿和蝙蝠组成，象征幸福、富有、长寿。

家和兴旺类表示希望夫妻和睦、家庭兴旺。图案主要用鸳鸯、并蒂莲、白头鸟、鱼、荷叶等表示。经常作为结婚喜庆的礼品相赠，或表示夫妻恩爱、家和万事兴。如白头富贵，图案中由白头鸟、牡丹组成，既表达了夫妻恩爱百年，又是生活美好的象征。

安宁平和类表示现代社会里人们对安定、平和生活的向往。图案主要用宝瓶、如意等表示。适合一些常年在外工作或工作、生活漂泊不定的人佩戴，以寄托家人对他的平安祝愿。如平平安安，图案中有一个花瓶和两只鹌鹑，意为祝愿万事顺意。

事业腾达类象征人们对个人成就和仕途前程的向往与祝愿。图案主要用荔枝、桂圆、核桃、鲤鱼、竹节等表示。佩戴者比较注重个人成就和自我价值的实现。如节节高升，图案由竹节构成，意为不断进取，节节向上。

辟邪消灾类表示人们希望在某种神灵保护下，生活顺利、事业顺心、身体健康、万事如意。图案用十二生肖、观音、佛、钟馗、关公、张飞等来表示。如在佛教里"本命佛"又称为八大守护神，是佛教通过天干地支、十二因缘、"地、水、火、风、空"五大元素相生，推出了八位佛和菩萨保佑十二个生肖，故称为"本命佛"。鼠年出生的人守护神是千手观音；牛年、虎年出生的守护神是虚空藏菩萨；兔年出生的人守护神是文殊菩萨；龙年、蛇年出生的人守护神是普贤菩萨；马年出生的人守护神是大势至菩萨；羊年、猴年出生的人守护神是大日如来；鸡年出生的人守护神是不动尊菩萨；狗年、猪年出生的人守护神是阿弥陀佛。人们可根据自己的属相来选择相应的守护神来辟邪消灾。

翡翠坠的题材还有很多，最受人喜爱的题材有"福豆"，以翡翠雕成豆角；有的是雕鲶鱼，取其意"年年有鱼"；翡翠辣椒，寓意红红火火；"福禄"雕葫芦；"岁寒三友"雕松、竹、梅等。

（3）佩戴翡翠的注意要点

佩戴翡翠饰品应注意以下几个方面。

① 着装颜色　浅色服装能比较好地映衬翡翠饰品。在穿着西式正装时佩戴翡翠要有所注意。如男士穿西装打领带时不宜佩戴项坠类和手链类的翡翠饰品。女士着职业装时不宜佩戴翡翠项链。

② 肤色与身材　主要注意皮肤颜色、面部形态、脖颈长短粗细、手腕粗细、手指的长短粗细与手关节形状等。这些对选择翡翠的颜色、佩戴手镯、项链的长短、宽窄、耳饰款式、戒指大小及款式都有重要的参考价值。如皮肤白净可以选择浅淡一点的颜色，手腕过细不宜戴宽条手镯，脸型长不宜佩戴垂挂类的耳坠等。

③ 年龄　不同的年龄要考虑不同的翡翠或款式。一般年轻的可考虑小戒面及阳绿色的翡翠戒，细条手镯及精致吊坠也深受年轻人喜爱，充分体现活力、朝气与美丽；年长者则适合戒面大、颜色深一点的翡翠戒或玉戒、庄重的胸针或胸饰；老年人则多喜爱戴手镯及腰间佩玉。

④ 气质与性格　翡翠是东方的文化符号，体现东方人勤劳忍耐、内敛深沉、淡定平和的性格。因此可以根据自己的喜好选择适合的翡翠颜色与器型。

⑤ 佩戴的环境及场合　日常使用与正式场合的佩戴是完全不同的。在办公室、聚餐会等不同的场合，对翡翠首饰的款式及颜色的选择也有不同。在办公室里要显现优雅、自信、精干、得体，最好选用翡翠镶金坠饰；在聚餐会上要显示光彩夺目，美丽动人，用翠绿色的翡翠胸针最能体现美；在郊外远足，则适宜洒脱的长珠链，令您随心所欲，趣味无穷。

（4）佩戴翡翠的保养

翡翠是美丽、丰富、高贵、洁净等一切精神美的象征，那么在日常生活中，我们应该如何保养翡翠饰品呢？

① 应避免与硬物碰撞或高空摔落，防止撞裂或摔破饰品。在佩戴翡翠首饰时，应尽量避免使它从高处坠落或撞击硬物，尤其是有少量裂纹的翡翠首饰，否则很容易破裂或损伤。

② 应避免存放在高温下或明火灼烧，以免丢失温润的水分。

③ 镶嵌的翡翠饰品应经常清洗，保持饰品的光洁和亮泽，镶嵌的金属物质年久失去光泽可以到专业维修处抛光处理。翡翠首饰是高雅圣洁的象征，若长期使它接触油污，油污则易沾在表面，影响光彩，有时污浊的油垢沿翡翠首饰的裂纹充填，很不雅观。因此在佩戴翡翠首饰时，要保持翡翠首饰的清洁，得经常在中性洗涤剂中用软布清洗，抹干后再用绸布擦亮。

④ 长期不佩戴的翡翠饰品，每年可放在清水中保养一次，擦干水后，再适量涂点植物油进行保养，以更好滋养翡翠温润的灵性。

⑤ 保存翡翠首饰时，一般要单独包装，切忌和其他首饰混放在一起，避免磨损翡翠饰品。

⑥ 翡翠首饰不能与酸、碱和有机溶剂接触。因为翡翠是多矿物的集合体，切忌与酸、碱长期接触，这些化学试剂都会对翡翠首饰表面产生腐蚀作用。

5.8.1.8　翡翠的应用及发展趋势

翡翠目前的主要用途是作为一种重要的玉石原料，其边角料可作为制作微晶玻璃的原料。

翡翠精品从古至今都是价值连城，其价格及市场行情可以从对翡翠的估价和拍卖成交价得以知晓，例如，慈禧太后的殉葬品中有绿皮红瓤，白子黑丝的翡翠西瓜2个，估价500万两（1两=50g）白银。佳士得举办的珠宝拍卖会上单件成交最高的翡翠是一串珠链，成交价高达3300万港元，是1994年创下的纪录。2000年以来，我国内地的珠宝界也认识到拍卖是翡翠精品销售的一种重要方式，各地都举办了翡翠拍卖交易活动。推出珠宝翡翠拍卖专场的拍卖公司有北京保利、北京华晨、中鸿信、傅观、广州嘉德等。其中北京保利春季拍卖专场的一件"翡翠珠链套装"以1815万元成交，占据2006年珠宝翡翠成交价格的第2名，另一件"高新翠链套装"也以242万元成交。

2022年香港佳士得拍卖史上最珍罕的稀世老坑帝王绿翡翠项链，最终以6903万港币成交。进入千禧年以来，国内外收藏家对高端翡翠趋之若鹜，需求从未间断，平均年涨幅超过20%。历史数据显示，翡翠原料在1996年是每千克1500~2000元人民币，到2013年每千克已超过一万人民币。2020年以来由于缅甸疫情防控和局势变化等，导致翡翠原料供应紧缺，高端翡翠年平均涨幅保持在30%以上，同档次的高端翡翠，在拍卖行拍出的价格屡创新高。

综上所述，拍卖行是相对公平公开的高端翡翠交易渠道，拍卖行的成交数据和行情变化，具有市场风向标的作用。迄今为止高端翡翠在拍卖行都有良好的升值纪录，意味着翡翠市场前景欣欣向荣。

思考题

1. 简述翡翠的物理化学性质。
2. 简述翡翠品种分类。高档翡翠主要出自哪类品种？
3. 简述 A、B、C、B+C、D 货翡翠的鉴别特征。
4. 简述翡翠的成因与产地。
5. 请结合所学的知识和儒家思想分析"人养玉三年，玉养人一生"观点是否有科学依据和蕴含的道理。

5.8.2 透辉石（diopside）

5.8.2.1 概述

透辉石是辉石族一种常见的矿物，自然界中常见。宝石级透辉石产出国家较多。其中，被誉为"西伯利亚祖母绿"的铬透辉石，既携有精致华丽的璀璨，也可展现万物复苏的生机。它以其灵动的色彩，完美地诠释了什么是珠宝所能赋予的浪漫春色。

透辉石的英文名是 diopside，源自希腊语 dis 和 opsis，前者为双重的意思，后者为影像，因为它棱镜的形状可呈现出双重影像。美国纽约自然历史博物馆收藏一粒产自美国纽约州的绿色透辉石，38.0ct。美国华盛顿史密斯博物馆收藏有产自印度的黑色星光透辉石，133.0ct，黑色猫眼透辉石，24.1ct；马达加斯加产的绿色透辉石，19.2ct；意大利产的黄色透辉石，6.8ct；缅甸产的黄色透辉石，4.6ct。

5.8.2.2 透辉石的物理化学特征

透辉石属于链状硅酸盐，其化学式为 $CaMg(SiO_3)_2$。成分常含有一定量的 Fe 替代 Mg，当 Fe 的离子数超过 Mg 时，则过渡为钙铁辉石 $CaFe(SiO_3)_2$。此外，透辉石可含 Cr、V、Mn 等杂质元素，其中富含 Cr 的绿色亚种称为铬透辉石，颜色美观，是透辉石的主要变种。透辉石属于斜方晶系矿物，常呈柱状晶体，见图 5-8-7，单晶少见，常呈柱、粒状集合体。

图 5-8-7　铬透辉石晶体

（1）光学性质

① 颜色　透辉石颜色丰富，常见无色、灰色、褐色、紫色、黑色、绿色等颜色。

② 光泽和透明度　强玻璃光泽；透明至不透明。

③ 光性与多色性　透辉石为非均质体，二轴晶，正光性。透辉石的多色性强弱和颜色取决于其体色，可见弱至强的多色性，颜色越深，三色性越明显，其中铬透辉石显浅绿-深绿多

色性。

④ 折射率和色散　折射率为 1.675~1.701，点测 1.68 左右，双折射率为 0.024~0.030；色散值为 0.013。

⑤ 发光性　绿色透辉石在长波紫外线下显绿色荧光，短波下呈惰性。

⑥ 吸收光谱　铬透辉石显铬谱，红区有一双线（690nm）和 635nm、655nm 及 670nm 三条弱吸收带；蓝绿区 508nm 和 505nm 处有吸收线，490nm 处有一吸收带；其他品种光谱不典型。

⑦ 特殊光学效应　可见猫眼和星光效应，其中星光效应由定向拉长状磁铁矿包裹体所造成，具有磁性。

（2）放大检查

放大检查下可见气液包裹体及矿物包裹体。

（3）力学性质与密度

透辉石解理明显，两组解理近 90°相交，莫氏硬度为 5.5~6.5，密度为 3.26~3.32g/cm³，星光透辉石为 3.35g/cm³。

（4）主要鉴定特征

铬透辉石为单斜晶系宝石矿物，非均质体，双折射较大，多色性明显。

5.8.2.3　透辉石的分类

透辉石根据颜色和特殊光学效应分为以下几个宝石品种。

① 铬透辉石　为鲜艳的绿色，颜色由铬所致。

② 透辉猫眼　绿色或者黑色。

③ 星光透辉石　黑色，为四射不对称星光。

④ 青透辉石　晶体细小，颜色为深紫色、蓝色，极少见。

5.8.2.4　透辉石的鉴别

透辉石与外观相似的翠榴石、橄榄石、钒铬钙铝榴石、碧玺、金绿宝石、祖母绿等可通过折射率、密度、双折射率、光谱特征等加以区分。

5.8.2.5　铬透辉石的质量评价

铬透辉石的质量一般从颜色、净度、切工和重量四个方面进行评价。

① 颜色　透辉石品种中最受欢迎且价值最高的是铬透辉石，其颜色为绿色，要求其色调鲜艳纯正。

② 净度　内部干净的铬透辉石供应量较大，所以对铬透辉石内部净度的要求也较高。评价标准是在 10 倍放大镜下不见任何瑕疵。具有星光和猫眼效应的铬透辉石，其星光效应和猫眼效应越明显价值越高。

③ 切工　铬透辉石的美丽取决于其颜色、折射率、色散，所以铬透辉石的切工评价应考虑其切磨比例和切割方向。

④ 重量　市场上供应的铬透辉石，常见从几分到数克拉，超过10ct的不多见，特别是翠绿色的大颗粒不多见，因此，大于10ct的优质铬透辉石应视为珍品。

5.8.2.6　透辉石的成因与产地

透辉石形成与岩浆作用和变质作用有关，是基性、超基性火成岩及高级区域变质岩、矽卡岩中的主要产物。缅甸产黄色透辉石、淡绿色透辉石和透辉石猫眼品种；马达加斯加产的透辉石呈现黑绿色；加拿大的安大略产绿色和褐红色透辉石；美国纽约州、俄罗斯和奥地利产绿色透辉石。铬透辉石主要产自芬兰，透辉石星光和猫眼主要产自印度。

5.8.2.7　透辉石的应用及发展趋势

透辉石除了用作宝石原料外，还可用于陶瓷工业和微晶玻璃行业，起到降低熔点，节约能源的作用。透辉石基微晶玻璃具有硬度高、韧性好、耐磨损及抗酸碱能力强等优点，在建筑装饰行业有着广泛的用途；品质优异的铬透辉石价值一直持续增长，并深受广大珠宝爱好者的喜爱，具有非常可观的前景。

思考题

1. 简述透辉石的物理化学性质。
2. 如何鉴别透辉石和橄榄石？

5.8.3　锂辉石（spodumene）

5.8.3.1　概述

锂辉石是一种含锂的硅酸盐矿物，因其颜色的淡雅、柔美、迷人而深受人们的喜爱。锂辉石（spodumene）英文名称来自希腊语，意为矿物梣木颜色。锂辉石中最珍贵的品种为紫锂辉石（kunzite），为一种玫瑰红至丁香紫色宝石，英文名称来自宝石学家——孔兹（Kunz）。

5.8.3.2　锂辉石的物理化学特征

锂辉石属于辉石族，为链状硅酸盐，其化学式为$LiAl(SiO_3)_2$。可含有少量的Fe、Na、Cr、Mn、Ti、V、Co等杂质元素。锂辉石属于单斜晶系矿物，晶体常为沿c轴延伸的扁平柱体，见图5-8-8，柱面具有明显平行于柱体的条纹，偶见双晶。

（1）光学性质

① 颜色　锂辉石颜色丰富，常见粉红至紫红色、绿色、黄色、无色等，蓝色偶见。

图5-8-8　锂辉石晶体

② 光泽和透明度　强玻璃光泽；透明至半透明。

③ 光性与多色性　锂辉石为非均质体，二轴晶，正光性。锂辉石的多色性与体色相关，颜色深者，三色性较明显，紫锂辉石呈粉红色、紫色、无色，绿色锂辉石呈绿色、黄绿色、蓝绿色。

④ 折射率和色散　折射率为 1.660～1.676，双折射率为 0.014～0.016；色散值为 0.017。

⑤ 发光性　紫锂辉石长波紫外光下为粉红到橙色，X 射线下发橙色光，同时也发磷光；黄绿色锂辉石长波紫外光下发橙黄色光，X 射线下发光性强。

⑥ 吸收光谱　铬致色的绿色锂辉石的吸收光谱可见红区有 686nm 和 683nm 双线，红橙区有 669nm 和 646nm 弱吸收线，并有以 620nm 为中心的宽吸收带，紫区全吸收；铁致色的黄绿色锂辉石在 433nm、438nm 处有弱吸收线。

⑦ 特殊光学效应　可见猫眼和星光效应。

（2）放大检查

放大检查下可见气液包裹体及解理造成的管状包裹体，也可见白云母等矿物包裹体，偶尔还可见定向排列的包裹体导致的星光效应和猫眼效应。

（3）力学性质与密度

锂辉石具有 {110} 柱面解理完全，两组完全解理角相交于 90°，由于解理发育，锂辉石的加工极其困难，断口呈阶梯状。莫氏硬度为 6.5～7，密度为 3.17～3.19g/cm³。

（4）主要鉴定特征

锂辉石为单斜晶系宝石矿物，柱状晶体、扁平柱状晶体，晶体表面可见密集的纵纹或有熔蚀现象，并有明显的三角形表面印痕，双折射较大，多色性明显。

5.8.3.3　锂辉石的分类

宝石级锂辉石主要有以下品种。

① 普通锂辉石　黄色、黄绿色、浅蓝色、无色的锂辉石，其中黄色、黄绿色、蓝绿色因含 Fe 致色。

② 紫锂辉石　粉红、浅紫、红紫、紫色的锂辉石，因含 Mn 致色。

③ 翠铬锂辉石　鲜艳的翠绿色锂辉石，也称翠绿锂辉石，因含 Cr 致色，较少见。

5.8.3.4　锂辉石的鉴别

根据锂辉石的颜色、多色性、光学、解理、发光性、吸收光谱、折射率、密度等参数可与相似宝石区分。如水晶、绿柱石等可根据折射率和密度值区分开。

此外无色或近无色的锂辉石可辐照成粉色，紫色锂辉石经辐照可变为暗绿色，稍加热或见光会褪色，某些锂辉石经中子辐照可呈亮黄色。由辐照产生的橙色、黄色、黄色锂辉石颜色稳定，但还残留放射性，不容易检测。

5.8.3.5 锂辉石的质量评价

锂辉石的质量一般从颜色、净度、切工和重量四个方面进行评价。

① 颜色　锂辉石品种中最受欢迎且价值最高者为紫锂辉石，其颜色可呈深浅不一的紫色调，在挑选时，其紫色调越鲜艳纯正者价值越高。

② 净度　内部越干净者越好。

③ 切工　锂辉石的美丽取决于颜色、折射率、色散，所以锂辉石的切工评价应考虑其切磨比例和切割方向，在加工时为获得最佳效果，琢磨宝石的台面应垂直于晶体的长轴。

④ 重量　市场上供应的锂辉石，常见从几分到数克拉，超过 10ct 的不多见，特别是翠绿色、紫色的大颗粒不多见，因此，大于 10ct 可视为锂辉石中的珍品。

5.8.3.6 锂辉石的成因与产地

宝石级锂辉石主要产于花岗伟晶岩中，与石英、长石、绿柱石、白云母、磷铝锂石等共生。主要产地有巴西、美国、马达加斯加、阿富汗、缅甸、俄罗斯、墨西哥、中国等。其中美国加利福尼亚州优质的紫锂辉石与粉红色绿柱石共生于伟晶岩中；美国北卡罗来纳州出产优质的祖母绿色的翠绿锂辉石晶体；美国缅因州还产出一种锂辉石猫眼。

5.8.3.7 锂辉石的应用及发展趋势

锂辉石是提取 Li 的重要原料。此外，锂辉石还可用于制造高温陶瓷材料、玻璃陶瓷材料等。目前锂辉石玻璃陶瓷常用于制造光学器件、激光器、光纤通信等高科技领域。

随着科技的发展，锂辉石的应用领域还将进一步拓展，锂辉石的需求量将持续增加，其应用前景也将更加广阔。

思考题

1. 简述锂辉石的物理化学性质。
2. 如何鉴别锂辉石和摩根石？

5.9　角闪石族——软玉（nephrite）

5.9.1　概述

软玉也称为"和田玉"，曾因产于新疆和田而得名，时至今日，和田玉已成为软玉的商业用名，不具有产地意义。软玉以其细腻的质地，温润的光泽深受人们的喜爱，优质白玉、碧玉、糖白玉资源稀少且价值昂贵。软玉的英文名称为 nephrite。世界上软玉产地较多，有中国、加拿大、新西兰、澳大利亚、美国、朝鲜等国，但以我国新疆和田县产的软玉应用历史最久、质量最佳，加之中国又是"世界玉雕之乡"，其所用的玉石主要是软玉，故外国人又称之为"中国玉"。

中国号称"玉器之国",在以神农氏、伏羲氏为代表的石器时代和以治水的大禹为代表的青铜器时代之间,还划分出了一个"玉器时代",这个时代的代表人物,就是被尊为中华民族祖先的黄帝。"玉器之国"和"玉器时代"的代表玉石就是"软玉",由于在和田出产的玉石最有名,故又称和田玉。在 3000 多年前,我国已开始使用软玉。1986 年在江苏吴县出土的一批吴国的软玉玉器,距今也有 2000 多年了。公元前 138 年,张骞奉汉武帝之命出使西域,回长安时带来了西域地区的许多土特产,其中有于阗的美玉(即软玉)。这样,开始了中国古代对外交通最著名的"丝绸之路"。同时,在敦煌之西的戈壁中,设置了两座关隘。由于西域的软玉源源不断地通过一座关隘输入内地,因此这座关隘取名为"玉门关",另一座关隘则叫"阳关"。由于大量的软玉输入,西汉时玉雕业迅速发展,达到了相当高的水平。

在河北省满城西南约 1.5km 处,有一座石灰岩构成的陵山。1968 年夏,在山上施工时无意中发现山上有一座宏大的古代陵墓。据研究,这是赫赫有名的汉武帝的哥哥中山靖王刘胜的坟墓,距今已 2000 多年。不久,在附近又发掘了刘胜之妻窦绾的陵墓。在这两座墓中,出土了大批文物,其中最可珍贵的是刘胜和窦绾尸体上穿的金缕玉衣。

汉代使用白玉盛行,到明清时期,各种软玉制品琳琅满目,玉雕技术日益高超,形成完整而独特的艺术风格,丰富的软玉制品已成为中华民族灿烂文化的组成部分。中国古代的真玉只有软玉一种,这种情况一直延续到明清之交缅甸翡翠成规模性输入中国为止。

5.9.2 软玉的物理化学特征

软玉也称和田玉或透闪石玉(图 5-9-1)。它是在地质作用过程中形成的、达到玉级的以透闪石-阳起石为主的矿物集合体,含有微量透辉石、绿泥石、方解石、石墨、磁铁矿等矿物。若微量矿物不计,则化学成分介于透闪石和镁阳起石两个端员矿物之间,分子式是 $Ca_2(Mg,Fe)_5[Si_4O_{11}]_2(OH)_2$。除主要元素 Ca、Si、Fe、Mg、O 外,还有一些杂质元素如 B、Al、Mn、K、Na 等。

图 5-9-1 和田玉

5.9.2.1 光学性质

① 颜色 软玉的颜色取决于组成软玉的矿物颜色。不含铁的透闪石呈白色和灰白色,含铁的透闪石呈淡绿色;阳起石的颜色为绿色。当软玉中含有石墨和磁铁矿时,则出现灰黑色或黑色,另外还有黄绿色、青白色、灰色等。一般来说,软玉的颜色较均一。

② 光泽和透明度 油脂光泽至玻璃光泽,半透明至不透明。

③ 折射率 折射率为 1.606~1.632,点测值常为 1.62。

④ 发光性 软玉的荧光呈惰性。

⑤ 吸收光谱 翠绿色品种也可出现 Cr 的吸收光谱,类似于翡翠,其他品种(包括墨绿色的软玉)无特征光谱。

⑥ 特殊光学效应 透闪石-阳起石猫眼为具有平行纤维构造的软玉变种,当长纤维状透闪石-阳起石平行排列、加工正确时可产生猫眼效应。

5.9.2.2 放大检查

可见叶片状、纤维状交织结构，质地细腻，可见黑色固相包裹体或白色、灰色条纹（水线）或团块。

5.9.2.3 力学性质与密度

软玉的主要矿物透闪石具有两组完全解理，但集合体通常不可见。参差状断口，韧性大，细腻坚韧。莫氏硬度为 6～6.5，品种不同略有差异。密度为 2.80～3.10g/cm³，通常为 2.95g/cm³，视颜色和品种不同而略有变化，如墨玉为 2.66g/cm³，碧玉为 3.01g/cm³。

5.9.2.4 主要鉴定特征

软玉的主要矿物为透闪石-阳起石，颜色丰富，油脂光泽至玻璃光泽，半透明至不透明，结构细腻，韧性强，可见黑色固相包裹体或白色、灰色条纹（水线）或团块。

5.9.3 软玉的分类

5.9.3.1 按产状分类

软玉按地质产出状况可分为：山料、山流水料、戈壁料和籽料。

① 山料　指直接从矿床中开采出的原生矿石，呈不规则状、棱角分明，无皮壳 [图 5-9-2(a)]。

② 山流水料　指原生矿石经过风化崩落并有一定的搬运距离，磨圆度较差，呈次棱角状，通常有较薄的皮壳 [图 5-9-2(b)]。

③ 戈壁料　指从原生矿床剥离，经过风化搬运至戈壁滩上的软玉，受沙尘、石流的长期磨蚀和冲击，软玉材料失去棱角，表面较为光滑，常有砂石冲击后留下的波纹面、砂孔等，无皮壳 [图 5-9-2(c)]。

④ 籽料　指原生矿石经过长距离搬运，均匀分布于河床及两侧阶地，整体呈卵圆形，磨圆度较好，块度大小不一，外表可有厚度不一的皮壳，常为优质玉料 [图 5-9-2(d)]。

   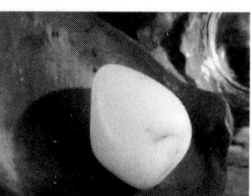

(a) 山料　　　　　　(b) 山流水料　　　　　　(c) 戈壁料　　　　　　(d) 籽料

图 5-9-2　和田玉的不同产状

5.9.3.2 按颜色分类

和田玉按颜色可以分为以下 8 种，各颜色和田玉品种参见图 5-9-3。

① 白玉　指白色的软玉，矿物以透闪石为主，含少量绿帘石、阳起石等，其中称颜色洁

白、质地细腻、光泽滋润、宛如羊脂者为羊脂玉，光泽稍差者为白玉。传统珠宝界对于不同程度的白色软玉有不同的叫法，如羊脂白、梨花白、雪花白、象牙白、鱼骨白、糙米白、鸡骨白等。白玉是软玉中的上品，羊脂玉是白玉中的极品。

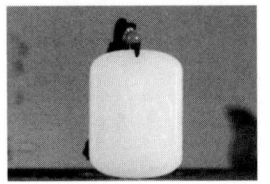

白玉　　　　　　青玉　　　　　　青白玉　　　　　　墨玉

碧玉　　　　　　糖玉　　　　　　黄玉　　　　　　翠青玉

图 5-9-3　不同颜色的和田玉

② 青玉　为青至深青、灰青、青黄等中-深色调的软玉，是和田软玉中数量最多的一种，有时可带少量糖色或黑色。根据带糖色的多少可进一步细分为青玉、糖青玉、烟青玉。

a. 糖青玉：指糖玉与青玉之间的过渡品种，其中糖色部分占 30%～85%。

b. 烟青玉：指烟灰色、灰紫色，可深至紫黑色的品种。

③ 青白玉　指颜色介于白玉和青玉之间，似白非白、似青非青的软玉。与白玉相比，青玉、青白玉中的透闪石含量略有减少，阳起石、绿帘石含量稍有增加。因古人曾用青玉、青白玉名称，故现今仍然沿用。

④ 墨玉　以黑色为主，颜色多不均匀，可夹杂少量白色或灰白色，墨玉的墨色是由所含的细微鳞片状石墨所致。

⑤ 碧玉　以绿色为基础，常见有绿色、灰绿色、黄绿色、墨绿色等，碧玉中常含有黑色点状矿物，其中黑色杂质为铬铁矿，绿色斑点通常为钙铬榴石，是软玉的重要品种。

⑥ 糖玉　颜色有黄色、黄褐色、红色、红褐色等，一般情况下如果糖色占到整个样品的 80% 以上时直接称为糖玉，30%～80% 时为糖白玉或糖青玉等，30% 以下时名字中不予体现。

⑦ 黄玉　指呈淡黄-黄色的软玉品种，可带灰色、绿色、绿黄色、栗黄色、米黄色。根据黄色色调的不同，有蜜蜡黄、栗色黄、秋葵黄、鸡蛋黄、米黄、黄杨黄等，其中以蜜蜡黄、栗色黄为上品。根据带糖色的多少可进一步细分为黄玉、糖黄玉。新疆若羌和且末产黄玉。

⑧ 翠青玉　产于青海的白玉，基底一般白中泛青，上面分布着淡淡的翠绿色。

5.9.4　软玉的鉴别

5.9.4.1　与相似玉石的鉴别

软玉的颜色一般比较均匀，质地细腻，光泽柔和滋润，略具透明感。结构较粗者常可见明显的似花斑状的结构,是由微细的透闪石呈纤维状、放射束状错综交织或杂乱聚斑状交织所致。与软玉相似的宝石及仿宝石主要有翡翠、蛇纹石玉、石英质玉石、钙铝榴石玉(含水钙铝榴石)和大理岩玉、玻璃等,可根据外观颜色、光泽、内部结构、折射率、相对密度等特征进行区别。

(1)颜色

各种玉石因主要成分及次要成分各有不同,因此表现出各种颜色。上等翡翠有其独特的翠绿色,而软玉一般为墨绿色、深绿色,二者均有白色品质;蛇纹石玉一般为黄绿色,少数褐黑色、杂色,无纯白色;石英质玉石有绿色、深绿色、白色等,白色往往被人染成红色、绿色。

(2)结构、光泽和透明度

任何一种玉石仅根据颜色是很难确定其确切名称的,对内部结构、透明度和光泽的观察是很重要的,结构、透明度和光泽是玉石的重要鉴定特征。

(3)硬度与密度

软玉的硬度比翡翠稍小,用石英可以刻动软玉,并留下凹痕,而难以刻动翡翠;蛇纹石玉的硬度比前两者小,变化范围也较大(2.5～5.5),用小刀可划出刻痕;大理岩玉硬度只有3.5,用小刀很容易划动;石英质玉石硬度为7,用石英划不动。

密度的测定对玉石的鉴定具有重要作用。其中一种方法是直接根据重量和体积计算密度;另一种方法是用密度已知的重液来推测(算)密度,即密度相对比较法,也称为重液法。翡翠的密度为 $3.25 \sim 3.34 g/cm^3$,在二碘甲烷(密度为 $3.33 g/cm^3$)中悬浮,在三溴甲烷(密度为 $2.9 g/cm^3$)中下沉;软玉的密度为 $2.9 \sim 3.1 g/cm^3$,在三溴甲烷中悬浮或下沉;蛇纹石玉的密度为 $2.44 \sim 3.18 g/cm^3$,除鲍文石外,一般在三溴甲烷中上浮;大理岩玉的密度为 $2.65 \sim 2.75 g/cm^3$,石英质玉石的密度为 $2.65 g/cm^3$,二者在三溴甲烷中均上浮。

5.9.4.2 优化处理软玉的鉴别

软玉的优化处理方法主要有浸蜡、染色、拼合、磨圆、仿古等。

(1)浸蜡

以石蜡或液态蜡充填软玉的成品表面,以掩盖裂隙、增强光泽,改善软玉的外观。浸蜡的软玉具蜡状光泽,有时可污染包装物,热针探测可熔解,红外光谱检测可见有机物的吸收峰。

(2)染色

一般采用虹光草汁、酱油、黑醋等烧煮,使软玉的局部或整体的表面变成红、红褐色或黑色,以掩盖表面瑕疵,最主要用来仿籽料,见图5-9-4(a);也可直接采用高温淬火的方法产生颜色。染色软玉颜色浮于表面,颜色大多浓集于凹坑或裂隙处,颜色鲜艳,不自然。观察时要注意颜色的变化,表面纹理牛毛纹的存在。

（3）拼合

将糖玉薄片贴于白玉表面，然后进行雕刻，将多余部分的糖色雕刻掉，剩余的糖色部分组成所要表现出来的图案，用来仿俏色浮雕。俏色部分的颜色与基底的颜色截然不同，颜色无过渡色，可见拼合缝［图5-9-4(b)］。

（4）磨圆

将大块的山料切割成小块，然后进行粗加工，再放入滚筒中，加入卵石和水滚动磨圆，用来仿籽料，俗称"磨光仔"。天然的籽料在自然滚动、搬运、碰撞中形成的毛孔大小不一，且每一个面的毛孔的边角有一定的趋同方向性。"磨光仔"在外表毛孔和表面光泽感观上与天然籽料不同，在反射光下会出现一定的棱光面，且毛孔多是石砂滚磨或金刚砂喷砂所致，毛孔呈点状、大小相同［图5-9-4(c)］。磨圆较好者表面光洁度高于天然籽料，有时还可见新鲜的裂痕。

（5）"做旧"处理（仿古）

仿古指将和田饰品在器型、纹饰、沁色上刻意模仿古代和田玉［图5-9-4(d)］。其鉴别特征为：真古玉器玉质老旧、手感沉重、外表柔滑、沁色自然、刀工利落、包浆滋润。新玉则没有这些特征。

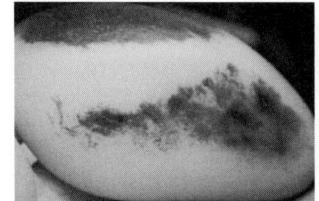  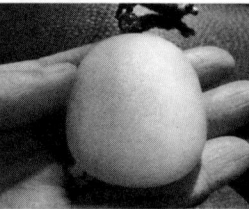 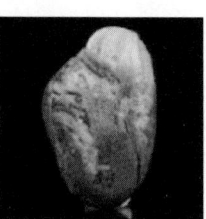

(a) 染色白玉　　(b) 拼合白玉手镯　　(c) 仿籽料　　(d) 仿古玉

图5-9-4　和田玉的优化处理样品

5.9.5　软玉的质量评价

5.9.5.1　常规评价准则

软玉的质量评价因素可从颜色、质地、光泽、净度、块度和加工工艺等方面进行。

① 颜色　一般要求颜色鲜艳、纯正、均匀、无杂色（俏色除外）。以白玉中的羊脂白玉最为珍贵，价格最高。

② 质地　要求质地致密、细腻、坚硬、均匀、少裂。

③ 光泽　要求为油脂光泽，明亮油润并具柔和感。

④ 净度　要求瑕疵越少越好。瑕疵主要包括石花、玉筋、黑点和绺裂等，其中绺裂是影响品质的重要指标，一般要求无明显裂纹。此外，软玉中含有的点状物、絮状物或盐粒较明显的"石花""萝卜纹""水线"或质地不均匀等现象也会对质量有所影响。

⑤ 块度　块度越大越好。

⑥ 加工工艺　软玉加工工艺对质量评价很关键，一个好的玉雕作品能提升其价值。

5.9.5.2　行业评价准则

另外行业中评价软玉的依据主要是颜色和质地。在各种软玉中，以细腻的羊脂白玉为上品，其次是白玉、碧玉、青白玉、青玉等。单块玉石则以颜色均匀、包裹体少、裂纹少为好，白色"花斑"太多也影响质地和价格。一般将白玉分为三级，青白玉分为二级，碧玉分为四级。

（1）白玉

一等品：颜色洁白，质地细腻，无裂纹，无包裹体，在5kg以上。

二等品：颜色较白，质地细腻，无裂纹，无杂质，在3kg以上。

三等品：颜色青白，质地较细腻，无裂纹，稍有杂质包裹体，在3kg以上。

（2）青白玉

一等品：青绿色，质地细腻，无裂纹，无杂质，在10kg以上。

二等品：青色，质地细腻，无裂纹，无杂质，在5kg以上。

（3）碧玉

特等品：碧绿色，质地细腻，无裂纹，无杂质，稍有星点，在50kg以上。

一等品：碧绿到深绿色，质地细腻，无裂纹，无杂质，稍有星点，在5kg以上。

二等品：绿色，质地细腻，无裂纹，稍有杂质，在2kg以上。

三等品：浅绿色，质地细腻，无裂纹，稍有杂质，在2kg以上。

总体上讲，白玉价格高于青玉，青玉高于碧玉，一般特等品碧玉价格介于二等品白玉和三等品白玉之间。

5.9.6　软玉的成因与产地

5.9.6.1　成因

（1）镁质矽卡岩型软玉成因

软玉产于中酸性花岗岩，如花岗闪长岩、花岗岩等与富镁的大理石接触带中，镁质大理岩提供CaO和MgO，中酸性岩浆提供SiO_2及—OH，在较低的温度压力条件下及特定的环境中以双交代形式形成透闪石。矿床受大理岩层控制，具有明显的层控性和分带性。我国新疆的和田玉矿即属于此类。

（2）超基性岩交代型软玉成因

软玉常呈透镜状或脉状产于蛇纹岩中，形成软玉的组分来源于受构造作用的蛇纹岩。此类软玉常为蓝绿色品种。新疆天山、加拿大、新西兰等地的软玉矿床属于此类型。

（3）变质岩型软玉成因

软玉矿床产于较古老的片麻岩杂岩体的白云质大理岩和条带状钙质硅酸盐岩中。四川龙溪、澳大利亚软玉属于此类。

5.9.6.2 产地

我国著名的软玉产地有新疆昆仑山（和田、于田等）、天山、阿尔金山三大地区。以"和田玉"和"碧玉"为著名品种，其中尤以和田玉最为著名。除新疆外，辽宁岫岩、台湾花莲县、四川汶川县、青海、江苏、贵州等地区均有软玉产出。世界上产出软玉的国家还有加拿大、俄罗斯、新西兰、澳大利亚、美国等。

5.9.7 软玉的应用及发展趋势

软玉的主要矿物成分为透闪石、阳起石，常用作玉雕材料。此外，透闪石还可以用作制备陶瓷、玻璃的原料以及工业填料。

新中国成立以后，国家非常重视软玉的生产和销售，软玉的产销进入了有计划、统一管理和统一经营的新时期，软玉同我国其他矿产资源一样，属于国家的财富，为国家所有。软玉是新疆的主要玉石品种，有关玉石的矿山建设、生产管理、技术指导、玉石收购、产品加工销售等，由区轻工业厅统一管理，具体部门为新疆维吾尔自治区工艺美术工业公司。各地区籽玉、山玉、大块玉料等都由国家组织统一销售。软玉为新疆特有，全国有关玉器厂家每年都有人到新疆购买软玉原材料。玉料按统一的工艺技术等级标准和价格进行制作销售。近年来，软玉市场形势较好，产量和销量增加，在各种软玉品种中，以白玉、碧玉销路最好，供不应求。

综上所述，软玉无论是作为玉石材料还是工业原料，都具有较好的应用前景和良好的发展趋势。

思考题

1. 简述软玉的物理化学性质。
2. 简述软玉品种分类。高档软玉主要出自哪类品种？
3. 简述软玉与相似玉石的鉴别。
4. 简述软玉的成因与产地。
5. 案例分析

赌石素有一刀穷一刀富的传闻，无论赌输赌赢都会成为玉界饭后的谈资。一夜暴富和一夜跳楼，血与泪的教训每天都在上演，可还是有很多人乐此不疲。例如：揭阳一玉友500万元买了和田玉原料赌石，切下去只剩下5万元，想不开才做出这种事，真是应了那句"赌石如赌命"！还有一位玉友20万元买了一块7.5kg和田玉籽料，切开后真的很让人惊艳，玉质细腻莹白，老熟的料子，绝对是难得一见的红皮羊脂玉，最后专家估价200万元。

请结合案例内容，谈谈你对赌石的看法。

5.10 蛇纹石族——蛇纹石玉（serpentine jade）

5.10.1 概述

蛇纹石玉，亦称岫玉，因产自辽宁省鞍山市岫岩满族自治县而得名，与和田玉、蓝田玉、独山玉并称为中国四大名玉。蛇纹石玉是人类最早认识和利用的玉石品种，在中国距今约7000年的新石器文化遗址中出土了大量的蛇纹石玉器。

目前，世界上蛇纹石玉的产地较多，多以产地命名，如新西兰产的鲍文玉、美国宾夕法尼亚产的威廉玉等。中国盛产蛇纹石玉的地方也很多，但优质蛇纹石玉主要产于辽宁省的岫岩满族自治县，我国"岫玉"也因此而得名。

岫岩主要产出透闪石质玉（老玉、河磨玉、石包玉）、蛇纹石质玉（蛇纹石玉、花玉、黄玉等）和透闪石质玉与蛇纹石质玉混合体（甲翠或岫翠）三大类。岫岩玉晶莹温润，玉质细腻，颜色多样，有耐高温性和抗腐蚀性，可雕性和抛光性好，适合雕刻大中型玉件。岫岩近古玉器生产起于清乾隆年间，兴于道光、咸丰时期。新中国成立后，岫岩玉进入繁荣发展的新阶段，岫岩玉雕产业不断兴盛和发展壮大，岫岩县也随之成为世界一流的产玉大县。现代岫岩玉雕工艺技术，深得京派玉作名师的真传，既借鉴南方工艺精华，又熔铸北方制玉特色，形成了具有中国特色的玉雕风格。

蛇纹石玉在中国的产地很多，除了最著名的辽宁岫岩满族自治县外，还有产于甘肃祁连山的酒泉玉（亦称祁连玉）；产于广东信宜市的南方玉；产于新疆昆仑山的昆仑玉；产于台湾的台湾玉等。酒泉玉为暗绿至黑绿色，并有大量黑色斑点或团块，常用来琢制杯碗。由于唐诗中有名句"葡萄美酒夜光杯"，故酒泉玉所制的酒杯常以"夜光杯"之名出售。

目前我国有20多个省市的玉器厂生产蛇纹石玉制品，并畅销国内外。1994年经国务院批准，决定将1960年7月20日发现于辽宁省岫岩满族自治县玉石矿的一块巨大蛇纹石玉石（长7.95m，宽6.88m，厚4.1m，称为"天下玉石王"）雕刻成世界上最大的玉石佛，供海内外人士观赏。

5.10.2 蛇纹石玉的物理化学特征

蛇纹石玉是在地质作用过程中形成的达到玉级，主要由蛇纹石组成的矿物集合体，可含白云石、菱镁矿、绿泥石、透闪石等次要矿物，产地不同，矿物组合略有差异（图5-10-1）。蛇纹石是镁质含水硅酸盐，化学分子式是$Mg_3[Si_2O_5](OH)_4$，除主要元素Mg、Si、O、H以外，还含有Fe、Mn、Ni、Al、Ca等次要元素。

5.10.2.1 光学性质

① 颜色 以青绿色为主，深浅略有不同，还可见果绿色、浅绿、黄绿、黄色、白色、褐黄、褐红、黑色等，颜色较丰富，

图5-10-1 蛇纹石玉

产地不同，矿物组合不同，则颜色有差异。

② 光泽和透明度　蜡状光泽至玻璃光泽，半透明至不透明。

③ 折射率　折射率为1.555~1.573，点测值为1.56~1.57，集合体双折射率不可测。

④ 发光性　长波紫外光下呈无至弱的绿色荧光，短波紫外光下为惰性。

⑤ 吸收光谱　蛇纹石玉无特征吸收光谱。

⑥ 特殊光学效应　蛇纹石玉因内部具有纤维状结构，纤维平行排列可产生猫眼效应。具猫眼效应的蛇纹石玉主要产地在美国的加利福尼亚州，故又称"加利福尼亚猫眼石"。

5.10.2.2　放大检查

可见叶片状、纤维状交织结构，黄绿色基底上可见黑色矿物包裹体及白色或褐色条带、团块。

5.10.2.3　力学性质与密度

蛇纹石玉为集合体，无解理，断口呈平坦状；莫氏硬度为2.5~6，硬度随透闪石含量的增加而加大；密度为2.44~2.82g/cm³。

5.10.2.4　主要鉴定特征

蛇纹石玉的主要矿物为蛇纹石，颜色一般为黄绿色，硬度变化较大，蜡状光泽至玻璃光泽，可见叶片状、纤维交织状结构和黑色的矿物包裹体。

5.10.3　蛇纹石玉的分类

蛇纹石玉的产地较多，为避免市场混乱，珠宝玉石国家标准GB/T 16552—2017中规定宝石级蛇纹石以"蛇纹石玉"或"岫玉"来统一命名，岫玉不具有产地意义。蛇纹石玉具体的分类方法及品种介绍如下。

（1）按产地分类

① 国内蛇纹石玉品种

岫玉［图5-10-2(a)］　产自我国辽宁东部的岫岩、宽甸等一带，主要由叶蛇纹石组成；颜色多呈黄绿色，有时可见蓝绿、碧绿、红色、黄色、褐色；半透明；质地细腻；蜡状光泽；硬度为3.5~6；是我国最好的蛇纹石料。

祁连玉［图5-10-2(b)］　也称酒泉玉，墨绿色、黑色，色不均匀；由含黑色斑点和黑色团块的暗绿色致密块状蛇纹岩组成；半透明到微透明；产于甘肃酒泉。

南方玉［图5-10-2(c)］　黄绿色、暗绿色、绿色，颜色不均；不透明；有浓艳的黄色、绿色斑块；蜡状光泽；产于广东省茂名市信宜市泗流。

昆山玉［图5-10-2(d)］　可与蛇纹石玉媲美，颜色为暗绿色、淡绿色、浅黄、黄绿、灰白等，质地细腻，蜡状光泽，硬度为3.5，密度为2.60g/cm³，产于新疆昆仑山和阿尔金山。昆山玉与软玉类的白玉、青白玉伴生。

台湾玉［图5-10-2(e)］　草绿色、暗绿色，常见一些黑色斑点和条带纹；玉质细腻，半透明，蜡状光泽；硬度为 5.5；密度为 3.01g/cm³；玉质较好，受人喜爱，产于台湾。

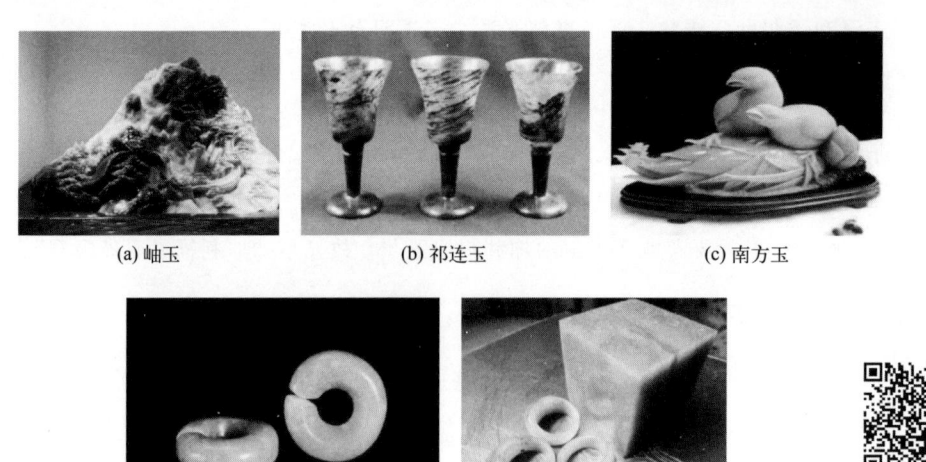

图 5-10-2　我国蛇纹石玉品种

② 国外蛇纹石玉品种

鲍文玉（bowenite）主要由叶蛇纹石组成，含少量菱镁矿斑点、滑石碎片、铬铁矿颗粒等；呈极细的粒状结构；硬度高，为 5.5；密度大，为 2.8g/cm³；颜色为苹果绿、绿白色、淡黄绿色；半透明到微透明；光泽强；有滑感，极似软玉；产于美国、新西兰、阿富汗等地。

威廉玉（williamsite）主要由镍蛇纹石组成，常含有细片状铬铁矿组成的斑点；颜色为深绿色；半透明；硬度为 4；密度为 2.60g/cm³；产于美国。

朝鲜玉也称高丽玉，产于朝鲜；颜色为鲜艳的黄绿色；透明度高；质地细腻；具有清晰的白色"云朵"；属于优质蛇纹石玉。

（2）按颜色分类

根据蛇纹石玉的颜色和特色光学效应可分为不同深浅的黄绿色-绿色、黄色、白色、蓝色、黑色、花色蛇纹石和蛇纹石猫眼等。

5.10.4　蛇纹石玉的鉴别

5.10.4.1　与相似玉石的鉴别

市场上与蛇纹石玉在外观颜色上相似的玉石品种有软玉、翡翠、葡萄石、玉髓等，可从颜色、光泽、结构、密度、硬度等方面进行区别。蛇纹石玉与相似玉石的区别参见翡翠一节（表 5-8-1）。此外，水钙铝榴石和玻璃也用于仿蛇纹石玉，具体鉴别如下。

水钙铝榴石　为浅绿-浅黄绿色，半透明，蜡状光泽，硬度为 7，点测法折射率为 1.72，密度为 3.15～3.55g/cm³，均比蛇纹石高。均质体，粒状结构，有较多的黑色小点。

玻璃　也是一种常见的蛇纹石玉的仿制品，放大检查，玻璃无蛇纹石玉的结构和纹理，内部常见气泡或漩涡纹。

5.10.4.2 优化处理蛇纹石玉的鉴别

蛇纹石玉的优化处理方法主要有染色处理和浸蜡两种。

（1）染色处理

通过热处理而产生裂隙，然后浸泡于染料中可使蛇纹石玉染成各种颜色，放大检查可见颜色主要集中在裂隙中，染绿者可具有650nm宽吸收带。染色的蛇纹石玉可做旧仿古玉。

（2）浸蜡

将无色蜡充填于蛇纹石玉的裂隙中，以改善样品的外观。充填处可见有明显的蜡状光泽。热针触探裂隙处有蜡的流动或"出汗现象"，同时可嗅出蜡的味道。

5.10.5 蛇纹石玉的质量评价

工艺美术上要求蛇纹石玉颜色鲜艳、均匀，无污染，光泽强，半透明到透明，质地致密细腻，坚韧、光洁，硬度大，无裂纹、杂斑和其他缺陷，在2kg以上。根据颜色、质地和块重可将蛇纹石玉料分为四级。

特级品：深绿、碧绿、黄绿、浅绿色，半透明-透明，油脂光泽和蜡状光泽强，稍有一些裂纹和杂质，在50kg以上（图5-10-3）。

图5-10-3 蛇纹石玉摆件

一级品：绿色、半透明，油质和粒状光泽较强，稍有一些裂纹和杂质，在10kg以上。

二级品：黄绿、浅绿色，微透明-半透明，玻璃光泽强，无裂纹，稍有杂质、杂斑，在5kg以上。

三级品：浅黄绿-灰白色，微透明，有玻璃光泽，无碎裂，有杂质、杂斑、污点等缺陷，在2kg以上。

5.10.6 蛇纹石玉的成因与产地

蛇纹岩产于基性和超基性岩体内，由这些岩石经水热蚀变而成。也产于蛇纹石化大理岩或接触带中，由富镁碳酸盐蚀变而成，如蛇纹石玉矿体主要赋存在白云石大理岩或菱镁矿层中强烈蛇纹石化地段。

世界上产蛇纹石玉的国家有中国、朝鲜、阿富汗、印度、新西兰、美国、俄罗斯、波兰、瑞典、奥地利、英国、意大利、埃及、纳米比亚、安哥拉等。

中国蛇纹石玉分布很广，主要产地有辽宁、甘肃、广东、广西、山东、北京、台湾、新疆等。

5.10.7 蛇纹石族矿物材料的应用及发展趋势

蛇纹石族矿物不仅是一种重要的玉石雕刻材料，还因其具有耐热、抗腐蚀、耐磨、隔热、隔音、较好的工艺特性及伴生有益组分，被广泛应用于化工、建材、医药等领域，应用前景良好。目前主要用于以下几个方面。

① 制造化肥　蛇纹石与磷灰石或磷块岩一起煅烧，可制成钙镁磷肥，如单独施用蛇纹岩细粉，亦有一定肥效。

② 耐火材料　可用蛇纹石制成蛇纹石焦炉砖，重庆、太原等钢厂用蛇纹石制成镁橄榄石砖，作为碱性耐火材料，效果很好。

③ 制造泻利盐　医药工业用蛇纹石可作为制造泻利盐的原料。

④ 提炼金属镁　含镁较高的，可以提炼金属镁。从含钴、镍较高的蛇纹岩中，还可提炼钴和镍。

⑤ 提取纤维状非晶硅　从蛇纹岩中提取的非晶硅与碳在高温下反应，可制成硅的晶须、晶粉和晶体。

思考题

1. 简述蛇纹石玉的物理化学性质。
2. 简述蛇纹石玉与相似玉石鉴别。
3. 岫玉是中国玉文化的第一块奠基石，岫玉历史悠久，源远流长，率先开辟人类文明史的先河，特别是在岫玉史前期便耀眼于中华大地，创造了无比辉煌的中国玉文化。请结合您所了解的知识，谈谈蛇纹石玉蕴含哪些中国文化。

5.11　绿帘石（epidote）族

绿帘石族矿物的化学式可用 $A_3B_3[SiO_4][Si_2O_7]O(OH)$ 表示，其中 A 主要是 Ca^{2+}，B 主要是 Al^{3+}、Fe^{3+}、Mn^{3+}。主要矿物有绿帘石、黝帘石、斜黝帘石、红帘石、褐帘石等。作为宝石用的主要是黝帘石和绿帘石。

5.11.1　独山玉（Dushan jade）

5.11.1.1　概述

独山玉因其主要产于南阳独山而得其名。独山玉玉质坚韧微密，细腻柔润，色泽斑驳陆离，有绿、蓝、黄、紫、红、白六种色素，77 种色彩类型，是工艺美术雕件的重要玉石原料，成为南阳著名特产，是中国四大名玉之一；同时独山玉还"独"在其多色共存，也被称为"多色玉"。

从考古发现看，独山玉的使用历史也是非常古老的。在南阳黄山，发现了一件独山玉制的玉铲，经研究确定是新石器时代遗物，距今已有 6000 多年。此后，在商朝遗址和墓葬中，也发现过不少独山玉的玉器，说明在 3000 多年前，独山玉的使用已较普遍。而据南阳县志的记载：独山玉石矿在 2000 多年前的西汉时就已正式开采，而独山古时称玉山。在今独山东南的山脚下，留有汉代"玉街寺"的遗址，据说是汉代时制作独山玉首饰及玉器之处。在独山上，尚存有古代开采玉石矿的坑洞 1000 多个，成了今天寻找玉石矿的标志。由于独山玉矿的古代挖掘和现代开采，整个独山的山腹之中矿洞纵横、蜿蜒起伏长达千余米，经当地政府部门和玉矿的共同建设，将已开采完的矿洞打造成旅游景点。

5.11.1.2 独山玉的物理化学特征

独山玉是我国特有的玉石品种，其主要组成矿物为斜长石 $\{CaAl_2[Si_2O_8]\}$ 和黝帘石 $\{CaAl_3[Si_2O_7][Si_2O_4]O(OH)\}$，是一种黝帘石化斜长岩（图 5-11-1）。斜长石是透水白、绿色和紫色独山玉的主要组成矿物，含量大于 80%；黝帘石是干白色、粉红色、绿白色和杂色独山玉的主要组成矿物。

（1）光学性质

① 颜色　以色彩丰富、浓淡不一、分布不均为特征。常见颜色有黄色、绿色、白色、青色、紫色、红色、黑色等。同一块玉石中常因不同矿物组合而出现多种颜色并存的现象。

② 光泽和透明度　玻璃光泽，微透明至半透明。

③ 折射率　点测折射率为 1.56～1.70，取决于测试位置，其中长石集合体的折射率为 1.56，黝帘石集合体的折射率为 1.70。

图 5-11-1　独山玉

④ 发光性　可见无至弱的荧光，其荧光颜色一般为蓝白、褐黄、褐红色。

⑤ 吸收光谱　独山玉无特征吸收光谱。

⑥ 查尔斯滤色镜下颜色变化　独山玉中绿色部分在滤色镜下呈红色。

（2）放大检查

可见细粒状结构，可见蓝色、蓝绿色或褐色、酱紫色色斑。

（3）力学性质与密度

独山玉为集合体无解理，断口呈参差状，莫氏硬度为 6～7，密度为 2.73～3.18g/cm³，视矿物组合及品种不同而变化，平均为 2.90g/cm³。

（4）主要鉴定特征

独山玉颜色较杂，玻璃光泽，整体发干，细粒状结构，可见蓝色、蓝绿色或褐色、酱紫色色斑，查尔斯滤色镜下变红。

5.11.1.3 独山玉的分类

由于所含有色矿物和多种色素离子，独山玉的颜色复杂且变化多端。其中 50% 以上为杂色玉，30% 为绿色玉，10% 为白色玉。玉石成分中含铬时呈绿或翠绿色；含钒时呈黄色；同时含铁、锰、铜时，呈淡红色；同时含钛、铁、锰、镍、钴、锌、锡时，多呈紫色等。独山玉是一种多色玉石，按颜色可分为八个品种。

（1）白独山玉

白独山玉总体为白色、乳白色，质地细腻，具有油脂般的光泽，常为半透明至微透明或不透明，依据透明度和质地的不同又有透水白、油白、干白三种称谓，其中以透水白为最佳。白独山玉，约占整个独山玉的10%，见图5-11-2(a)。透水白独山玉呈浅灰白色，钙长石含量为80%~90%（质量分数），斜黝帘石含量为10%，透辉石含量为5%。干白独山玉为乳白色，中长石和拉长石含量为20%~55%，斜黝帘石含量为45%~80%，含少量榍石、电气石、钾长石。

（2）绿独山玉

绿独山玉绿至翠绿色，包括绿色、灰绿色、蓝绿色、黄绿色，常与白色独山玉相伴，颜色分布不均，多呈不规则带状、丝状或团块状分布。质地细腻，近似翡翠，具有玻璃光泽，透明至半透明表现不一，其中半透明的蓝绿色为独山玉的最佳品种，在商业上亦有人称之为"天蓝玉"或"南阳翠玉"，见图5-11-2(b)。矿山开采中，这种优质品种产量渐少，而大多为灰绿色的不透明的绿独山玉。主要由斜长石（钙长石）90%±、铬云母10%±组成。次要矿物为黑云母、绿帘石。呈粒状结构、鳞片粒状结构。

（3）粉红独山玉

粉红独山玉又称芙蓉玉。常表现为粉红色或芙蓉色，深浅不一，一般为微透明至不透明，质地细腻，光泽好，与白独山玉呈过渡关系，见图5-11-2(c)。玉石为强黝帘石化斜长岩，以黝帘石为主，含量为50%~80%，次为斜长石为30%~40%，有少量的绿帘石和透辉石。此类玉石的含量小于5%。

（4）紫独山玉

紫独山玉色呈暗紫色，质地细腻，坚硬致密，玻璃光泽，透明度较差。俗称有亮棕玉、酱紫玉、棕玉、紫斑玉、棕翠玉，见图5-11-2(d)。主要由斜长石（钙长石85%~90%，拉长石5%~10%）、黝帘石约5%组成。次要矿物为黑云母1%~5%、绿帘石约1%，还有少量阳起石。呈镶嵌粒状结构、柱粒状结构。紫色与黑云母有关。

（5）黄独山玉

黄独山玉为不同深度的黄色或褐黄色，常呈半透明分布，其中常有白色或褐色团块，并与之呈过渡关系，见图5-11-2(e)。主要矿物为斜长石（钙长石）（含量为30%）、斜黝帘石（40%）、绿帘石（30%），含少量榍石、金红石、阳起石，呈不等粒粒状结构。

（6）褐独山玉

褐独山玉呈暗褐、灰褐色、黄褐色，深浅表现不均，此类玉石常呈半透明状，常与灰青及绿独山玉呈过渡状态，其中浅色的比较好，见图5-11-2(f)。

（7）黑独山玉

黑独山玉色如墨色，故又称墨玉。黑色、墨绿色，不透明，颗粒较粗大，常为块状、团块状或点状，与白独山玉相伴，该品种为独山玉中最差的品种，见图5-11-2(g)。主要矿物为辉石（含量为30%～40%）、斜长石（20%）、透闪石、黝帘石（30%～45%），绿帘石（10%），粒状结构。

（8）青独山玉

青独山玉为青色、灰青色、蓝青色，常表现为块状、带状，不透明，为独山玉中常见品种，见图5-11-2(h)。主要矿物为单斜辉石（含量为10%～15%）、钙长石（80%）、拉长石（5%），次要矿物为透辉石、黝帘石，呈微粒至柱粒状结构。

除以上八个品种外，还有多色独山玉，即在同一块标本或成品上常表现为上述两种或两种以上的颜色，特别是在一些较大的独山玉原料或雕件上常出现四至五种或更多颜色品种，如绿、白、褐、青、墨等多种颜色相互呈浸染状或渐变过渡状存于同一块体上，甚至在不足1cm的戒面上亦会出现褐、绿、白三色并存，这种复杂的颜色组合及分布特征对独山玉的鉴别具有重要的指导意义。多色独山玉［图5-11-2(i)］是独山玉中最常见的品种，占整个储量的50%以上。颜色好坏依次为纯绿、翠绿、蓝绿、淡蓝绿，蓝中透水白、绿白、干白及杂色。

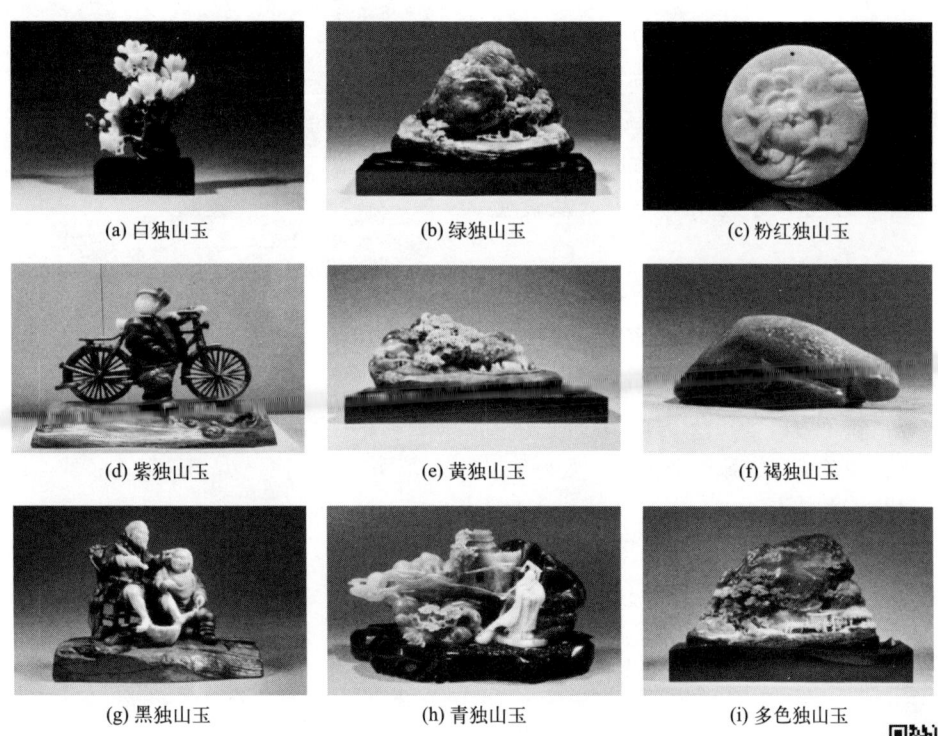

图5-11-2 各色独山玉

5.11.1.4 独山玉的鉴别

独山玉的颜色较为丰富，其中自然界产出稀少的颜色为绿色，价值最高的同样为绿色。独山玉的绿色品种的绿中带蓝色调为其主要鉴别特征。根据结构、折射率、相对密度及查尔斯滤色镜等方面的特征来鉴别，经验丰富者，肉眼下借助颜色分布和结构特点可识别独山玉。

① 颜色 独山玉有各种颜色，白色、褐黄色、紫色、绿色等。其中绿色价值较高，当透明度好时，绿中带蓝色调，并可呈片状的色斑。当透明度差时，绿中带黄色调，常呈不规则的团块状色斑，并常伴有褐红、棕红、肉红色等呈浸染状分布于其中。

② 结构 独山玉具细粒或隐晶质结构，质地细腻，有时可见微细针尖闪光。

③ 折射仪测试 独山玉主要组成矿物为斜长石（白）和黝帘石（绿），当在折射仪上测定时，白色部分以长石为主，所测的折射率约为 1.56；绿色部分以黝帘石为主，所测的折射率约为 1.70。

④ 相对密度测试 独山玉的相对密度为 2.73～3.18，因矿物成分含量不同，变化范围较大。白色部分多时相对密度值则偏低值端。根据所测的饰品大小，可选择通过静水称重法或重液法来完成。

⑤ 查尔斯滤色镜下颜色变化 绿色的独山玉在查尔斯滤色镜下呈现暗红色或橙红色。

与独山玉相似的玉石有翡翠、软玉和蛇纹玉等，具体鉴别特征见表 5-8-1。

5.11.1.5 独山玉的质量评价

独山玉的品质评价仍以颜色、透明度、质地、块度为依据，在商业上将原料分为特级、一级、二级和三级四个级别。高品质独山玉要求质地致密、细腻、无裂纹、无白筋及杂质，颜色单一、均匀，以类似翡翠的翠绿为最佳。透明度以半透明和近透明为上品，块度愈大愈好。

图 5-11-3 独山玉摆件

特级：颜色为纯绿、翠绿、蓝绿、蓝中透水白、绿白；质地细腻，无白筋、无裂纹、无质、无棉柳；在 20kg 以上（图 5-11-3）。

一级：颜色为白、乳白、绿色，颜色均匀；质地细腻，无裂纹、无杂质，在 5kg 以上。

二级：颜色为白、绿、带杂色；质地细腻，无裂纹、无杂质，为 3kg 以上；或纯绿、翠绿、蓝绿蓝中透水白，绿白无白筋、无裂纹、无杂质，在 3kg 以上。

三级：色泽较鲜明，质地致密细腻，稍有杂质和裂纹，为 1～2kg。独山玉属中档玉料，品级不同，价格相差较大，一般特级品是三级品的 7 倍。

5.11.1.6 独山玉的成因与产地

独山玉产于河南南阳市郊的独山岩体中，矿体呈脉状、透镜状，网脉状。玉脉一般分布在辉长岩体浅部，常沿辉石岩及斜长岩中张裂隙或断层带分布，以充填作用为主，交代作用为辅，与围岩界线清楚，频繁的脉状产出显示了热液成矿的特点，因此独山玉矿属于高中温热液矿床。河南南阳独山玉矿的资源有限，使得独山玉料价值不断上涨，优质玉料更是一料难求。除河南南阳外，新疆准格尔地区和四川雅安地区也有类似的玉石发现。西准格尔地区为蚀变斜长岩，呈绿色、蓝色、绿白色及白色，当地也称之为独山玉。雅安的玉石为含铬钠黝帘石化的斜长岩，在灰白色的基底上分布有翠绿的斑点。

5.11.1.7 独山玉的应用及发展趋势

独山玉是一种成分复杂的玉石雕刻材料，主要用于雕琢各种较大的玉器摆件，在国内外市场均受欢迎，其中的俏色玉雕更获广泛好评。块度较小而质优者，则用于制作手镯、戒指、玉扣、鸡心和项链等饰物，主要销于国内市场。

独山玉在我国"三大名玉"中名列第二，伴随着中国玉文化的发展，产品以其丰富的色彩、优良的品质、精美的设计和造型的新颖而深受海内外人士的青睐，高品质独山玉具有很好的收藏价值及市场前景。

思考题

1. 简述独山玉的矿物组成性质。
2. 简述独山玉的鉴别特征。
3. 案例分析

我们知道独山玉产自南阳，而南阳镇平的石佛寺，有将近四千年的玉雕历史，1995年被国家命名为"玉雕之乡"。目前南阳镇平石佛寺的玉器市场，也是中原最大的玉器交易市场。请问独山玉的发展史在"中原最大玉器交易市场——南阳镇平石佛寺的玉器市场"成名中起到了哪些作用？

5.11.2 坦桑石（tanzanite）

5.11.2.1 概述

坦桑石的矿物名称为黝帘石，英文名称为 tanzanite，早期被用作装饰材料，自1967年在坦桑尼亚发现了蓝紫色的透明晶体之后，它在宝石业中的地位日益提高。为纪念当时新成立的坦桑尼亚共和国，被命名为坦桑石，它在国外还被称为丹泉石，优质坦桑石宝石价值不低于蓝宝石。1968年，一件由24颗坦桑石宝石镶嵌的胸针在美国纽约展览会上标价5万美元，所镶嵌的坦桑石最小只有几克拉，最大者达84ct。美国华盛顿史密斯博物馆收藏的坦桑尼亚产的蓝色坦桑石达122.7ct和蓝色坦桑石猫眼18.2ct。

5.11.2.2 坦桑石的物理化学特征

坦桑石为钙铝的岛状硅酸岩矿物，晶体化学式为 $Ca_2Al_3(SiO_4)_3(OH)$，可含有 V、Cr、Mn 等杂质元素。坦桑石为斜方晶系矿物，晶体呈柱状，常见的单形为斜方柱、斜方锥和两组平行双面组成的聚形，沿晶体的柱面常具有条纹，见图5-11-4。

图 5-11-4 坦桑石原石

（1）光学性质

① 颜色　常见带褐色调的绿蓝色，还有灰色、褐色、黄色、绿色等。热处理后，可去掉褐绿至灰黄色，呈蓝色、蓝紫色。

② 光泽和透明度　玻璃光泽，透明至半透明。

③ 折射率和色散　折射率为 1.691～1.700，双折射率为 0.009～0.010，其色散值为 0.021。

④ 光性与多色性　坦桑石为非均质体，二轴晶，正光性。坦桑石的三色性很明显，其多色性的颜色表现为蓝色、紫红色、绿黄色，加热处理后为蓝色和紫色。褐色黝帘石多色性为绿色、紫色和浅蓝色，而黄绿色黝帘石的多色性为暗蓝色、黄色和紫色。

⑤ 发光性　黝坦桑石紫外灯下荧光呈惰性。

⑥ 吸收光谱　蓝色坦桑石在 595nm 处有一吸收带，528nm 处有一弱吸收带；黄色坦桑石在 455nm 处有一吸收线。

⑦ 特殊光学效应　偶见猫眼效应。

（2）放大检查

可见气液包裹体及阳起石、石墨、透辉石等矿物包裹体。

（3）力学性质与密度

坦桑石解理发育，具有一组{100}完全解理，莫氏硬度为 6～6.5，密度为 3.15～3.37g/cm^3。

（4）主要鉴定特征

坦桑石颜色丰富，以蓝色最佳，折射率为 1.691～1.700，双折射率为 0.009～0.010，二轴晶特点及明显的多色性为主要鉴别特征。

5.11.2.3　坦桑石的分类

按其颜色可分为以下品种。

① 蓝色坦桑石　是坦桑石中最名贵的宝石品种，呈鲜艳的蓝色，透明，优质者可与蓝宝石媲美，其致色离子为微量的 V。

② 紫色坦桑石　指颜色为紫色调的坦桑石。

5.11.2.4　坦桑石的鉴别

坦桑石颜色丰富，以蓝色最佳，折射率为 1.691～1.700，双折射率为 0.009～0.010，二轴晶特点及明显的多色性为主要鉴别特征。利用多色性可区分天然坦桑石和热处理坦桑石。坦桑石的蓝色和蓝紫色可通过对其他颜色的品种进行加热处理来获得，天然的蓝色品种有三色性，热处理的蓝色品种仅有二色性。

5.11.2.5　坦桑石的质量评价

目前市场对坦桑石的品质评价主要根据颜色、净度、大小和加工工艺四个方面进行评价。

① 颜色　坦桑石价值最高的颜色是蓝色，其次是紫色。
② 净度　透明度越高，内部越干净越好。
③ 大小　通常而言，克拉数越大的宝石越稀有。但由于颜色和净度才是坦桑石的主要定义特征，因此对于一些颜色和净度较优的小克拉坦桑石来说，将会花费更多的成本。
④ 加工工艺　切工要符合规范，修饰度精细，抛光越好者品质越好。

5.11.2.6　坦桑石的成因与产地

宝石级坦桑石晶体产于层间片岩接触带附近的变质石灰岩中，主要产于坦桑尼亚 Lelatema（莱拉泰马山）和肯尼亚。

5.11.2.7　坦桑石的应用及发展趋势

坦桑石主要用作装饰材料和宝石原料。坦桑石的最大消费国主要是美国和中国，顶级的坦桑石每克拉的价格在 1 万～2 万元人民币，中等级别的也在 1000～5000 元，一般品质的坦桑石也要四五百元。特殊制作的精致的品种，价格不在此限。电影《泰坦尼克号》中那颗 50 克拉左右的"海洋之心"，市场价格高达几十万甚至上百万元人民币，而且已经很难寻觅，像这种大克拉高品质的坦桑石具有较高的收藏价值。

思考题

1. 简述坦桑石的物理化学性质。
2. 案例分析

电影《泰坦尼克号》的故事情节中，女主人翁佩戴的"海洋之心"蓝色钻石项链实际上是用"坦桑石"制作的仿制品，坦桑石在扮演了海洋之心后，受到人们的广泛关注，成为名副其实的明日之星。结合所学的知识，谈谈蓝色钻石和坦桑石的区别以及坦桑石成功替代蓝色钻石这个故事给予我们的启发。

5.12　葡萄石（prehnite）族

5.12.1　概述

葡萄石是在 1788 年发现于南非，其英文名称为"prehnite"，是为了纪念 Prehn 上校将其从非洲的好望角带回美国而得名。由于葡萄石多呈钟乳状和葡萄状，貌似硕果累累、含水饱满的葡萄，因此而得名。

葡萄石质地通透细致，嫩绿色优雅清淡，透明度犹如含水欲滴，外观犹如顶级冰种的翡翠，因此深受大众彩宝爱好者的喜爱。优质葡萄石可进入宝石的行列，葡萄石有一个颇为高贵优雅的名字，被称作"好望角祖母绿"。据说，以前的吉普赛人，经常佩戴葡萄石，由于当时的吉普赛人擅长占卜和巫术，这就更让葡萄石蒙上了一层神秘的面纱。

5.12.2 葡萄石的物理化学特征

葡萄石是一种含水的钙铝硅酸岩矿物，化学式为 $Ca_2Al(AlSi_3O_{10})(OH)_2$，可含有 Fe、Mg、Mn、Na、K 等微量元素，常见葡萄状，见图 5-12-1。

5.12.2.1 光学性质

① 颜色　常见深浅不一的绿色，金黄色，肉红色少见。
② 光泽和透明度　玻璃光泽至蜡状光泽，透明至半透明。
③ 折射率　折射率为 1.616～1.649，点测为 1.63，双折射率为 0.020～0.035，集合体双折射率不可测。
④ 光性与多色性　单晶葡萄石为非均质体，二轴晶，正光性，集合体多色性不可测，集合体无多色性。
⑤ 发光性　葡萄石在紫外灯下荧光呈惰性。
⑥ 吸收光谱　紫区 438nm 处具有弱吸收带。
⑦ 特殊光学效应　可见猫眼效应。

图 5-12-1　葡萄石原石

5.12.2.2 放大检查

葡萄石常呈纤维状结构、放射状结构，可见角闪石、绿帘石等固相针状、片状包裹体。

5.12.2.3 力学性质与密度

单晶葡萄石具有一组中等到完全的解理，集合体不可见；莫氏硬度为 6～6.5，密度为 2.80～2.95g/cm^3。

5.12.2.4 主要鉴定特征

葡萄石多呈钟乳状和葡萄球状，常见颜色为绿色和黄色，玻璃光泽至蜡状光泽，透明至半透明，放射状和纤维状结构为其典型的鉴定特征。

5.12.3 葡萄石的分类

按其颜色可分为以下品种。
① 绿葡萄石　指市场上最常见的各种绿色调的葡萄石。
② 金葡萄石　指颜色为金黄色的葡萄石。

5.12.4 葡萄石的鉴别

与葡萄石的外观相似的宝石有翡翠、蛇纹石玉、玉髓、软玉、独山玉和符山石等，可根据外观颜色、光泽、内部结构、折射率和相对密度等特征进行区别，具体鉴别特征见表 5-8-1。目前市场上葡萄石的合成品及优化处理品未知。

5.12.5 葡萄石质量评价

目前市场主要根据颜色、净度、大小和加工工艺四个方面对葡萄石的品质进行评价。

① 颜色　市场上葡萄石的颜色主要是各种色调的绿色、金黄色，要求葡萄石的颜色越浓郁，价格越高。葡萄石中的绿色以黄色调和蓝色调少为佳。金黄色葡萄石的颜色越黄、越鲜艳，价格越高。

② 净度　除了葡萄石本身的纤维放射状结构对净度的影响外，葡萄石中的包裹体数量越少，其价格越高。

③ 大小　相同情况下重量越大的葡萄石，价格越高。

④ 加工工艺　葡萄石的加工工艺越好，价格越高。

5.12.6 葡萄石的成因与产地

葡萄石是经热液蚀变后所形成的一种次生矿物，常与沸石类矿物、硅硼钙石、方解石和针钠钙石等矿物共生，主要产于玄武岩的洞穴中，呈肾状、葡萄状和板状、脉状。优质葡萄石主要来自美国康涅狄格州、新泽西州、马萨诸塞州和密歇根州。此外，加拿大、苏格兰、法国、瑞士、南非也有产出。中国的葡萄石主要产于云南、辽宁、河北等地。

5.12.7 葡萄石的应用及发展趋势

葡萄石是一种海外的半宝石，因其外观和冰翡翠相似而被广大消费者熟悉。优质葡萄石主要用于制作弧面型戒面、手串、吊坠等。质量一般者，用于雕刻工艺品。葡萄石作为一种中低端玉石，其价格便宜，颜色漂亮，深受广大消费者喜爱，具有较好的前景。

思考题

1. 简述葡萄石的物理化学特征。
2. 简述葡萄石品质评价。
3. 葡萄石本身美得不可方物，商家却总用它来造假冰种翡翠，您对葡萄石的推广有哪些想法呢？

5.13　黏土矿物（clay mineral）材料

黏土矿物是指具有层状构造的含水铝硅酸盐矿物，是构成黏土岩、土壤的主要矿物组分，如高岭石、蒙脱石、伊利石、迪开石等，其中高岭石、伊利石、迪开石也是各种图章石的重要矿物组成。图章石因其色彩瑰丽，石质温润，易于雕刻，而广泛用于制作图章，也是玉雕的原料。图章石的应用历史悠久，主要分布在我国的福建、浙江、山东、广西、广东、内蒙古、安徽、北京等地，产于各种类型的火山岩中。其中，浙江青田石、浙江昌化鸡血石、福建寿山石（田黄石）、内蒙古巴林石被誉为我国图章石中的"四大名石"，具有重要的经济价值。

5.13.1 寿山石（Shoushan stone）

5.13.1.1 概述

寿山石的英文名称为 Shoushan stone，因产于福建省福州市的寿山乡而得名。历史文献记载和宋墓出土的寿山石俑证实了寿山石的开采至少有1500年的历史。南宋时，寿山石矿已大规模开采，经元、明、清发展形成了独立的寿山石雕刻生产行业。寿山石质地晶莹、凝脂如玉、色彩斑斓，享有"细、结、温、润、凝、腻"六德之誉，上伴帝王将相、中及文人雅士、下亲庶民百姓。此外，田黄石是寿山石中极品，被誉为"石帝""印之王"。伴随寿山石的不断开采，寿山石雕艺术的不断推陈出新，特别是明清开始文人雅士的介入，寿山石雕融合历史、文学、书画艺术，吸收了佛、道、儒家诸思想，蕴含着博大的历史文化内涵，形成了独具中华特色的寿山石文化。

5.13.1.2 寿山石的物理化学特征

寿山石主要由迪开石、高岭石等矿物组成，其次为叶蜡石。寿山石化学成分主要为 SiO_2、Al_2O_3，含有 FeO、CaO、MgO、MnO 等少量或微量氧化物。其中，迪开石的化学式为 $Al_4[Si_4O_{10}](OH)_8$，叶蜡石的化学式为 $Al_2[Si_4O_{10}](OH)_2$，珍珠陶土的化学式为 $Al_4[Si_4O_{10}](OH)_8$。当寿山石主要由伊利石组成时，石性不稳定，易脆裂，工艺价值变低；当寿山石中含微晶石英时，硬度增高，光泽增强，倘若含变余石英斑晶、黄铁矿或红柱石颗粒时，由于它们的硬度远远高于黏土矿物的硬度，不利于雕琢，工艺上称之为"砂钉"，它们的含量越多，工艺价值越低。近来按寿山石的形成、产状和分布规律等，将其分成田坑石、水坑石和山坑石三大类。

（1）光学性质

① 颜色 其质纯者色白，含杂质者呈红、紫红、褐、绿、黄、橘黄、灰黄等颜色。

② 光泽 成品寿山石一般呈蜡状光泽或油脂光泽。

③ 透明度 不透明至微透明，个别"晶地"寿山石近于透明，如水晶冻石和鱼脑冻石等；"冻地"寿山石多呈半透明状，迪开石类寿山石透明度较好，如田坑石类、高山石类寿山石；叶蜡石类寿山石往往透明度相对较差，多为不透明；少量"结晶性"类为半透明。

④ 折射率 寿山石的主要组成矿物迪开石的折射率一般为1.56左右（点测）。

⑤ 发光性 寿山石在长波紫外光照射下，发弱的乳白色荧光或无荧光等。

（2）放大检查

寿山石主要呈隐晶质结构、细粒结构、显微鳞片变晶结构等。另外田黄和某些水坑、山坑石可具有特殊的"萝卜纹"状构造。

（3）力学性质与密度

寿山石具有贝壳状断口，断面较光滑，具有极致密的结构，因而韧度较高；密度为

$2.50\sim2.70g/cm^3$，寿山石的莫氏硬度在 $2\sim3$ 之间。

(4) 主要鉴定特征

寿山石呈致密块状，可见贝壳状断口，结构致密，韧性较高，硬度为 $2\sim3$。田黄石和某些水坑石、山坑石可具有特殊的"萝卜纹"状构造。

5.13.1.3 寿山石的分类

寿山石按成因分为原生矿和次生矿。原生寿山石矿脉处于不同的地下水位，其质地有所不同。在地下水位以上的寿山石矿脉中所产出的寿山石质地松脆而干燥，称"山坑石"；浸泡于地下水中的寿山石矿脉中所产寿山石质地坚韧而温润，称"水坑石"。次生寿山石是部分原生寿山石矿脉经风化剥蚀或人工采矿，被流水搬运到地势平缓处或溪水中，形成残坡积矿或砂矿。产于残坡积矿中的寿山石，称"掘性石"，而产于砂矿中的寿山石，称"田坑石"。其中，产于中坂田间的黄、红、白、黑色的田坑石称为"田黄石"。

按其矿物组成寿山石可分为迪开石类寿山石、叶蜡石类寿山石、伊利石类寿山石三大类。其中田坑石、水坑石为迪开石类寿山石；山坑石则三种类型均有。

(1) 田坑石（田黄石）

田黄石主要由高岭石族矿物组成，其中以迪开石、高岭石为主，还有石英、黄铁矿等。根据其颜色分类可以分出许多种，其中最著名的有黄金黄[图5-13-1(a)]、橘皮黄，而桂花黄、枇杷黄次之。若质地通体透明、细腻致密，色如新鲜的蛋黄，又称为"田黄冻"，价值连城。如果田黄石外部包有白色层，而内部为纯黄色，则称"银裹金"，反之称"金裹银"。真正的田黄石在表面及内部结构上常有黄色或灰黑色石皮、萝卜状细纹、红色格纹、红筋等特征，这些表面特征是田黄石独有的特征，所谓"无纹不成田""无皮不成田""无格不成田"就指的是这个意思。

图 5-13-1 寿山石的主要品种

(2) 水坑石

水坑石的矿物组成为迪开石，个别以珍珠陶土为主。多呈半透明，颜色丰富，一般按颜色、透明度和花纹分为很多品种，如水晶冻、牛角冻、天蓝冻［图5-13-1(b)］、黄冻［图5-13-1(c)］、鱼脑冻、鳝草冻［图5-13-1(d)］、桃花冻［图5-13-1(e)］等。

（3）山坑石

山坑石分布在寿山、月洋两乡方圆十几公里内山坑中的寿山石中。根据主要组成矿物不同，可分为迪开石型、叶蜡石型和伊利石型山坑石。根据颜色、质地、透明度和产地等划分70多个品种，如高山石、都成坑石、善伯洞石［图5-13-1(f)］、花坑石［图5-13-1(g)］、寿山芙蓉石［图5-13-1(h)］等。

5.13.1.4 寿山石的鉴别

（1）染色处理寿山石的鉴别

将寿山石染成红色或黄色，以仿田黄。放大检查，其颜色集中在裂隙及孔洞中，无"萝卜纹"。

（2）热处理寿山石的鉴别

用烟熏或加化学试剂烧烤或恒温加热，将寿山石表面处理成黑色或红色以仿田黄。但经处理的样品颜色均匀，分布完整，且分布仅在表层，无"萝卜纹"。天然田黄颜色有深浅浓淡的变化，纯黑中常带赭色色调。

（3）覆膜处理寿山石的鉴别

目前市场上主要用黄色石粉与环氧树脂混合涂抹于寿山石表面，制成假石皮，以仿田黄。鉴定时应注意表面是否有脱落的地方，表面光泽是否有差异，放大检查是否有"萝卜纹"。此外，寿山石的仿制品也较多，如水镁石、绿泥石等均可仿制。可根据外观特征、结构、物理参数及红外光谱、粉晶X射线衍射等方法进行有效区分。

5.13.1.5 寿山石的质量评价

寿山石按质地、色泽、净度和块度四个方面评价。寿山石的质地要细腻、透明度要高，色泽要鲜艳、花纹图案要清晰美观，无裂纹和砂钉等石病，有一定大小的块度，且抛光良好。

（1）质地

寿山石若具备细、洁、润、腻、温、凝六德，称得上"极晶"，若石质粗糙、不透明，则失宝石之用。

（2）色泽

寿山石以色泽鲜艳纯正为佳。寿山石有单色和杂色之分，并以单色为佳。以田坑石为例，田坑石中以田黄石最普遍，红田石最珍奇，白田石最罕见，而黑田石多粗杂。田黄石以黄金黄为佳，红田石以橘皮红或丹枣红为最上品，白田石以纯白为好，而黑田石则以纯黑为妙。然而，红田石的产量比黄田石更稀少。

（3）净度

寿山石以纯净无瑕、无裂纹、无砂钉为佳。根据含瑕疵的程度分为三级：一级，纯净无瑕、无裂纹、无杂质；二级，少瑕，即偶见裂纹，含少量杂质；三级，多瑕，即常见裂纹，含较多杂质。

（4）块度

寿山石的块度越大越好，一般要求能雕刻一方印章即可。田坑石的体积一般不大，30g 为成材；250g 为大型材；500g 以上为超级型材，堪称王中之王，乃稀世奇珍，罕见。

5.13.1.6 寿山石的成因与产地

寿山石主要产于福建省福州市北郊的寿山、日溪、宦溪乡镇的山村之间。

寿山石的原生矿是内生成矿作用形成的，由于成矿方式不同，具体可分为热液交代型、热液充填型及热液交代-充填型。热液交代型，主要分布在加良山、老岭、猴柴碑、柳坪、旗山、山秀园等，矿体多呈层状，其次为不规则脉状、团块状、透镜状，矿物组成以叶蜡石为主，其次为硬水铝石、石英、绢云母、高岭石、迪开石。热液充填型，主要分布在高山、都成坑，其余矿点为零星产出，矿体呈脉状产出，矿物组成以迪开石为主，质地细腻、色泽艳丽、透明度好，为典型的寿山石特征，是中高档寿山石雕刻原料的来源。热液交代-充填型，主要分布在善伯洞、月尾、大山、旗降、二号矿、房栊岩等，成矿方式复杂，主要为热液交代-充填型，矿体以脉状、透镜状产出，矿物组成多以迪开石、高岭石矿物为主，部分为叶蜡石、伊利石。

寿山石中的次生矿是外生成矿作用形成的，地下寿山石矿脉在地壳运动下暴露于地表，经剥蚀、搬运、埋藏，再经物理、化学风化形成。

5.13.1.7 寿山石的应用及发展趋势

目前寿山石除了大量用来生产千姿百态的印章外，还广泛用以雕刻人物、动物、花鸟、山水风光、文具、器皿及其他多种艺术品。寿山石在中国被称为"国宝"，享誉天下，具有非常高的收藏价值。

5.13.2 青田石（Qingtian stone）

5.13.2.1 概述

青田石因产于浙江青田县境内而得名。相传远古时代，一块女娲用来补天剩下的五彩遗石，因自愧派不上用场，于是向娲皇请缨到下界，后来五彩遗石下凡的地方就是青田县，这块五彩遗石也因此被称为青田石。青田石的历史可追溯到 1700 多年前，在浙江博物馆藏有六朝时墓葬用的青田石雕小猪四只，在浙江新昌十九号南齐墓中，也出土了永明元年的青田石雕小猪两只。到明代，许多青田冻石块料直接运销南京等地，被文人墨客用作篆刻印材。中华人民共和国成立以来，青田石雕又以独特精湛的工艺，被外交部定为国礼。1956 年，印尼总统苏加诺访华；1957 年苏联最高苏维埃主席团主席伏罗希洛夫访华；1972 年美国总统尼克松访华；1978年中国领导访问朝鲜，皆以青田石雕馈赠。自此，青田石雕在国际上的影响力与日俱增，成为文明的象征、友谊的见证。

5.13.2.2 青田石的物理化学特征

青田石多数品种的矿物成分为叶蜡石，但有些品种组成为迪开石、伊利石和绢云母等。具有显微鳞片变晶结构、团粒结构、放射状球状结构；块状、条纹状、条带状、球状构造。放大检查可见蓝色、白色斑点。

（1）光学性质

① 颜色　主要有青白、浅绿、浅黄、黄绿、紫蓝、深蓝、灰紫、粉红、灰白、白等颜色。
② 光泽　蜡状光泽、玻璃光泽、油脂光泽。
③ 透明度　半透明至不透明。
④ 折射率　青田石为非均质集合体，折射率一般为 1.53～1.60。

（2）放大检查

青田石可含有蓝色、白色等斑点。

（3）力学性质与密度

青田石具有较高的韧性，莫氏硬度为 1～1.5，适合雕刻，密度为 $2.65～2.90g/cm^3$。

（4）主要鉴定特征

青田石呈致密块状，具有较高的韧性，可含有蓝色、白色等斑点；蜡状光泽至玻璃光泽，半透明至不透明，硬度低，手指甲可划动。

5.13.2.3 青田石的分类

青田石有 148 个品种，主要品种有封门青、蓝星、封门三彩、黄金耀、龙蛋、灯光冻、五彩冻、紫檀花冻、白果、金玉冻、山炮绿、冰花冻、葡萄冻和红木冻等，最为珍贵的品种有封门青 [图 5-13-2(a)]、灯光冻 [图 5-13-2(b)] 和五彩冻 [图 5-13-2(c)] 三种。

(a) 封门青　　　　(b) 灯光冻　　　　(c) 五彩冻

图 5-13-2　青田石

① 封门青　也称"凤凰青"，不仅质地细腻、透明度高，而且像竹叶一样翠绿。
② 灯光冻　又名灯明或灯光绿，产于青田县的图书山。质地似牛角，在灯光照射下完全透明。
③ 五彩冻　质地细腻，近于透明或半透明，在一块标本上呈现数种颜色，鲜艳多彩，故称五彩冻。

5.13.2.4 青田石的鉴别

青田石的鉴别主要根据其颜色、光泽、折射率、密度及硬度等物理化学特征进行综合鉴别，另外在显微镜下青田石可见显微鳞片变晶结构、团粒结构、放射状球状结构，此外还可见蓝色、白色斑点。

5.13.2.5 青田石的质量评价

青田石可从颜色、质地、净度和块度等方面来评价。品质好的青田石要求颜色艳丽均一，光泽强，质地细腻，透明度好（冻地），少裂纹、纯净，块度大。

5.13.2.6 青田石的成因与产地

青田石主要产于浙江省青田县南郊。主要赋存于晚侏罗纪及白垩纪中酸性火山岩中。其矿体呈似层状、透镜体状、脉状及其他不规则状，长几十米至百米，宽几米至几十米，矿石具有各种各样的变余交代结构，围岩蚀变有石英岩化、叶蜡石化、高岭土化、绢云母化等，矿床在成因上属于火山热液交代型矿床。

5.13.2.7 青田石的应用及发展趋势

青田石的主要矿物成分为叶蜡石，因此，青田石在地质学上被称为"叶蜡石"，具有很高的收藏价值。它的色彩丰富、光泽透润、质地细腻，具有很强的塑造性，用来雕刻出的作品具有很好的艺术效果。

青田石从古至今多用于制作"文房雅具及文人所用的图章，小件玩耍之物"，此外，到了近代，青田石开始步入综合利用阶段，不仅用于工艺制作，还用于工业，并以实用为主，如文房用品、石碑、香炉、佛像等。

青田石储量稀少，被藏友推崇备至，好的青田石的价格数年间涨了近百倍。

5.13.3 鸡血石（chicken-blood stone）

5.13.3.1 概述

鸡血石因产于浙江昌化而得名。关于鸡血石有这样一段故事。相传在古代，今浙江临安昌化的玉岩山上飞来了一对凤凰，给当地方圆几十里带来了长久的风调雨顺、人寿年丰、天下太平。可是有一位"有眼无珠"的青年猎人误以为它们是外形出奇的"野鸡"，就开枪射击，凤凰被击中了，它们的鲜血一滴一滴地流出来，染红了山上的岩石，自那以后，当地人就竞相传说玉岩山上的岩石是凤凰血染红的，因为它红得像鸡血一样，故称"鸡血石"，亦称昌化石。

5.13.3.2 鸡血石的物理化学特征

鸡血石主要由迪开石（85%～95%）、辰砂（5%～15%）组成，含高岭石、珍珠石、明矾石、黄铁矿和石英（1%～5%）等杂质。鸡血石的"地"主要由迪开石或高岭石与迪开石的过渡矿物组成；而"血"则是由辰砂和迪开石或高岭石组成的集合体，其中微粒状辰砂（5%～50%）呈矿物假象被迪开石或高岭石所包裹，辰砂呈浸染状分布，见图 5-13-3。昌化鸡血石依据其"地"的硬度，可以将其分为冻地（质地温润细腻，硬度低）、软地（含少量明矾石，质地较细腻，硬度较低）、刚地（含明矾石较多，质地较粗糙，硬度较高，）和硬地（含石英较多，硬度高，颜色发白，质地粗糙）四种。鸡血石的化学组分主要有 SiO_2（质量分数 43.50%）、Al_2O_3（35.75%）和 H_2O（12.57%）。呈显微隐晶质结构、显微粒状结构、显微鳞片状结构和纤维鳞片状结构，致密块状构造，个别为变余角砾状构造。"血"呈细脉状、条带状、片状、团块状、斑点状和云雾状散布于"地"上。血的形态可划分为点状、线状和团状。

图 5-13-3　鸡血石摆件

（1）光学性质

① 颜色　鸡血石的颜色有"地"的颜色和"血"的颜色两部分。其中"地"通常呈白、灰白、乳白、瓷白、灰、浅灰、深灰、灰黑、黑灰、青灰、红、粉红、紫红、黄、黄灰、褐黄、浅黄绿、深绿、黑褐、黄褐、棕、黑和无色以及它们的混合色；"血"的颜色是由辰砂的颜色、含量、粒度及分布状态所决定的。

② 光泽　成品鸡血石一般呈蜡状光泽或油脂光泽，个别样品可呈玻璃光泽，而鸡血石中"血"的部位可呈金刚光泽。

③ 透明度　不透明至微透明。

④ 折射率　鸡血石的折射率一般为 1.56，"血"的折射率大于 1.81。

（2）放大检查

可见"血"呈微粒或细粒状成片或零星分布于"地"中。

（3）力学性质与密度

鸡血石具有贝壳状断口，断面较光滑。平均密度为 $2.61g/cm^3$，因"血"（辰砂的密度为 $8.09g/cm^3$）的含量不同，其密度也不同；莫氏硬度为 2.5～4。

（4）主要鉴定特征

鸡血石呈致密块状，可见贝壳状断口，不透明。鸡血石中的"血"呈细脉状、条带状、片状、团块状、斑点状和云雾状散布于"地"上为其典型的鉴定特征。

5.13.3.3　鸡血石的分类

（1）按产地分类

① 昌化鸡血石

昌化鸡血石［图 5-13-4(a)］产于浙江临安区昌化镇北海拔约 1000m 的玉岩山至康石岭一

带。昌化鸡血石血色鲜活浑厚，纯正无邪，但地稍差，因而有"南血"之称。

② 巴林鸡血石

巴林鸡血石［图5-13-4(b)］是指产于内蒙古巴林的鸡血石。其"地"细腻滋润，透明度好，并以冻地为主，几乎没有"软地""刚地""硬地"，且不含"砂钉"，但血色淡薄娇嫩，因而有"北地"之称。

(a) 昌化鸡血石　　(b) 巴林鸡血石

图 5-13-4　鸡血石

（2）按"地"的性质划分

鸡血石的"地"按硬度可划分为冻地（$H_M=2\sim3$）、软地（$H_M=3\sim4$）、刚地（$H_M=4\sim6$）和硬地（$H_M=6\sim7$）四级，其中以冻地为最佳，软地次之，刚地和硬地最差。

5.13.3.4　鸡血石的鉴别

无论是用常规鉴定方法还是高级分析手段，对鸡血石的鉴定都不是一件容易的事。有一种假鸡血石，"地"是高岭石，而"血"要么是红油漆，要么是红色染料，要么是将辰砂粉末压入"地"中。若经检测"血"是红油漆或红色染料，当然说明是假鸡血石，若检测"血"是辰砂，这时一方面要对辰砂本身进行研究，另一方面要研究"地"与"血"的边界接触关系。一般认为多数天然鸡血石"地"和"血"之间为渐变的协调的接触关系，而人工鸡血石的"地"与"血"之间的接触关系带有突变性、明显性和不协调性，但也有例外情况。

5.13.3.5　鸡血石的质量评价

鸡血石的质量主要从"血""地"、净度和块度等几个方面进行评价。

（1）"血"

"血"的好坏由"血"色、"血"量、浓度和"血"形四要素所决定。鸡血石的"血"色要求鲜艳、纯正灵活，并渐融于"地"中；"血"含量越多，所覆盖的面积越大，价值就越高；鸡血石以"血"浓密者为好，色淡、色散者，质量较差。鸡血石的"血"形以团块"血"、条带"血"为佳，点状"血"次之。图案优美的鸡血石，其品级可大大提高，价值倍增。常用鲜、活、凝、洁四个字来形容鸡血石的"血"。

（2）"地"

"地"的质量由颜色、透明度、光泽和硬度四个要素决定。鸡血石以颜色深沉或淡雅、半透明、强蜡状光泽和硬度小的冻地为佳，软地次之，刚地和硬地最差。鸡血石的颜色美观与否，与"地"的颜色和"血"的颜色是否协调，以及"地"的透明程度有密切关系。若鸡血石的"地"色与"血"色对比强烈，则"血"的红色鲜明生动、效果极佳。若鸡血石的"地"色与"血"色反差很小，如"地"色呈红、粉红和紫红色等，则会发生"地子吃血"现象。另外，鸡血石"地"的透明度越高，即"地"越油润，"血"就越有扩大和增多的趋势，出现"血照映地子"的效应，并使"血"与"地"搭配得更加理想。

（3）净度

净度是指鸡血石内部所含的裂纹和杂质等瑕疵（俗称"石病"）的程度。瑕疵的多少直接影响鸡血石的美观、雕琢、品级和价值。

（4）块度

同等品质下，鸡血石的块度越大，其价值越高。

5.13.3.6 鸡血石的成因与产地

昌化鸡血石产于侏罗系上统劳村组流纹质晶屑玻屑凝灰岩中，而巴林鸡血石产于侏罗系上统玛尼吐组紫色流纹岩中。昌化鸡血石和巴林鸡血石均产于中生代交代蚀变酸性火山岩的次级断裂小构造中，当沿次级断裂小构造上升的含汞（Hg）的火山热液与流纹岩或流纹质凝灰岩等围岩相互作用时，围岩发生脱硅作用即次生石英岩化，使其中的碱金属或碱土金属被淋滤掉，而剩余的铝硅酸盐矿物则转变为迪开石、高岭石或珍珠陶土等。

鸡血石是中国的特产玉石品种。我国的鸡血石主要产于浙江省临安区玉岩山至康石岭一带和内蒙古自治区巴林右旗查干沐沦苏木境内的雅玛吐山北侧。近几年在湖北、陕西、四川、云南、贵州以及美国等地也发现鸡血石，但质量欠佳。

5.13.3.7 鸡血石的应用及发展趋势

鸡血石同寿山石、青田石、巴林石并列，享有中国四大国石的美称，主要用作印章或工艺雕刻品材料；佩戴鸡血石能够体现其优雅不凡的品位，可以使人美丽大方，气质高贵，更增加典雅气质；鸡血石珍贵稀有，所以自然价值不菲，随着鸡血石的储量减少，其价值会越来越高。

5.13.4 巴林石（balin stone）

5.13.4.1 概述

巴林石因产于内蒙古赤峰巴林右旗而得名，参见图 5-13-5。巴林石的开采历史可以追溯到距今六千年前的"红山文化"时期。历经了辽代及明清，曾经辉煌一时。20世纪70年代初，地质部门前去考察，发现遗留采坑多处，规模很小。民间流传历史上曾有南方人用骆驼驮走过巴林石。现代巴林石的开采利用始于1973年投资建矿，正规开矿时，发现一个采洞内有点灯用的油碗，一只陈旧的鹿角，一把不是当地人所用的刀子，一个粗雕成型的佛像，这些现象表明，过去确有南方人前来探险和采石。巴林石声名鹊起，交易量逐年上升，被收藏界、金石界所青睐。

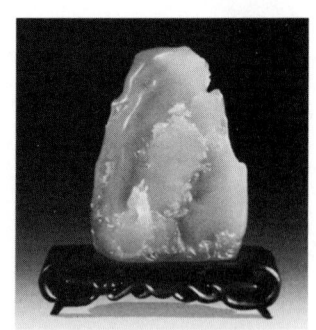

图 5-13-5　巴林石

5.13.4.2 巴林石的物理化学特征

巴林石是以高岭石、迪开石为主要组成矿物的岩石，其主要化学成分为 Al_2O_3、SiO_2，其次含微量的铁、锰、钛等氧化物，部分含较多的汞的硫化物。

(1) 光学性质

① 颜色　颜色有乳白、青灰、淡黄灰、浅绿、浅紫、黑褐、黄褐、鸡血红或朱红、杂色等。

② 光泽　蜡状光泽至玻璃光泽。

③ 透明度　微透明至半透明。

④ 折射率　折射率为 1.30～1.70。

(2) 放大检查

"血"在巴林石中呈块状、条带状、条纹状、浸染状及角砾状分布。

(3) 力学性质与密度

巴林石具有贝壳状断口，具有极致密的结构，因而韧度较高；密度为 2.40～2.70g/cm^3，巴林石的莫氏硬度在 2～4 之间。

(4) 主要鉴定特征

巴林石呈致密块状，可见贝壳状断口，结构致密，韧性较高，硬度为 2～4，蜡状光泽至玻璃光泽。

5.13.4.3　巴林石的分类

按其颜色、质地和结构可将巴林石划分为巴林鸡血石、巴林福黄石、巴林冻石、巴林彩石和巴林图案石五类。

(1) 巴林鸡血石

巴林鸡血石是指产自内蒙古自治区赤峰市巴林地区的巴林石，因含有肉眼可见的辰砂。巴林鸡血石按整体与质地、颜色分为彩霞红、夕阳红、翡翠红、桃花红、白玉红、多彩色、水红草等品种。巴林鸡血石以冻地为多，由于其色泽艳丽、质地细腻、产量少，因而极其珍贵。

(2) 巴林福黄石

巴林福黄石以硬水铝石为主，含有迪开石，保留矿物自身固有颜色，并渗入少量褐铁矿，矿石整体以黄色为主，呈深黄、浅黄等不同颜色。巴林石有蜜蜡黄、鸡油黄、水淡黄、流沙黄、金橘黄、虎皮黄等品种。

(3) 巴林冻石

巴林冻石指含迪开石成分较高，矿物成分交代比较充分，致色元素及杂质较少，具有一定透明度的巴林石，石质似皮冻而得名。名贵品种有牛角冻、水晶冻、羊脂冻、芙蓉冻和玫瑰冻、桃花冻、灯光冻、虾青冻等。

(4) 巴林彩石

巴林彩石指因成矿期矿物交代不充分，致色元素和杂质较多形成的不透明的巴林石，因色彩丰富而得名。巴林彩石的主要品种有石榴红、红花石、黄花石、黑花石，另外还有紫云、银地金花、朱砂红、象牙白等。

（5）巴林图案石

凡有天然景物图案、具有一定观赏价值的巴林石都归于此类。巴林石的图案可为天然形成的石表面图案，也可是经切割或打磨显现出的天然图案，颜色多样，形态丰富。其中珍贵品种有水草、松枝等。

5.13.4.4 巴林石的鉴别

市场上常用染色石英岩、玉髓、蛇纹石玉等品种来仿巴林鸡血石。主要是看其血的颜色和分布形状等。染色石英岩、玉髓、蛇纹石玉的血色为紫红或玫瑰红色，血色不正，血因受裂隙控制而呈粗细不一的脉状，并构成网状；而鸡血石的血色鲜艳纯正，血的形状除呈脉状外，还呈块状和点状。

5.13.4.5 巴林石的质量评价

巴林石的质量评价主要从质地、色泽、工艺和意蕴等几个方面来进行。

（1）质地

指对巴林石质的温润、洁净、细腻程度等级评定高下。赏石家总结的石质有"六德三贱"，"六德"同于寿山石的细、结、润、腻、温、凝。"细"指质地不粗糙，致密细滑；"结"是指质地不松软，结构紧密；"润"是指质地温润娇嫩不干燥；"腻"是指质地不缺油，光泽明亮；"温"是指质地不死结，内含宝气；"凝"是指质地不浮散，庄重聚集。"三贱"即粗、松、脆。"粗"是指质地粗糙，入手发涩，全无光泽；"松"是指质地不紧密，作印不耐用，轻碰即伤；"脆"是指质地坚硬疏松，易破碎或出现裂纹。

（2）色泽

巴林石颜色丰富，赤橙黄绿青蓝紫各色均有。

（3）工艺和意蕴

指对巴林石的形状、花纹、图案和加工后的作品等级品评鉴赏高下。设计师们把巴林石的石质美、色彩美、图案美等充分运用，并通过构图、设计、制作、命名等得以有效升华，从而既不失巴林石天然的魅力和神韵，又增加了其丰富的文化内涵和独特的艺术风格。

5.13.4.6 巴林石的成因与产地

据地质学研究，巴林石是富含硅、铝元素的流纹岩，受火山热液蚀变作用而发生高岭石化形成的。巴林石在成矿晚期，一些硫化物和其他矿物质沿高岭石的裂隙贯穿，或斑布、浸染，因而扩大了高岭石的品种数量。巴林石主要产于内蒙古赤峰市巴林右旗。

5.13.4.7 巴林石的应用及发展趋势

巴林鸡血石适合篆刻雕刻，是很好的印章石，也是图章石中的佼佼者。戴巴林鸡血石可以增加气质，巴林鸡血石是珍贵之物，每个拥有它的人都会倍加珍惜。巴林鸡血石原料资源在急剧减少，巴林鸡血石的价值有很大的增值空间。

思考题

1. 简述寿山石物理化学特征。
2. 简述鸡血石物理化学特征。
3. 简述寿山石的分类。
4. 简述巴林石的种类。
5. 中国使用图章石的历史悠久，其雕刻工艺也反映了我国各时代的文化特色。请结合您对图章石文化的了解，谈谈在当今社会中，我们应如何传承图章石文化。

第 6 章
其他宝石矿物材料

> 沧海月明珠有泪，蓝田日暖玉生烟。
> 此情可待成追忆？只是当时已惘然。
> ——唐·李商隐《锦瑟》节选

本章概要

  知识目标：准确描述磷灰石、绿松石、菱锰矿、青金石、海纹石等的基本概念；阐明磷酸盐和碳酸盐类宝石矿物材料的主要化学成分、晶体化学特征及成因产状特征，掌握磷灰石、绿松石、菱锰矿、孔雀石、青金石、海纹石、天然玻璃等宝石矿物材料的主要鉴定特征和质量评价；利用矿物学的原理方法，理解绿松石中水的存在形式。

  能力目标：正确辨别磷灰石、绿松石、菱锰矿、孔雀石、青金石、海纹石、天然玻璃，提升宝石矿物鉴赏能力。

  素养目标：树立科学的世界观，激发学生的求知热情、探索精神、创新欲望，逐步加深认识和掌握科学规律的自主能力。

  宝石矿物材料除了我们前面介绍的金刚石族矿物、氧化物类矿物、硅酸盐矿物，还有一些碳酸盐矿物、磷酸盐矿物种类和一些特色的矿物材料，例如磷灰石、绿松石、菱锰矿、孔雀石、萤石、青金石、苏纪石、紫龙晶、海纹石等，我们把这些矿物材料统称为其他宝石矿物材料，并在本章进行详细的介绍。

6.1 磷灰石（apatite）

6.1.1 概述

  磷灰石的英文名称为"apatite"，由"德国地质学之父"维尔纳命名，意为"欺骗、误导"，因为磷灰石很容易被误认为是托帕石、海蓝宝石等其他矿物。世界上最大的一块金黄色宝石级磷灰石有147ct，墨西哥达伦哥等地曾发现30ct透明无瑕的磷灰石晶体。坦桑尼亚产出的优质磷灰石猫眼可同著名的斯里兰卡猫眼相媲美。磷灰石的颜色较为丰富，但大多数颜色较淡。

6.1.2 磷灰石的物理化学特征

磷灰石是指含附加阴离子的钙磷酸盐矿物，其晶体化学式为 $Ca_5(PO_4)_3(F,Cl,OH)$。Ca^{2+} 常被 Sr^{2+}、Mn^{2+} 离子取代，并含有微量的 Ce、U、Th 等稀土元素。按照附加阴离子的不同，有氟磷灰石、氯磷灰石、羟磷灰石和碳羟磷灰石等四个亚种。磷灰石还属于六方晶系，晶体常呈六方短柱状、厚板状、粒状，一些晶体还可见发育完好的六方双锥，见图 6-1-1。

图 6-1-1 磷灰石原石

6.1.2.1 光学性质

① 颜色 常见的颜色有绿色、浅绿色、天蓝色、紫色、黄-浅黄色、粉红色及无色等。磷灰石的颜色变化与其所含的稀土元素的种类及含量密切相关。

② 光泽和透明度 玻璃光泽，透明至半透明。

③ 折射率与色散 折射率为 1.634～1.638，双折射率值为 0.002～0.06；色散值为 0.013。

④ 光性及多色性 磷灰石为非均质体，一轴晶，负光性。蓝色和蓝绿色磷灰石多色性强，其多色性颜色为蓝色-淡黄色，其他颜色多色性弱。

⑤ 发光性 磷灰石的荧光因颜色不同而不同，长波紫外光下和短波紫外光下均可见。

⑥ 吸收光谱 磷灰石常见"稀土谱"和"钕谱"，但某些蓝色的磷灰石则不会出现。吸收光谱的每个带由许多细线组成，这些线向右增强，并终止于边缘。黄绿色磷灰石常见 580nm 双线吸收线。

⑦ 特殊光学效应 可出现猫眼效应、星光效应和变色效应。猫眼效应由纤维状、管状包裹体或密集定向排列的裂隙形成。

6.1.2.2 放大检查

可见多种固相包裹体、气液相包裹体、负晶、长管状包裹体、生长结构线等。

6.1.2.3 力学性质与密度

磷灰石具有 $\{0001\}$、$\{10\bar{1}0\}$ 不完全解理，贝壳-不平坦状断口；莫氏硬度 5；密度为 3.18～3.20g/cm³。

6.1.2.4 其他性质

性脆，加热可出现磷光。

6.1.2.5 主要鉴定特征

磷灰石为六方晶系，晶体完好时，由六方柱和六方双锥构成柱状晶体。晶体呈现出玻璃光泽，透明度较好，具有典型的"稀土"吸收光谱，可作为鉴定特征。

6.1.3 磷灰石的分类

磷灰石根据颜色和特殊光学效应，可分为蓝色磷灰石、绿色磷灰石、黄色磷灰石、棕-褐色磷灰石、红-紫红色磷灰石、无色磷灰石及磷灰石猫眼等主要品种。

6.1.4 磷灰石的鉴别

相似宝石主要有碧玺、托帕石、赛黄晶、绿柱石、红柱石等。可通过光性、包裹体、吸收光谱、折射率、双折射率和相对密度等方面特征进行区别。

合成磷灰石的折射率为 1.630～1.637，相对密度为 3.22；含大量的钕和少量的锶元素；吸收光谱超过 30 条吸收线，大部分集中于 520～580nm；长波紫外荧光灯下为惰性，短波紫外荧光灯下呈弱橙色；放大检查可见拉长气泡等。

6.1.5 磷灰石的质量评价

磷灰石的质量评价可从颜色、净度、切工和重量等方面进行。

① 颜色　颜色要求均匀、纯正、鲜艳。其中以蓝色、绿蓝色等接近"帕拉伊巴"碧玺颜色的磷灰石为佳。另外，具有变色效应的磷灰石稀有，价值也会相应提升。

② 净度　刻面宝石要求透明度越高、包裹体越少越好。

③ 切工　由于磷灰石本身硬度较软，因此容易受到磨损，切工尽量面平棱直较好。

④ 重量　宝石级磷灰石 1～3ct 的比较常见，因此在其他因素相同的情况下，重量越大越好。

6.1.6 磷灰石的成因与产地

磷灰石在岩浆岩、变质岩、沉积岩等多种岩石类型中均可产出。宝石级磷灰石主要产于伟晶岩及各种岩浆岩中，在变质岩和沉积岩中也有少量的宝石级磷灰石产出。磷灰石产地较多，主要产地有巴西、加拿大、墨西哥、缅甸、斯里兰卡、美国、中国等。其中黄绿色磷灰石产于西班牙；紫色磷灰石产于捷克、斯洛伐克、美国和德国；蓝绿色、褐色磷灰石产自缅甸和斯里兰卡。另外，巴西、印度、缅甸、斯里兰卡和坦桑尼亚均有磷灰石猫眼产出。我国产出的磷灰石主要有黄色、无色磷灰石和磷灰石猫眼。

6.1.7 磷灰石的应用及发展趋势

首先，磷灰石是一种典型的磷酸盐矿物，是用于提取磷和生产磷肥的重要原料。此外，磷灰石还可以用于生产陶瓷、玻璃、耐火材料等。在陶瓷和玻璃制造中，添加磷灰石可以降低熔点，改善产品的性能。在耐火材料生产中，磷灰石可以提高材料的抗热性和耐磨性。磷灰石的应用领域非常广泛，随着科技的发展，其应用前景将会更加广阔。

思考题

1. 简述磷灰石的物理化学性质。

2. 蓝色磷灰石和帕拉伊巴蓝碧玺都有着迷人的颜色，这种颜色深受广大消费者喜欢，请结合两种宝石的物理化学性质和市场概况，分析蓝色磷灰石的市场发展前景，蓝色磷灰石能取代帕拉伊巴碧玺，成为下一个耀眼之星吗？

6.2 绿松石（turquoise）

6.2.1 概述

绿松石因其形似松球，色近松绿而得名，其英文名称为 turquoise。在古代，产于波斯（今伊朗）的绿松石最著名，它们大多通过土耳其转运到欧洲各国，所以又被称为"土耳其玉"。与软玉一样，绿松石深受古今中外人士喜爱，特别是在伊斯兰国家使用最为广泛，因为它的波斯文意思是"不可战胜的造福者"。在生辰石里，绿松石被用作十二月生辰石，以象征事业的成功和必胜。在远古时代，古埃及人就在西奈半岛开采绿松石矿床，保存在公元 6000 年前的埃及皇后木乃伊手臂上的四只包金的绿松石手镯被认为是世界上最珍贵的绿松石工艺品，当考古学家于公元 1900 年把它们发掘出来时仍然光彩夺目。

在中国历史上，绿松石是应用最早的重要玉石品种之一。据科学家考证，早在原始社会的母系氏族公社时期，妇女们就开始佩戴用绿松石制作的坠子。如在青海大通孙家寨原始社会墓地出土的 5000 年前的器物中，发现有绿松石、玛瑙、骨头等制作的装饰品。绿松石在我国的工艺美术行业中被广泛应用。

从王公贵族的玩物摆设至人们普通的装饰品，经常见到镶嵌绿松石的。唐代文成公主进藏时，带去了大量的绿松石装饰拉萨大昭寺。藏、满、蒙、回及南方部分少数民族，自古酷爱绿松石装饰品。

6.2.2 绿松石的物理化学特征

绿松石玉主要由三斜晶系矿物绿松石组成，可含埃洛石、高岭石、石英、云母等次要矿物，集合体通常呈块状（图 6-2-1）、结核状、脉状和皮壳状。绿松石是铜和铝的含水磷酸盐，其化学式为 $CuAl_6[PO_4]_4(OH)_8 \cdot 5H_2O$，为自色矿物，由铜致色。

图 6-2-1 绿松石原石

6.2.2.1 光学性质

① 颜色 多呈天蓝色、淡蓝色、绿蓝色、绿色、浅绿色、带蓝的苍白色，颜色较均匀，但常含有黑色、褐色的细网脉、斑点、铁线等，有时含黄铁矿金线。

② 光泽和透明度 一般为蜡状光泽至玻璃光泽，疏松者为土状光泽，不透明。

③ 折射率 集合体绿松石的折射率一般为 1.61（点测）。

④ 光性 非均质集合体，多色性不可测。

⑤ 发光性　长波紫外光下呈淡黄绿至蓝色荧光，短波下荧光不明显。

⑥ 吸收光谱　在紫区 420nm 和 432nm 处可见吸收带，有时可见蓝区 460nm 处模糊吸收带。

6.2.2.2　放大检查

常见隐晶质结构，由高岭石、石英等聚集而成白色斑点或网脉及由褐铁矿和碳质聚合而成的黑褐色、褐色网脉俗称"铁线"，还可见黄铁矿等。

6.2.2.3　力学性质与密度

绿松石多为块状集合体，断口一般为参差状；莫氏硬度为 5～6，质地疏松的灰白、灰黄色绿松石的硬度可低至 3 左右；密度为 2.60～2.90g/cm³。因产地不同而有所变化。其中中国湖北为 2.696～2.698g/cm³；西藏为 2.72g/cm³；伊朗为 2.75～2.85g/cm³；美国为 2.60～2.70g/cm³；西奈半岛为 2.81g/cm³；巴西为 2.60～2.65g/cm³。

6.2.2.4　其他性质

绿松石含水、多孔、不耐热。在高温下会失水、爆裂而变成褐色；易吸收液体或杂色物质而引起褪色或变色。鉴定过程中因可能被污染，不宜与有机溶液（如折射油、重液）接触。

6.2.2.5　主要鉴定特征

绿松石常呈块状、结核状、脉状和皮壳状，为典型的自色矿物。一般为蜡状光泽至玻璃光泽，疏松者为土状光泽，不透明，"铁线"为其典型鉴定特征。

6.2.3　绿松石的分类

绿松石通常按产地、颜色、光泽、质地、结构和构造进行分类，而许多分类又或多或少地引申为绿松石的质量等级，因而带有等级意义。

6.2.3.1　按颜色分类

绿松石根据颜色的不同，可以分为以下几种绿松石，见图 6-2-2。

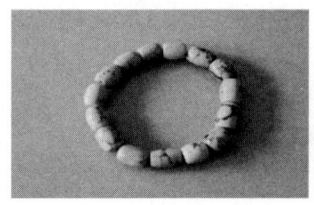  

图 6-2-2　不同颜色的绿松石

蓝色绿松石：蓝色，不透明块体，有时为暗蓝色。

浅蓝色绿松石：浅蓝色，不透明块体。

蓝绿色绿松石：蓝绿色，不透明块体。

绿色绿松石：绿色，不透明块体。

黄绿色绿松石：黄绿色，不透明块体。

浅绿色绿松石：浅绿色，不透明块体。

6.2.3.2　按产地分类

尼沙普尔绿松石：产自伊朗北部阿里米塞尔山上的尼沙普尔地区，中国古称"回回甸子"，日本等国称"东方绿松石"。

西奈绿松石：位于西奈半岛，是世界最古老的绿松石矿山。

美国绿松石：产自美国西南各州，特别是亚利桑那州最为丰富。

湖北绿松石：产自中国鄂西北的绿松石，古称"荆州石"或"襄阳甸子"。湖北绿松石产量大，质量优，享誉中外，主要分布在鄂西北的郧阳区、竹山、郧西等地，矿山位于武当山脉的西端、汉水以南的部分区域内。

按产地分还有埃及绿松石、智利绿松石、澳大利亚绿松石等。有些产地名称，不仅仅代表产地，同时还代表和指示绿松石的质量等级，故这些名称也具有质量等级意义。

6.2.3.3　按结构、构造划分

晶体绿松石：透明单晶体，极罕见，产于美国弗吉尼亚州等地。

块状绿松石：隐晶质集合体，呈团块状、结核状，可带有灰白至灰黄、黄至黄褐色及褐色的包壳。质地特别好的为致密块状绿松石，包壳内颜色鲜艳、均匀，质地细腻，适于制作首饰和玉雕工艺品；质地比较疏松者，受到不同程度风化，包壳内绿松石的颜色一般呈浅灰蓝、浅蓝绿色等。

铁线绿松石：含有黑色或褐色铁质斑点或网脉的绿松石。

浸染绿松石：绿松石呈斑点状、角砾状分布在高岭石、褐铁矿或围岩组成的脉石中。

6.2.3.4　按质地和硬度划分

瓷松：天蓝色，质地致密细腻，硬度大（5.5～6），破碎后断口如瓷器断口，异常光亮的绿松石，质量好。

硬松：质地致密、细腻度稍差，硬度中等（4.5～5.5），与块状绿松石对应。

泡松：质地疏松粗糙，硬度低（小于4.5），绿松石的质地和硬度（从左到右逐渐降低）（月白色、浅蓝白色），光泽差。质地特别疏松者，市场上称为"面松"，用指甲即能刻划出粉末。

6.2.4　绿松石的鉴别

6.2.4.1　与相似玉石的鉴别

绿松石以其特有的不透明、天蓝色、浅蓝色、绿蓝色、绿色及其在底子上常有的白色斑点及褐色铁线为主要识别特征，另外结构、光泽、密度和硬度等也是重要的鉴定特征。与绿松石相似的玉石有孔雀石、硅孔雀石、染色菱镁矿、染色羟硅硼钙石、磷铝石、染色玉髓等，具体鉴别特征见表6-2-1。

表 6-2-1　绿松石与几种相似玉石的鉴别特征

宝石名称	外观	折射率	密度/(g/cm³)	吸收光谱	其他特征
绿松石	天蓝石、蓝绿色，蜡状至玻璃光泽	1.61	2.60~2.90	蓝区2条吸收线	隐晶质结构有白色斑点或褐黑色"铁线"
染色菱镁矿	天蓝色、蓝绿色，蜡状光泽	1.51	2.90~3.10	—	常见灰色网脉，有染色迹象，查尔斯滤色镜下呈淡褐色
染色羟硅硼钙石	蓝色、绿色，玻璃光泽	1.59	2.58	绿区有宽吸收带	硬度（3~4）低，染色前为白色，可见深灰色或黑色蛛网状脉，染色者颜色集中于网脉中
孔雀石	绿色，玻璃光泽	1.66~1.91	3.54~4.10		同心层状与放射状结构
硅孔雀石	绿色、浅蓝绿色，蜡状光泽、玻璃光泽	1.50	2.00~2.40		隐晶质或胶状集合体，呈钟乳状、皮壳状、土状，常作致色剂，存在于玉髓中，硬度（2~4）低
磷铝石	绿色-黄绿色、蓝绿色，玻璃光泽	1.56	2.40~2.60	红区有2条吸收线	隐晶质至粒状结构，滤色镜下可呈桃红色
染色玉髓	蓝色、绿色，玻璃光泽	1.54	2.65		滤色镜下可呈浅红色

6.2.4.2　优化处理绿松石的鉴别

绿松石的人工优化处理方法主要有染色处理和灌注处理等。

（1）染色处理

主要目的是改变颜色。绿松石失水后，利用苯胺染料，对淡绿色、淡蓝色的绿松石进行染色。在不显眼的地方滴上一滴氨水，可发现染料发生褪色，退回到原来的绿色和白色。

（2）灌注处理

① 注油和蜡处理　其目的是改变绿松石的颜色。这种染过色的绿松石颜色不耐久，热针触探（热针不贴在样品上）几秒钟后油和蜡将会渗出表面。

② 注塑处理　其目的是针对浅色的绿松石通过注塑来改变颜色和结构。通常采用热针触探2~3s裂隙和凹坑处，塑料会放出刺鼻的味道。外观具有瓷松品种颜色的，则相对密度低，手感轻。

6.2.4.3　合成绿松石的鉴别

"合成"绿松石由吉尔森公司生产并于1972年面市，目前市场上有两个品种：一种是较为均匀纯净的材料；另一种加入了杂质成分，表面类似于含围岩、基质的绿松石。其折射率、密度与天然品相近。另外，还有些"合成"绿松石是采用碳酸盐、石膏、滑石粉末加上沥青仿铁线一起压制而成。

合成绿松石显示纯正的天蓝色，质地细腻，呈蜡状光泽，放大观察可见无数密集小球体，显微球粒状结构或深浅颜色的似絮状物组成了细网状结构。折射率为1.60，相对密度为2.60~2.80，与天然绿松石较为接近，根据颜色的纯净程度，矿物组成的结构可与天然绿松石相区别。

6.2.4.4 "再造"绿松石的鉴别

"再造"绿松石是一种混合物，由绿松石粉末、铜盐和树脂或硅化合物胶结而成。鉴别特征如下，可见清晰的颗粒界限以及基质中的深蓝色染料颗粒，外观像瓷器，具粒状结构；密度低于天然绿松石的正常范围；用蘸取盐酸的白色棉球擦拭，会掉色。

6.2.5 绿松石的质量评价

根据颜色、光泽、质地、块度等特征可将绿松石分为4个品级，国际上相应称为波斯级、美洲级、埃及级和阿富汗级。

① 一级品（波斯级） 呈鲜艳的天蓝色，而且颜色纯正、均匀，光泽强而柔和，微透明至半透明，表面有玻璃感，没有褐黑色铁线，质地致密、细腻、坚韧、光洁、块度大，若质地特别优良者，即使块度较小，也为一级品。一级品原石的利用率很高。

② 二级品（美洲级） 呈浅蓝、蓝绿色，颜色不鲜艳，光泽稍暗，微透明；质地坚硬，铁线及其他缺陷很少，块度中等。这类绿松石原石利用率一般较高。

③ 三级品（埃及级） 呈绿蓝色、黄绿色等，光泽暗淡，质地较细，比较坚硬，铁线明显，块度大小不等，原石利用率较低。

④ 四级品（阿富汗级） 呈浅或暗的黄绿色，一般表面铁线比较多，这类绿松石价值非常低。

6.2.6 绿松石的成因与产地

6.2.6.1 成因

绿松石是在外生条件下被次生矿物交代的产物，为淋滤成因。按照围岩类型，绿松石矿床类型可分为三类：酸性喷发岩中的矿床；碳质-碳酸盐-硅质岩中的矿床；多金属矿床氧化和次生硫化物富集带中的矿床。宝石级绿松石几乎都是外生淋滤型的，与含磷和含铜的硫化物矿物岩石的线性风化壳有关。

6.2.6.2 产地

① 中国 绿松石产地主要有湖北、陕西、青海等地，其中湖北产的优质绿松石中外著名。绿松石产于前寒武纪的黑色片岩之中，产出的绿松石色好、质硬，年产量几吨到十几吨。

② 伊朗 伊朗东北部的尼沙普尔矿床产出的绿松石较为著名。绿松石产于斑岩及粗面岩中，为褐色铁矿所胶结。绿松石颜色均匀，天蓝色中有时有细脉状的褐铁矿矿脉穿切。该矿山已开采几个世纪。

③ 埃及 在西奈半岛上。绿松石产于砂岩之中，地壳运动使绿松石及脉石角砾化。有大量的褐铁矿产出，绿松石颜色为蓝色到蓝绿色。

④ 美国 产地主要分布在西南部，尤其是亚利桑那州，绿松石产量最为丰富。不同矿山的绿松石颜色有差别，但以深蓝色为主，常有褐铁矿呈网脉状分布于绿松石中（铁线松石）。

⑤ 澳大利亚 在一些大的矿床中发现致密而优美的蓝色绿松石，颜色均匀，质硬，呈结

核状产出。

⑥ 其他产地　智利、乌兹别克斯坦、墨西哥、巴西等。

6.2.7　绿松石的应用及发展趋势

优质绿松石主要用于制作弧面型戒面、胸饰、耳饰等。质量一般者，则用于制作各种款式的项链、手链、服饰等。块度大者用于雕刻工艺品，多表现善与美的内容，如佛像、仙人、仙鹤、仙女、山水亭榭、花鸟虫鱼、人物走兽等。人民大会堂湖北厅里的"李时珍采药"雕像，就是绿松石雕制而成。此外，绿松石碎屑可以作颜料，藏医还将绿松石用作药品。

随着人们对绿松石及其文化的深入了解，优质绿松石成为许多收藏家和设计师们的喜爱，其价格不断攀升，具有较好的市场前景。

思考题

1. 简述绿松石的物理化学特征。
2. 简述绿松石的分类。品质最好的绿松石应满足哪些条件？
3. 请结合绿松石的文化内涵与绿松石基本性质，谈谈您对湖北绿松石饰品走出国门的建议。

6.3　菱锰矿（rhodochrosite）

6.3.1　概述

菱锰矿为矿物名，其商业名为红纹石，英文名为 rhodochrosite，来自希腊语，意思是"玫瑰色"。红纹石作为阿根廷的国石，最早出产于阿根廷安第斯山脉，晶体截面红白相间的同心纹路如玫瑰般惊艳动人，所以有"印加玫瑰"的美称。

菱锰矿最早可以追溯到古老的印加文明。据说，印加人在阿根廷的一个洞穴中发现了这种粉红色的宝石后，认为这些美丽的宝石是由相爱的情侣在去世后依旧浓烈不散的爱情转化而成，所以它又有爱情浪漫的寓意，于是将它起名为"爱情玫瑰"。

菱锰矿透明晶体较少，绝大多数为块状体，由于硬度低，为一种雕刻材料。

6.3.2　菱锰矿的物理化学特征

菱锰矿属于碳酸盐矿物，其化学式为 $MnCO_3$；可含 Fe、Ca、Zn、Mg 等微量元素。菱锰矿属于三方晶系，可呈单晶菱形晶体产出，多为晶体集合体，外观呈结核状、鲕状、肾状，多为块状体。断面呈放射状、束状、层状构造，参见图6-3-1。

图 6-3-1　菱锰矿

6.3.2.1 光学性质

① 颜色　菱锰矿为自色矿物，单晶体透明材料多呈粉橙、橙红、深红色；块状菱锰矿颜色鲜艳，常呈粉红色，为深浅不同的锯齿状或波纹状条带，粉红基底上可有白、灰、褐或黄色的条纹。

② 光泽和透明度　一般为玻璃光泽，半透明至不透明。

③ 折射率　折射率为1.597～1.817，双折射率为0.220，集合体点测折射率为1.60，双折射率不可测。

④ 光性与多色性　一轴晶，负光性；常见非均质集合体。透明晶体多色性为中等至强的橙黄/红色。集合体多色性不可测。

⑤ 发光性　长波紫外荧光灯下呈无至中的粉红色荧光；短波下呈无至弱的红色荧光。

⑥ 吸收光谱　具有410nm、450nm及540nm弱吸收带。

6.3.2.2 放大检查

单晶可见解理纹、晶体包裹体及气液包裹体；集合体可见条带状、层纹状和花边状结构，白色和红色菱锰矿呈锯齿状或波纹状分布。

6.3.2.3 力学性质与密度

单晶菱锰矿可见三组完全解理，集合体通常不见；莫氏硬度3～5；密度为3.45～3.70g/cm³，一般为3.50g/cm³。

6.3.2.4 其他性质

菱锰矿为碳酸盐矿物，硬度低，性脆，遇盐酸起泡。

6.3.2.5 主要鉴定特征

菱锰矿主要鉴别特征为粉红色，内常有白色物质，呈锯齿状或波纹状分布。

6.3.3 菱锰矿的鉴别

与菱锰矿最为相似的宝石是蔷薇辉石，外观和颜色很相似，容易混淆，具体鉴别特征见表6-3-1。

表 6-3-1　菱锰矿与蔷薇辉石的鉴别特征对比表

特征	菱锰矿	蔷薇辉石
化学成分	碳酸盐 $MnCO_3$	硅酸盐 $Mn[SiO_3]$
外观特征	粉红色至深红色，隐晶质至粒状结构，可见条带状、层纹状、花边状结构	粉红至褐红色，常见黑色斑点（锰矿物），细粒结构，块状构造
折射率	点测约为1.60	点测约为1.73，可低至1.54（含石英）
密度/(g/cm³)	3.60	3.50

续表

特征	菱锰矿	蔷薇辉石
莫氏硬度	3～5	5.5～6.5
其他特征	遇盐酸反应	遇盐酸不反应

6.3.4 菱锰矿的质量评价

菱锰矿的质量主要从颜色、透明度、块度和杂裂等四个方面进行评价，颜色鲜艳、透明度好、块度大、裂隙少者适合作为宝石，参见图 6-3-2。

6.3.5 菱锰矿的成因与产地

菱锰矿在热液沉积及变质条件下均能形成，但以外生沉积为主，主要产于白云质石灰岩中。条带状菱锰矿主要产于阿根廷；透明菱锰矿来自美国科罗拉多、南非、秘鲁、澳大利亚、罗马尼亚、西班牙等地。中国主要产地有广西贺州、辽宁瓦房店、北京密云。

图 6-3-2　菱锰矿手串

6.3.6 菱锰矿的应用及发展趋势

菱锰矿不仅是一种重要的锰矿石，而且还是制造锰铁合金的重要原料之一，其在锰铁合金的生产中占据重要地位。此外，因锰粉末还是电池重要的正极材料之一，而锰粉末的来源就是菱锰矿，所以菱锰矿在电池生产中也具有重要的用途。综上所述，随着国家经济的高速发展，菱锰矿在相关产业中具有广泛的应用价值和市场前景。

思考题

1. 简述菱锰矿的物理化学特征。
2. 简述菱锰矿与蔷薇辉石的区别。

6.4　孔雀石（malachite）

6.4.1 概述

孔雀石具有鲜艳的翠绿色和千姿百态的形状与花纹，如葡萄状、同心层状、放射状、纤维状等，加上质地细腻，而备受人们喜爱。尽管由于其分布广泛而价值不高，但其中一些优良的工艺美术品仍然十分珍贵。

孔雀石的英文名称为 malachite，来源于希腊语 mallache，意思是"绿色"。孔雀石属于铜的碳酸盐矿物，因其色泽艳丽，犹如绿孔雀尾羽的翠绿色而得名。在古代也称孔雀石为"绿青""石绿""青琅玕"等。

孔雀石是埃及人最早开发和利用的，早在公元前 4000 年埃及人就开采了苏伊士和西奈之间的矿山。那时候，人们坚信孔雀石对儿童是一种特别有用的护身符，甚至认为在儿童的摇篮上挂一小块孔雀石，可以将一切邪恶的灵魂驱散，使儿童睡得安宁和酣畅。在德国一些地区，人们认为佩戴这种绿色矿物的人可以防止死亡，并根据碎成几块的碎片来预报即将发生的灾害。不久以前，在云南省楚雄市万家坝的春秋战国时期古墓中发现有孔雀石和硅孔雀石的工艺品，这些都能说明孔雀石为一种古老的玉石原料。

6.4.2 孔雀石的物理化学特征

孔雀石是由矿物组成的集合体，常与蓝铜矿、硅孔雀石等矿物共生。化学分子式是 $Cu_2CO_3(OH)_2$，含微量 CaO、Fe_2O_3、SiO_2 等机械混入物，以致呈现各种不同色调的绿色，见图 6-4-1。集合体通常呈钟乳状、肾状、葡萄状、纤维状及块状等。

图 6-4-1 孔雀石

6.4.2.1 光学性质

① 颜色 孔雀石可呈绿色，有浅绿、艳绿、孔雀绿、深绿和墨绿，以孔雀绿为佳。

② 光泽和透明度 玻璃光泽、丝绢光泽，半透明至不透明。

③ 折射率 折射率为 1.655～1.909，双折射率为 0.254，集合体双折射率不可测。

④ 光性与多色性 孔雀石为非均质体集合体，无多色性。

⑤ 发光性 紫外灯下孔雀石荧光呈惰性。

⑥ 吸收光谱 孔雀石无特征吸收光谱。

⑦ 特殊光学效应 可见猫眼效应。

6.4.2.2 放大检查

可见深浅不一的绿色形成同心圆状、放射状和纹带状花纹，其中同心圆状、条带状构造是其典型特征。

6.4.2.3 力学性质与密度

孔雀石无解理，具有参差状断口，性脆；莫氏硬度为 3.5～4；密度为 3.54～4.10g/cm³，一般为 3.95g/cm³。

6.4.2.4 其他性质

孔雀石为碳酸盐矿物，遇盐酸起泡，易溶解。在佩戴、清洗及保存时要小心。不宜放入电镀槽及用超声波清洗。

6.4.2.5 主要鉴定特征

孔雀石呈典型的孔雀绿色，具有玻璃光泽和丝绢光泽，不透明，同心圆状和条带状构造为其典型的鉴定特征。

6.4.3 孔雀石的分类

按其形态、物质组成及特殊光学效应可分为以下品种。

① 块状孔雀石　指具块状、葡萄状、同心层状、放射状和带状等多种形态的致密块体，多用于玉雕和各种首饰原料。

② 杂蓝铜孔雀石（青孔雀石）　孔雀石和蓝铜矿交互生长构成致密块状，致使孔雀石绿色和深蓝色相互映衬，相辅相成，这就是别具特色的"青孔雀石"。可用作玉雕材料，相当名贵。

③ 孔雀石猫眼　指具有平行排列的纤维状构造的孔雀石，可呈现猫眼效应。

④ 埃拉特石（eilat stone）　由孔雀石、硅孔雀石、绿松石等含铜矿物交互生长形成的集合体。呈蓝色至绿色或同时存在蓝色、绿色斑块。莫氏硬度为 2～4。

6.4.4 孔雀石的鉴别

6.4.4.1 与相似玉石的鉴别

孔雀石具有鲜艳的翠绿色，这种颜色特征属其独有，所以很容易与其他玉石区别。在查尔斯滤色镜下，其绿色无变化。同心环带状构造也是孔雀石的又一个重要的肉眼鉴定特征。孔雀石一般不透明，呈玻璃光泽和丝绢光泽，紫外光照射无荧光反应。孔雀石作为宝石是很不耐用的，因遇盐酸起泡溶解、硬度（3.5～4.0）低，故不能长时间保持好的光泽。根据孔雀石的一系列特征可以很容易将其与其他相似玉石区分开。与孔雀石相似的玉石有绿松石，但绿松石颜色主要是蓝色带绿，密度比孔雀石小，硬度比孔雀石大。还有用绿色条带玻璃制品来仿冒孔雀石的，主要区别在于玻璃的条纹短而宽度不稳定，此外玻璃见不到丝绢光泽、贝壳状断口等，均可与孔雀石相区别。

6.4.4.2 优化处理孔雀石的鉴别

（1）浸蜡

将蜡浸入孔雀石中以掩盖其裂隙，放大检查可见孔雀石呈蜡状光泽，热针靠近样品可使蜡熔化。

（2）充填处理

用塑料或树脂充填孔雀石以掩盖裂隙并提高耐久性。放大检查可见充填部位热针探测熔化的塑料或树脂，并发出辛辣气味。

6.4.4.3 合成孔雀石及其鉴别

1982 年合成孔雀石首先在俄罗斯试制成功，在水溶液中生长。颜色外观与天然孔雀石相似,具有较好的带状、波纹状纹带结构。合成孔雀石的化学成分、颜色、密度、硬度、光学性质及 X 射线衍射谱线等与天然孔雀石极其相似,只能用差热分析进行区分。但是,差热分析是一种破坏性鉴定手段,应慎用。

6.4.5 孔雀石的质量评价

孔雀石在工艺美术上要求孔雀石颜色鲜艳、纯正、均匀,特别是具有标准的孔雀绿色,光泽强,有一定的透明度,质地致密细腻、坚韧、光洁,无裂纹、片绺、蜂窝现象,块度大。

6.4.6 孔雀石的成因与产地

孔雀石产于铜矿体氧化带,与蓝铜矿和赤铜矿共生,一般孔雀石的开采属于铜矿山开采。世界上的著名铜矿山很多。主要产地如赞比亚、澳大利亚、纳米比亚、美国、俄罗斯等。我国孔雀石主要产在南方某些铜矿山的氧化带中,主要产地有广东、江西西北部、湖北大冶等地。

6.4.7 孔雀石的应用及发展趋势

孔雀石因其独特的绿色、条带状结构和低价位深受广大消费者的喜爱,其前景较好。优质孔雀石主要用于制作弧面型戒面、手串、吊坠、手镯等。质量一般者,用于雕刻工艺品。此外孔雀石还可用于绘画原料,部分中药及化妆品的原料等。

思考题

1. 简述孔雀石的物理化学特征。
2. 简述孔雀石的品种。
3. 案例分析

20 世纪 50 年代末,正值我国社会主义建设如火如荼的狂热年代,地处中国西北角河西走廊中段的永昌县境内,有一名常年游走在龙首山上的牧羊人,偶然捡到了几枚如核桃大小、色纹有些异样的孔雀石,世间万物,各具价值,一石一木,均非弃物。这几枚深居亘古荒山的孔雀石,终被一双慧眼所识,揭开了祖国"金娃娃"的神秘面纱。因而,孔雀石便成为承载国家镍钴工业的希望和荣光之石,金川人与之缔结安身立命、创业兴邦的吉祥之石。结合孔雀石的成因,论述故事中孔雀石和我国镍钴工业发展的内在联系。

6.5 萤石(fluorite)

6.5.1 概述

萤石,又称氟石,是常见的卤化物矿物,其英文名称为"fluorite",来自拉丁文"fluere",寓意萤石可作熔剂、可使熔融体富于流动,因具有荧光并可显示磷光,萤石常被人们称为"夜明珠"。萤石颜色丰富,早在新石器时代,中国的河姆渡人就曾选用萤石作装饰。萤石的开采及挖掘起源于古埃及时期,当时的人们广泛用萤石制作塑像及圣甲虫形状的雕刻。古罗马时期,萤石作为名贵石料广泛地用于酒杯和花瓶的制作,古罗马人甚至相信萤石酒杯会使人千杯不醉。萤石在现代工业上用途广泛,主要用于炼钢等金属冶炼工业上的助熔剂,也是交通和医学等领域的常用材料。

6.5.2 萤石的物理化学特征

萤石的化学成分为氟化钙,化学式为CaF_2,常含替代Ca的Y和Ce等稀土元素。萤石是典型的等轴晶系矿物,呈立方体、八面体、菱形十二面体及其聚形。由于完全并且易裂的解理常呈解理八面体形态,见图6-5-1,集合体可呈晶簇状、葡萄状或致密块状产出。

图6-5-1 萤石的形态

6.5.2.1 光学性质

① 颜色 纯净的萤石无色,因杂质元素的替代导致结构缺陷而成色,常见绿色、蓝色、紫色、粉红色、无色和棕色等,色带发育。

② 光泽和透明度 玻璃光泽,透明至半透明。

③ 折射率 折射率为1.434,无双折射率,色散值为0.007。

④ 光性与多色性 均质体,无多色性。

⑤ 发光性 萤石具有发光性。长波紫外荧光灯下呈明亮的蓝色或绿色荧光,短波紫外荧光灯下可有弱荧光;有些萤石呈荧光惰性。某些含微量稀土元素的萤石具有磷光。

⑥ 吸收光谱 可见稀土元素吸收谱线。

⑦ 特殊光学效应 萤石偶见变色效应。

6.5.2.2 放大检查

萤石的内含物丰富,内部可见固相包裹体、色带、两相或三相包裹体、负晶,解理纹呈三角形发育。

6.5.2.3 力学性质与密度

萤石具有四组平行八面体{111}方向的完全解理,解理面常表现为三角形解理纹。破口处可见阶梯状断口,集合体不可见;莫氏硬度为4;密度为3.18g/cm³。

6.5.2.4 其他性质

萤石性脆,熔点为1270~1350℃,部分萤石具有磷光。

6.5.2.5 主要鉴定特征

萤石原石可根据形态、颜色、解理、硬度来鉴别；成品以颜色丰富，常见色带和解理，具有荧光为主要鉴定特征。

6.5.3 萤石的分类

萤石的品种主要按颜色、发光性和特殊光学效应进行划分，主要有以下品种。

① 紫色萤石　指紫、蓝紫、红紫等以紫色为主色调的萤石，是萤石中常见的品种。中国古代称紫色萤石为"软水紫晶"。

② 绿色萤石　指绿、蓝绿、黄绿等以绿色为主色调的萤石，其中最好的颜色呈祖母绿色。中国古代称绿色萤石为"软水绿晶"。

③ 蓝色萤石　指蓝、灰蓝、绿蓝、紫蓝等以蓝色为主色调的萤石，常见色带。

④ 红色萤石　指以红色调为主的萤石，较为少见。

⑤ 黄色萤石　指黄至橘黄色的萤石，常含有微量的Cl，可见色带。

⑥ 无色萤石　指透明至半透明的无色萤石，以单晶或者晶簇出现。

⑦ 黑色萤石　指黑、灰黑和紫黑色萤石，黑色萤石一般不用作珠宝材料。

⑧ 多色萤石　指具有多种颜色条带的萤石单晶或集合体，在单晶中，色带平行晶面发育可形成"幻影"。

⑨ 变色萤石　指具有变色效应的萤石，在日光灯下表现为蓝色，白炽灯下表现为紫红色。

⑩ 发光萤石　特指具有磷光效应的萤石，也称"夜光萤石"、萤石"夜明珠"，其颜色通常为绿色或紫色。

6.5.4 萤石的鉴别

（1）热处理萤石

萤石常采用加热处理来使其颜色变浅，如将黑色、深蓝色热处理成蓝色，不易检测，颜色稳定，应避免超过300℃的受热。

（2）辐照处理萤石

辐照处理可将浅色萤石变成各种颜色，如无色萤石辐照变成紫色，但颜色很不稳定，容易褪色；原来没有磷光效应的萤石也可通过辐照产生磷光。

（3）充填处理萤石

用树脂等充填表面裂隙，或在充填时加入荧光剂，使其产生或加强磷光效应。放大检查可见裂隙中的充填物，裂隙中可见异常强的荧光和磷光。

（4）覆膜处理萤石

在萤石表面覆膜以改善外观，增强耐久性，鉴定时注意表面光泽差异、局部涂层脱落，放大检查有时可见气泡。

6.5.5 萤石的质量评价

萤石的质量评价可从颜色、透明度、净度、重量等几个方面进行评价。

萤石晶体可作观赏石，要求颜色漂亮、透明度好、晶体特征明显且完整无缺、矿物晶体的组合特别、造型美观等。尤其以大型晶簇标本最为珍贵。

宝石级萤石要求颜色鲜艳、透明、净度高，重量越大，价值越高，其中祖母绿色和紫色的透明萤石为上品。

6.5.6 萤石的成因与产地

萤石主要形成于热液作用和沉积作用。热液型多产于花岗伟晶岩或萤石脉的晶洞中。世界上优质的萤石来自美国伊利诺伊州和肯塔基州，祖母绿色萤石来自纳米比亚，鲜艳绿色萤石来自美国新罕布什尔州和纽约州。无色透明萤石晶体来自加拿大安大略。

中国是世界上萤石资源最丰富的国家之一，宝石级萤石主要来自湖南、浙江金华、湖北应城、江西德安、内蒙古、福建、广西、贵州、新疆等地。

6.5.7 萤石的应用及发展趋势

萤石不仅是一种典型的卤化物矿物，而且也是一种关键的工业原料。萤石被大量用在新能源与新材料等其他战略性新兴产业，以及冶金、化工、建材、光学工业等其他传统领域中，同时也是氟化工产业链的起点，另外萤石还是提取氟的关键矿物，也是稀缺的无法再生资源。这几年来由于中国经济的持续增长和工业化进程的加速，萤石市场需求呈现出不断增长的趋势。

思考题

1. 简述萤石的物理化学特征。
2. 简述萤石的优化处理方法及其鉴别特征。

6.6 青金石（lapis lazuli）

6.6.1 概述

青金石是由多种矿物组成的宝石，从地质学的命名应该称为青金岩，但是，在历史上人们一直称之为青金石，国家标准也采用了青金石这一名称。青金石既可作玉雕，又可制首饰，深受人们的喜爱。

青金石的英文名称为 lapis lazuli，来自拉丁语，意为"蓝色的宝石"。"青"指颜色为天蓝，"金"指所含的黄铁矿闪光。青金石是古老玉石之一，早在公元前数千年就被伊朗和印度用作玉石。尤其是含浸染状金色黄铁矿的深蓝色青金石，如同星光灿烂的夜空，一直受到东方民族特别是阿拉伯民族的喜爱。我国自古认为青金石"色相如天"（也称帝青色或宝青色），很受帝王的器重,在古代多被用来制作皇帝的葬器,以其色青,让死者可循此以达升天之路。清代不论是朝珠或朝带都重用青金石,青金石被列为四品官顶戴。

由于青金石具有很庄重的深蓝色,除了制作珠宝首饰之外,还用于雕佛像、达摩、瓶、炉、动物等,此外还是重要的绘画染料。著名的敦煌莫高窟、敦煌西千佛洞,自南北朝到清代壁画、彩塑上都用青金石作颜料。

6.6.2 青金石的物理化学特征

青金石是由青金石矿物和少量的透辉石、方解石、白云石、黄铁矿、方钠石、长石等矿物组成的集合体。青金石属于等轴晶系矿物,单晶晶形为菱形十二面体(罕见),以致密块状产出(图6-6-1)。青金石的化学式为$(Na,Ca)_8(AlSiO_4)_6(SO_4,Cl,S)_2$。因矿物种类和含量的不同而极大地影响青金石的物理性质。

图6-6-1 青金石

6.6.2.1 光学性质

① 颜色　青金石常呈暗蓝、深蓝、紫蓝色,很少出现纯绿紫红色,在某些标本上偶尔可见蓝、绿、红、紫色于一体,有时还可见到浅蓝或几乎无色的青金石。

② 光泽和透明度　一般为玻璃光泽至树脂光泽,半透明至不透明。

③ 折射率　折射率一般为1.50左右(点测)。

④ 光性与多色性　青金石为均质体,无多色性。

⑤ 发光性　青金石中的方解石在长波紫外荧光灯下呈粉红色或橙色斑点或条纹状荧光,在短波紫外荧光灯下呈弱至中等粉红浅绿或黄绿色白垩状荧光。

⑥ 吸收光谱　青金石不具有特征吸收光谱。

⑦ 查尔斯滤色镜下颜色变化　在查尔斯滤色镜下呈红褐色。

6.6.2.2 放大检查

可见粒状结构,常含有黄铁矿和白色方解石斑点、团块或网脉。

6.6.2.3 力学性质与密度

青金石无解理,具有不平坦状断口,性脆;莫氏硬度为5～6;密度为2.50～2.80g/cm³,一般为2.75g/cm³,随黄铁矿和其他矿物的含量变化而变化。

6.6.2.4 其他性质

青金石中的方解石与盐酸反应起泡。

6.6.2.5 主要鉴定特征

青金石呈蓝色、蓝紫色等,玻璃光泽,不透明,粒状结构,常含有黄铁矿和白色方解石斑点、团块或网脉，查尔斯滤色镜下呈红褐色。

6.6.3 青金石的品种

(1) 青金石

此处指狭义的青金石，即指浓艳均匀的深蓝色、天蓝色，青金石矿物含量在99%以上，无黄铁矿，有"青金不带金"之称，其他杂质矿物很少，因而质地纯净，为青金石玉中的最佳品种。

(2) 青金

质纯色浓，呈浓蓝、艳蓝、深蓝、翠蓝、藏蓝色，色泽均匀，青金石矿物含量为90%~95%，细密，无杂质，无白斑，含微量"金星"，即含黄铁矿，有"青金必带金"之称，为青金石质玉石中的上品。

(3) 金克浪

颜色为深蓝、大蓝、浅蓝色等，但不太浓艳和均匀，青金石矿物含量比青金少，是一种含有大量黄铁矿的青金石块体，通常含有较多的黄铁矿微粒，经过抛光以后，如同金龟子的外壳一样金光闪闪，所以有"金克浪"之称，因含较多黄铁矿，所以密度比一般青金石大，质地比上述两种都差。

(4) 雪花催生石

浅蓝色，含有较多的白色方解石，青金石矿物含量较少，一般不含黄铁矿，为青金石中的质次者。据说这种青金石在古代入药可以帮助孕妇"催生"，因此称为"催生石"。"催生石"抛光后，在深蓝色的底子上，似有纷飞的点点"雪花"，故有"雪花催生石"之称，此类青金石质玉石一般质量较差，少数质优者可作玉雕用。

6.6.4 青金石的鉴别

6.6.4.1 与相似玉石的鉴别

青金石以微透明、深蓝色的致密块状以及在其上分布的白色方解石（含白云石）条带和"金"色黄铁矿星点为特有的鉴别特征。在今天的生活中，佩戴青金石首饰的人在逐渐增多，珠宝玉石批发市场或集散地以及零售的珠宝柜台上也常见到青金石饰品在销售。与青金石相似的玉石也只有少数几种，如方钠石、"合成"青金石、染色青金石及染色大理石等。它们之间的区别见表6-6-1。

表6-6-1 青金石与相似玉石的鉴别特征

宝石名称	颜色	折射率	密度/(g/cm^3)	硬度	结构	查尔斯绿色镜检测	其他特征
青金石	深蓝色、紫蓝色	1.50	2.75	5~6	粒状结构	红褐色	有白色的方解石条带，星点状黄铁矿，玻璃-蜡状光泽

续表

宝石名称	颜色	折射率	密度/(g/cm³)	硬度	结构	查尔斯绿色镜检测	其他特征
方钠石	深蓝色	1.48	2.25	5~6	粗晶结构	红褐色	半透明,无黄铁矿晶体,有白色矿物纹理,玻璃光泽
"合成"青金石	蓝色	1.50	2.45		细粒结构		不透明,黄铁矿晶体边缘平直,分布均匀。放入水中15min后,质量会明显增加
染色青金石	蓝色	1.50	2.75	5~6	粒状结构		颜色集中在颗粒边界处,用沾有丙酮的棉签擦拭会染上蓝色
染色大理石	蓝色	1.48	2.70	3	层状结构		颜色集中在颗粒边界处,小刀易刻动,遇稀盐酸起泡
瑞士"青金石"(染色碧玉)	蓝色	1.54	2.60	6.5~7	隐晶质结构		颜色分布不均匀,可见条带状斑块
烧结尖晶石	蓝色	1.72	3.52	8	粒状结构	亮红	可见钴吸收光谱,金斑

6.6.4.2 优化处理青金石的鉴别

青金石的优化处理方法主要有浸蜡、浸无色油和染色处理等。主要鉴别特征如下。

① 浸蜡 某些青金石上蜡可改善外观,放大检查可见蜡层脱落的现象,用热针探测可见蜡析出。

② 浸无色油 对青金石浸油以改善外观,热针探测可见油析出。

③ 染色 染色可改善或改变青金石的外观。放大检查可见颜色沿缝隙富集;用蘸有丙酮、酒精或稀盐酸的棉签擦拭,棉签会着色。如果发现有蜡,应先消除蜡层,然后再进行以上测试。紫外-可见光分光光度计可检测染料的吸收峰。

6.6.4.3 青金石的鉴别

"合成"青金石是1976年由法国吉尔森公司生产,是一种仿制品。"合成"青金石颜色上与天然青金石相似,但颜色分布较为均匀,细粒结构,如果有黄铁矿分布时,黄铁矿则属于天然材料,经粉碎、筛分后添入粉末原料中,因此,黄铁矿颗粒边沿一般都很平直,并且均匀地分布于整块宝石中。而天然青金岩中的黄铁矿外观轮廓呈不规则状,颗粒边沿也不规则,黄铁矿颗粒有时呈单颗粒或小斑块状、条纹状形式出现。"合成"青金岩的相对密度为2.45,低于天然青金岩的相对密度2.70。"合成"青金石孔隙度高于天然青金岩,在静水称重时,在水中的视重经过15min后明显增加。查尔斯滤色镜下合成青金岩不变红,天然青金岩则变成褐红色。

6.6.4.4 再造青金石的鉴别

用树脂把磨碎的青金石和黄铁矿黏结而得到再造青金石。肉眼观察,颜色均匀,呈深紫蓝色,小角状的黄铁矿呈星散分布,具平滑的表面结构,无方解石白色斑块;放大检查可见黏结材料呈细粒碎屑结构,碎屑具角状或圆形外观。现在市场上"再造"青金石并非由磨碎的青金石和黄铁矿黏结，而是硫酸钡与黄铁矿黏结而成。

6.6.5 青金石的质量评价

青金石的质量评价可从颜色、净度、加工质量和重量等方面进行。最名贵的青金石应为颜色分布均匀的强紫蓝色，不含方解石和黄铁矿包裹体，光泽强；一般大多数具有商业意义的青金石含有数量不等的黄铁矿、方解石，其中含方解石越多，质量越差。同一件样品要注意不同部位质量的变化。此外，加工工艺、重量等方面都是影响青金石质量的重要因素。珠宝市场又根据青金石种类，将青金石分为青金石、青金、金克浪和雪花催生石四个等级。

6.6.6 青金石的成因与产地

青金岩为接触交代矽卡岩的产物，典型代表有镁矽卡岩和钙矽卡岩两种类型，其中青金石属于前者，而智利青金石属于后者。

世界上最优质的青金石来自阿富汗，呈深蓝色、紫蓝色，含方解石和黄铁矿较少。此外，俄罗斯、智利、美国、缅甸、塔吉克斯坦、加拿大等都有产出。

6.6.7 青金石的应用及发展趋势

优质青金石主要用于制作弧面型戒面、手串等。质量一般者，用于雕刻工艺品。青金石特色的蓝靛色可以帮助人们舒缓眼压，消除眼睛疲劳，保护视力。此外青金石常被研磨成粉末，作为绘画使用的颜料。

近年来，青金石出现在全国各地古玩珠宝市场和中、大型珠宝展会中，受到了很多消费者的喜欢。随着人们的喜爱，加上各地商家的宣传，青金石名气越来越大，可以预测其市场前景将越来越好。

思考题

1. 简述青金石的物理化学特征。
2. 简述青金石与相似玉石的区别。
3. 我国目前未发现青金石，但青金石在中国的使用却有着悠久的历史。请问青金石是如何传到中国的，它在中西方文化中起到了哪些作用？

6.7 苏纪石（sugilite）

6.7.1 概述

苏纪石，俗称"舒俱来石"，亦被誉为"千禧之石"。苏纪石是英文"sugilite"的译音，也称"舒俱莱石"。1944年日本地质学家Kenichi Sugi在日本岩城岛首次发现而得名。直到1979年，在南非博茨瓦纳附近的喀拉哈里沙漠的韦塞尔锰矿，人们意外地发现了达到宝石级的苏纪石,当地人称其为"韦塞尔石",也被誉为"南非国宝石",20世纪70年代成为商业品种。

苏纪石也是公历二月份的生辰幸运石。苏纪石的颜色呈特有的深蓝色、红紫色和蓝紫色,有时在色带和色斑上呈现几种不同色调,苏纪石也常呈黄褐色、浅粉红色和黑色,但是这些很少用于珠宝首饰。苏纪石一般呈半透明到不透明,宝石级苏纪石呈明亮的半透明,与优质玉髓相似,但是很难获得。苏纪石呈玻璃到树脂光泽(蜡状光泽),宝石中常点缀着黑色、褐色和蓝色线状的含锰包裹体。层次不同的美丽紫色,加上深浅不同变化,让苏纪石蒙上一层神秘冷艳的色彩,它是一种非常特殊的宝石。

作为珠宝市场上一种新兴的宝石材料,通过宝石常规测试可知苏纪石样品为集合体玉石,大多为蓝色、紫色及褐色,结构细腻。通过电子探针、X射线粉晶衍射分析得出,苏纪石样品的主要矿物成分为硅铁锂钠石,并含有针钠钙石、霓石、石英等杂质矿物。

6.7.2 苏纪石的物理化学特征

苏纪石的主要矿物为硅铁锂钠石,可含石英、针钠钙石、霓石、钠透闪石、赤铁矿、云母等次要矿物。其化学式为 $KNa_2(Fe,Mn,Al)_2Li_3Si_{12}O_{30}$。单晶为六方晶系矿物,少见,常以微晶、粒柱状及团块状集合体产出,块状构造,见图6-7-1。

6.7.2.1 光学性质

① 颜色 常见红紫色、蓝紫色,少见粉红色,其颜色与 Fe^{2+}、Fe^{3+}、Mn^{2+} 有关。

图6-7-1 苏纪石原石

② 光泽和透明度 蜡状光泽至玻璃光泽,半透明至不透明。
③ 折射率 折射率为1.607~1.610,点测法1.61左右,集合体双折射率不可测。
④ 光性与多色性 苏纪石非均质集合体,多色性不可测。
⑤ 发光性 苏纪石在长波紫外荧光灯下呈现无至中等荧光,短波紫外荧光灯下为蓝色荧光。
⑥ 吸收光谱 具有550nm强吸收带,411nm、419nm、437nm及445nm有锰和铁的吸收线。
⑦ 特殊光学效应 无特殊光学效应。

6.7.2.2 放大检查

苏纪石在显微镜下可见粒状结构。

6.7.2.3 力学性质与密度

苏纪石无解理,具有不平坦断口;莫氏硬度为5.5~6.5;密度为2.69~2.79g/cm³,一般为2.74g/cm³。

6.7.2.4 主要鉴定特征

苏纪石多呈红紫色、蓝紫色,玻璃光泽,半透明,粒状结构,具有中等强度的蓝色荧光。

6.7.3 苏纪石的分类

目前市场上常根据颜色将苏纪石可分为以下品种。

① 紫色苏纪石　指几乎全部由苏纪石构成，颜色呈紫色，色彩纯净，是价值较高的一类，见图 6-7-2(a)。

② 蓝色苏纪石　指几乎全部由苏纪石构成，颜色呈蓝色，色彩纯净，价值较高，见图 6-7-2(b)。

③ "豹皮"苏纪石　指含有大量石英，整体颜色略浅，颜色斑杂，硬度稍高。

④ "樱花"苏纪石　指整体偏玫红色，且玫红色部分看上去就像樱花一般，内含石英，见图 6-7-2(c)。

(a) 紫色苏纪石

(b) 蓝色苏纪石

(c) "樱花"苏纪石

图 6-7-2　不同颜色的苏纪石

6.7.4 苏纪石的鉴别

6.7.4.1 与相似玉石的鉴别

苏纪石有着特殊的紫色，易与紫色的查罗石（紫硅碱钙石）相混，查罗石具有特有的蓝紫色和丝绢光泽，且放大检查为纤维状结构等特征，这些特征可将苏纪石和查罗石区分开。此外，市场上出现的紫色染色蛇纹石玉、染色大理岩及染色透闪玉，均用于仿苏纪石。

6.7.4.2 苏纪石的优化处理及鉴别

目前，苏纪石的优化处理方法主要是染色处理，而这种染色可能出现在含有较多石英的苏纪石样品中，即对白色部分染色，或者对整体颜色进行加深。用丙酮擦拭可见颜色掉色的现象，放大检查可见裂隙或晶粒间隙处颜色加深。

6.7.5 苏纪石的质量评价

苏纪石主要以颜色、透明度、净度和块度等要素进行质量评价。

① 颜色　苏纪石的颜色要求浓艳，以鲜艳的紫红色、蓝紫色为佳。

② 透明度　对于相同颜色的苏纪石，透明度越高越好。对于不透明的品种，紫色越多越纯正（不带黑色的），且杂斑越少，质量越高。

③ 净度　在净度上，石英含量越少，苏纪石的含量越多，质量越高。

④ 块度　块度越大，越稀有，价值越高。

6.7.6 苏纪石的成因与产地

苏纪石产于霓石正长岩的小岩株中，苏纪石被首次发现于日本濑户内海的岩城岛。南非北开普省的韦塞尔斯矿场是苏纪石最重要的出产地之一。此外，在加拿大魁北克的蒙特利尔、意大利托斯卡纳及利古里亚、澳大利亚新南威尔士以及印度中央邦也陆续有发现苏纪石的报告。

6.7.7 苏纪石的应用及发展趋势

苏纪石作为一种稀少的玉石资源，1979年，当时在南非发现的数量共5吨，能用作宝石材料的只有360千克左右，苏纪石资源的短缺，以至于市场上用苏纪石制作的珠宝首饰的价格非常昂贵，高端的苏纪石具有较好的收藏价值。

思考题

1. 简述苏纪石的物理化学特征。
2. 简述苏纪石的种类。
3. 结合您对苏纪石的了解，谈谈佩戴苏纪石可以抗癌和防辐射是否具有科学依据。

6.8 查罗石（charoite）

6.8.1 概述

查罗石的矿物名称为紫硅碱钙石，英文译名为查罗石，商业上称为"紫龙晶"。查罗石于1960年在俄罗斯贝加尔恰洛附近发现，该矿床在世界上独一无二，其异乎寻常的温柔紫色，闪变的丝绢光泽，独特的纹饰，细腻的质地及本身的形态与结构，深受人们的喜爱，1973年作为宝石新品种投入市场，称为"紫龙晶"。

6.8.2 查罗石的物理化学特征

查罗石是一种以紫硅碱钙石为主要组成矿物，可含有霓辉石、长石、硅钛钙钾石等次要矿物的集合体。紫硅碱钙石是一种单斜晶系的钾、钙、钠的含水硅酸盐矿物，其化学式为$(K,Na)_5(Ca,Ba,Sr)_8(Si_6O_{15})_2Si_4O_9(OH,F) \cdot 11H_2O$。紫龙晶主要以块状（图6-8-1）、纤维状的集合体产出。

图6-8-1 查罗石原石

6.8.2.1 光学性质

① 颜色　常见紫色、紫蓝色，可含有黑色、灰色、白色或褐棕色色斑，锰是致色原因。
② 光泽和透明度　丝绢光泽、玻璃光泽、蜡状光泽，半透明至微透明。

③ 折射率　折射率为1.550～1.559，随成分不同而有变化，点测约为1.55，双折射率为0.009，集合体通常不可测。

④ 光性与多色性　单晶非均质体，二轴晶，正光性；玉石常为非均质集合体，集合体多色性不可测。

⑤ 发光性　查罗石在长波紫外荧光灯下为无至弱荧光，斑块状红色；短波紫外荧光灯下为惰性。

⑥ 吸收光谱　查罗石不具有特征吸收光谱。

⑦ 特殊光学效应　无特殊光学效应。

6.8.2.2 放大检查

可见纤维状结构，含绿黑色霓石、普通辉石、绿灰色长石等矿物色斑。

6.8.2.3 力学性质与密度

紫硅碱钙石具三组解理，集合体通常不见；莫氏硬度为5～6；密度为2.54～2.78g/cm³，一般为2.68g/cm³。

6.8.2.4 主要鉴定特征

查罗石多呈红紫色、蓝紫色，丝绢光泽，不透明，纤维状结构，可含有黑色、灰色、白色或褐棕色色斑。

6.8.3 查罗石的鉴别

查罗石的颜色主要为紫色，浅紫色至紫色，紫蓝色，另外可含有金黄、白、黑、褐、棕色斑点，具有纤维结构和丝绢光泽，一般不容易与其他宝石相混淆。

6.8.4 查罗石的质量评价

查罗石饰品（图6-8-2）的质量评价主要受颜色、透明度、重量、质地的影响。

① 颜色　最好的查罗石颜色纯正，紫红色鲜艳、均匀、质地细腻，无肉眼可见的白色及褐色杂质。

② 透明度　透明度为半透明的紫龙晶品质最高。

③ 重量　自然是块度越大，体积越大的价值越高。

④ 质地　从质地方面来说，质地细腻、均匀，价值也就高。

图6-8-2　查罗石手串

6.8.5 查罗石的成因与产地

查罗石赋存于正长岩岩体，由交代作用形成，与碱性辉石、霓石、长石共生。唯一产地是俄罗斯。

6.8.6 查罗石的应用及发展趋势

查罗石是一种较为稀有的宝石原料，因其产地狭小、开采困难，加上其独特的紫色条纹和花纹，使其在宝石市场上罕见和珍贵，随着其价格的逐渐攀升，越来越多的珠宝收藏家和投资者开始关注查罗石，人们对其稀有性与珍贵性的认可也越来越高，从而大幅提升了其收藏价值。

思考题

1. 简述查罗石的物理化学特征。
2. 简述查罗石的主要鉴别特征。
3. 紫龙晶是宝石市场上出现的新的玉石品种，一些商家以"稀少"为卖点，过分放大了其价值。请结合查罗石本身的性质和其市场现状，谈谈您对查罗石发展趋势的理解。

6.9 针钠钙石——海纹石（pectolite）

6.9.1 概述

针钠钙石的英文名称为 pectolite，英文名来自希腊文"pcktos"，寓意矿物呈半透明状。海纹石的英文名称为"拉利玛"（larimar），译为意思是无与伦比的蓝色，是一种内部含铜致色的蓝色针钠钙石（copper pectolite）的矿物集合体，以其蓝白色相间的波浪般迷人纹理令人浮想联翩，如朵朵浪花绽放在波光粼粼的大海上，美轮美奂。

在日本海纹石的地位类似于苏纪石，属于珍贵的宝石种类。而在中国台湾，拉利玛曾一度被炒至天价，并被称为"水淙石"。实际上，海纹石在很久以前便开始被人们所利用，加勒比海岛屿的土著印第安人将其做成吊坠和项链等首饰。海纹石是美洲原住民的"法宝"，经常被制成吊坠或项链与之搭配佩戴，深受广大消费者的喜欢。

6.9.2 海纹石的物理化学特征

海纹石的主要矿物成分是针钠钙石，含有方解石等杂质矿物。主要矿物成分针钠钙石的化学式为 $NaCa_2[Si_3O_8](OH)$，可含有 Cu、Mn 等微量元素，海纹石的蓝色与含 Cu 元素有关。针钠钙石属三斜晶系，海纹石常呈致密针状或纤维状集合体，有时呈放射状球粒集合体，参见图 6-9-1。

6.9.2.1 光学性质

① 颜色 海纹石常见无色、白色、灰白-黄白色、绿色、蓝色，有时呈浅粉红色。具有特殊蓝白相间的花纹。

② 光泽和透明度 玻璃光泽或丝绢光泽，透明至不

图 6-9-1 海纹石

透明。

③ 折射率　折射率为1.599～1.688，点测法为1.60，双折射率为0.029～0.038，集合体不可测。

④ 光性与多色性　海纹石为非均质体，二轴晶，正光性；集合体多色性不可测。

⑤ 发光性　海纹石具有无至中等的绿黄色-橙色荧光，通常短波下荧光较强，可有磷光。

⑥ 吸收光谱　海纹石无特征吸收光谱。

⑦ 特殊光学效应　可见猫眼效应。

6.9.2.2　放大检查

可见致密针状、纤维状结构或放射状球粒结构。

6.9.2.3　力学性质与密度

针钠钙石具有{001}、{100}两组完全解理，集合体不可见，断口呈参差状；莫氏硬度为4.5～5；密度为2.74～2.90g/cm³，一般为2.81g/cm³。

6.9.2.4　主要鉴定特征

海纹石以深浅不同的天蓝色、绿蓝色，常见白色网纹或不规则条带，并可见同心环或平行的波状色带为主要鉴定特征。

6.9.3　海纹石的鉴别

海纹石可打磨成戒面、吊坠、手镯、手串（图6-9-2）和雕件等饰品，其以天蓝色、蓝绿色色调以及白色网纹构成的外观为主要鉴别特征。与海纹石相似的玉石主要有天河石和异极矿，鉴别特征见表6-9-1。

图6-9-2　海纹石手串

表6-9-1　海纹石与相似玉石的鉴别特征对比表

宝石名称	颜色	折射率（点测）	相对密度	莫氏硬度	放大检测及其他特征
海纹石	深浅不一的天蓝色、蓝绿色	1.60	2.74～2.90	4.5～5	致密针状或纤维状结构、放射状球粒结构
天河石	蓝色-蓝绿色	1.55	2.54～2.78	6～6.5	网格状色斑，解理
异极矿	蓝色	1.61	3.40～3.50	4.5～5	放射状结构、梳齿状条纹

6.9.4　海纹石的质量评价

海纹石的质量评价因素主要有颜色、花纹、光泽和透明度、净度和块度。

（1）颜色

海纹石之所以受到大家的喜欢就是因为其如海水般的蓝色，所以蓝色越浓艳，质量也就越高。质量最优的是深钴蓝色，绿松石蓝次之，天蓝、浅蓝、绿蓝、白色价值将会降低，颜色均匀者优于斑杂者。

（2）花纹

对于海纹石的花纹要求其纹路鲜明、线条清晰者为好，或如海水波动或如美丽的龟背或如点状绚丽的美丽花朵，再与其自身的切割形状相映衬，能给人一种立体的画面感。

（3）光泽和透明度

海纹石的内部结构越致密，光泽柔和明亮，透明度越高，质量越好。优质的海纹石具有很好的透光性。

（4）净度

海纹石通常蓝色中带有白色花纹，除蓝色、白色之外的杂色越少越好。

（5）块度

海纹石的块度越大，越稀少，因而价值越高。

6.9.5 海纹石的成因与产地

海纹石为火山热液作用的产物，产于玄武岩孔穴，十分稀有。宝石级的海纹石主要产地有多米尼加、美国、加拿大和苏格兰。目前我国市场上优质的蓝色海纹石来自多米尼加西南部地区巴拉奥纳省。

6.9.6 海纹石的应用及发展趋势

海纹石是一种稀少的宝石原料，因其矿产资源稀少，加工也比较费力，因此市面上所见不多，价格一直呈上升趋势。海纹石的主色调是蓝色，这是宝石中的主色系，很多人喜欢。随着越来越多人的关注和交流，市场价格肯定水涨船高，所以，对于收藏者和玩家来说，高品质的海纹石具有较高的收藏价值。

思考题

1. 简述海纹石的物理化学特征。
2. 简述海纹石与其他相似宝石的鉴别特征。

6.10 天然玻璃（natural glass）

6.10.1 概述

天然玻璃是指在自然条件下形成的"玻璃"，主要化学成分为主要为 SiO_2，可含多种杂质。天然玻璃成因多种多样，一种是岩浆喷出型的黑曜岩、玄武岩玻璃，另一种是陨石型的玻璃陨石。

约 2600 万年前，陨石撞击撒哈拉沙漠，产生超 1000℃的高温，熔化了沙子中的二氧化硅，冷却后就形成了天然的玻璃。在 1 万年前，古埃及和美索不达米亚人在穿越沙漠时，发现了这种极其稀少罕见的"宝石"，于是玻璃就成为只有贵族才能拥有的宝物。古埃及法老的圣甲虫胸针上就有玻璃。

此后过去了 7500 年时间，公元前 25 世纪到前 23 世纪，人类才发明了人造玻璃。西方国家的玻璃制造技术由来已久，但技术实现突破还要到 3000 年后的文艺复兴时期。为了躲避战乱，玻璃工匠来到了水城威尼斯，带动了这里经济发展的同时，玻璃制造也面临新的麻烦。玻璃需要高温烧制，很容易就将威尼斯的木房子给烧毁。为此，威尼斯总督下令将所有的玻璃制造商人都集中到穆拉诺岛上，此举不仅凝聚了人才，也推动了玻璃制造技术的交流与进步。随着 12 世纪贸易繁荣的浪潮，威尼斯凭借着其卓越的玻璃制造技术，逐步崭露头角，最终跃升为世界玻璃制造业的璀璨中心。

6.10.2　天然玻璃的物理化学特征

6.10.2.1　光学性质

① 颜色　可呈黑色、褐色、灰色、黄色、绿褐色、红色、棕色等。
② 光泽和透明度　玻璃光泽，透明至不透明。
③ 折射率　折射率约为 1.49，无双折射率。
④ 光性与多色性　天然玻璃为均质体，常见异常消光，无多色性。
⑤ 发光性　天然玻璃在紫外荧光灯下为惰性。
⑥ 吸收光谱　天然玻璃无特征吸收光谱。
⑦ 特殊光学效应　黑曜岩可见彩虹晕彩效应。

6.10.2.2　放大检查

可见气泡、流动构造，石英、长石等晶体包裹体及似针状包裹体，有些可见平行条带、白色雪花状包裹体。

6.10.2.3　力学性质与密度

天然玻璃无解理，具有贝壳状断口；莫氏硬度为 5～6；密度为 2.30～2.50g/cm^3，一般为 2.40g/cm^3。

6.10.2.4　主要鉴定特征

天然玻璃常呈黑色、灰色、褐色等，玻璃光泽，透明至不透明，内部含有气泡和流动构造为其独有的鉴定特征。

6.10.3　天然玻璃的分类

在宝石学中按成因可将其分为岩浆喷出型的火山玻璃（volcanic glass）（黑曜岩、玄武岩玻璃）和玻璃陨石（tektite）。

（1）黑曜岩

黑曜岩是酸性火山熔岩快速冷凝的产物，见图 6-10-1(a)。黑曜岩的主要化学成分为 SiO_2，质量分数在 60%～75%之间，此外还含有 Al_2O_3、FeO、Fe_3O_4、Na_2O 及 K_2O 等。几乎全部由玻璃质组成，可含有少量石英、长石等矿物的斑晶或骸晶。

黑曜岩可呈黑色、褐色、灰色、黄色、绿褐色、红色等。颜色可不均匀，常带有白色或其他杂色的斑块和条带，被称为"雪花黑曜岩"。

黑曜岩可分为条带状黑曜岩、缟状黑曜岩、彩虹黑曜岩、菊花黑曜岩及雪花黑曜岩。彩虹黑曜岩的晕彩是因为内部含有大量的气泡。

（2）玄武岩玻璃

玄武岩玻璃是玄武岩岩浆喷发后快速冷凝形成的。与黑曜岩类似，也是一种以天然玻璃为主的火山岩，通常玄武岩玻璃多为碱性玄武岩的喷发物。

玄武岩玻璃主要由玻璃组成，可含长石和辉石等矿物微晶。SiO_2 的质量分数在 40%～50%之间，而 MgO、FeO、Fe_3O_4、Na_2O 和 K_2O 等的质量分数比黑曜岩高。玄武岩玻璃 [图 6-10-1(b)] 多为带绿色色调的黄褐色、蓝绿色。

（3）玻璃陨石

玻璃陨石是陨石成因的天然玻璃。玻璃陨石又有很多名称，如"莫尔道玻璃""雷公墨"等。玻璃陨石被认为是石英质陨石在坠入大气层燃烧后快速冷却形成的；另有一种观点认为，玻璃陨石是地外物体撞击地球，使地表岩石熔融冷却后形成的。玻璃陨石的颜色通常是透明的绿色 [图 6-10-1(c)]、绿棕色或者棕色。其原石表面常常具有特征的高温熔蚀的结构，玻璃陨石的内部还常见圆形或拉长状气泡及塑性流变构造等。

(a) 黑曜岩

(b) 玄武岩玻璃

(c) 玻璃陨石

图 6-10-1　天然玻璃

6.10.4　天然玻璃的鉴别

天然玻璃与人造玻璃容易混淆。人造玻璃的折射率和密度变化范围很大，一般折射率为 1.40～1.70，密度随添加剂的变化而变化，一般为 2.30～4.50g/cm³，而天然玻璃的折射率和密度是相对固定的。此外在放大检查中可以发现天然玻璃中有"雏晶"包裹体存在，所包裹的气泡凸起不同。

6.10.5 天然玻璃的质量评价

天然玻璃要求块度大,无裂隙、有晕彩效应者比一般的天然玻璃价格高。

6.10.6 天然玻璃的成因与产地

天然玻璃一种是岩浆喷出型的黑曜岩、玄武岩玻璃,另一种是陨石型的玻璃陨石。

黑曜岩在地球上分布广泛。宝石级黑曜岩的主要产地为北美,如著名的美国黄石国家公园及科罗拉多州、加利福尼亚州等地。此外意大利、墨西哥、新西兰、冰岛、希腊等国也有宝石级黑曜岩产出。

玄武岩玻璃的著名产地是澳大利亚的昆士兰州。

玻璃陨石的著名产地有捷克的波希米亚,利比亚、美国得克萨斯、澳大利亚西部及东南地区,以及我国的海南岛等地。

6.10.7 天然玻璃的应用及发展趋势

天然玻璃一般用作宝石或其他工艺石料。如黑曜岩、玄武岩玻璃等制作的首饰装饰品以及制作精巧的艺术品。天然玻璃产量较大,在宝石材料中的重要性不大,价值不高,但其作为石料用途广泛,因此在工业应用中具有较好的前景。

思考题

1. 简述天然玻璃的物理化学特征。
2. 简述天然玻璃的分类。
3. 请结合玻璃的制作工艺和历史,谈谈玻璃在世界文明发展历史中的作用与地位。

附录1 常见宝石矿物的中英文对照表

宝石名称	英文名称	矿物材料	宝石名称	英文名称	矿物材料
B					
白玉	nephrite	透闪石、阳起石（以透闪石为主）	变石猫眼	alexandrite cat's-eye	金绿宝石
白云石	dolomite	白云石	碧玺	tourmaline	电气石
贝壳	shell	贝壳	冰洲石	iceland spar	方解石
变石	alexandrite	金绿宝石	玻璃陨石	moldavite	玻璃陨石
C					
查罗石	charoite	紫硅碱钙石	赤铁矿	hematite	赤铁矿
长石	feldspar	长石	翠榴石	demantoid	翠榴石
D					
大理石	marble	方解石、白云石	东陵石	aventurine quartz	石英
淡水养殖珍珠（淡水珍珠）	freshwater cultured pearl	养殖珍珠	独山玉	Dushan jade	斜长石、黝帘石
玳瑁	tortoise shell	龟甲			
F					
方解石	calcite	方解石	芙蓉石	rose quartz	石英
方钠石	sodalite	方钠石	符山石	idocrase	符山石
方柱石	scapolite	方柱石	斧石	axinite	斧石
翡翠	jadeite, feicui	硬玉、绿辉石、钠铬辉石			
G					
钙铬榴石	uvarovite	钙铬榴石	龟甲	tortoise shell	龟甲
钙铝榴石	grossularite	钙铝榴石	硅孔雀石	chrysocolla	硅孔雀石
钙铁榴石	andradite	钙铁榴石	硅硼钙石	datolite	硅硼钙石
橄榄石	peridot	橄榄石	硅铍石	phenakite	硅铍石
锆石	zircon	锆石	海蓝宝石	aquamarine	绿柱石
硅化木	pertrified wood	硅化木			
H					
海水养殖珍珠（海水珍珠）	seawater cultured pearl	养殖珍珠	黑榴石	melanite	黑榴石
和田玉	nephrite, Hetian Yu	透闪石、阳起石（以透闪石为主）	黑欧泊	black opal	蛋白石

续表

宝石名称	英文名称	矿物材料	宝石名称	英文名称	矿物材料
H					
黑曜岩	obsidian	黑曜岩	滑石	talc	滑石
红宝石	ruby	刚玉	黄晶	citrine	石英
红柱石	andalusite	红柱石	辉石	pyroxene	辉石
虎睛石	tiger's-eye	石英	火欧泊	fire opal	蛋白石
琥珀	amber	琥珀	火山玻璃	volcanic glass	火山玻璃
J					
鸡血石	chicken-blood stone	辰砂、迪开石、高岭石、叶蜡石	堇青石	iolite	堇青石
尖晶石	spinel	尖晶石	京粉玉	rhodonite	蔷薇辉石、石英
金绿宝石	chrysoberyl	金绿宝石			
K					
空晶石	chiastolite	红柱石	孔雀石	malachite	孔雀石
L					
拉长石	labradorite	拉长石	磷铝锂石	amblygonite	磷铝锂石
蓝宝石	sapphire	刚玉	磷铝钠石	brazilianite	磷铝钠石
蓝晶石	kyanite	蓝晶石	菱锰矿	rhodochrosite	菱锰矿
蓝田玉	Lantian Yu	方解石、蛇纹石	菱锌矿	smithsonite	菱锌矿
蓝柱石	euclase	蓝柱石	绿帘石	epidote	绿帘石
蓝锥矿	benitoite	蓝锥矿	绿水晶	green quartz	石英
锂辉石	spodumene	锂辉石	绿松石	turquoise	绿松石
磷灰石	apatite	磷灰石	绿柱石	beryl	绿柱石
M					
玛瑙	agate	玉髓	镁铝榴石	pyrope	镁铝榴石
猫眼	chrysoberyl cat's-eye	金绿宝石	锰铝榴石	spessartite	锰铝榴石
煤精	jet	褐煤	木变石	silicified asbestos	石英
N					
钠长石玉	albite jade	钠长石			
O					
欧泊	opal	蛋白石			
P					
硼铝镁石	sinhalite	硼铝镁石	普通辉石	augite	普通辉石
葡萄石	prehnite	葡萄石			
Q					
蔷薇辉石	rhodonite	蔷薇辉石、石英	青金石	lapis lazuli	青金石
羟硅硼钙石	howlite	羟硅硼钙石	青田石	qingtian stone	叶蜡石、迪开石、高岭石
青白玉	nephrite	透闪石、阳起石（以透闪石为主）	青玉	nephrite	透闪石、阳起石（以透闪石为主）

续表

宝石名称	英文名称	矿物材料	宝石名称	英文名称	矿物材料
\multicolumn{6}{c}{R}					
日光石	sunstone	奥长石	软玉	nephrite	透闪石、阳起石（以透闪石为主）
\multicolumn{6}{c}{S}					
赛黄晶	danburite	赛黄晶	石英	quartz	石英
珊瑚	coral	贵珊瑚	石英岩	quartzite	石英
闪石玉	nephrite	透闪石、阳起石（以透闪石为主）	寿山石	larderite	迪开石、高岭石、珍珠陶土
蛇纹石	serpentine	蛇纹石	水钙铝榴石	hydrogrossular	水钙铝榴石
石榴石	garnet	石榴石	水晶	rock crystal	石英
\multicolumn{6}{c}{T}					
塔菲石	taaffeite	塔菲石	天然海水珍珠	seawater natural pearl	天然珍珠
坦桑石	tanzanite	黝帘石	天然珍珠	natural pearl	天然珍珠
天河石	amazonite	微斜长石	田黄	Tian Huang	迪开石、高岭石、珍珠陶土
天蓝石	lazulite	天蓝石	铁铝榴石	almandite	铁铝榴石
天青石	celestite	天青石	透辉石	diopside	透辉石
天然玻璃	natural glass	天然玻璃	透视石	dioptase	透视石
天然淡水珍珠	freshwater natural pearl	天然珍珠	托帕石	topaz	黄玉
\multicolumn{6}{c}{W}					
顽火辉石	enstatite	顽火辉石			
\multicolumn{6}{c}{X}					
矽线石	sillimanite	矽线石	榍石	sphene	榍石
锡石	cassiterite	锡石	岫玉	serpentine, Xiu Yu	蛇纹石
象牙	ivory	象牙			
\multicolumn{6}{c}{Y}					
烟晶	smoky quartz	石英	黝帘石	zoisite	黝帘石
阳起石	actinolite	阳起石	鱼眼石	apophyllite	鱼眼石
养殖珍珠，珍珠	cultured pearl	养殖珍珠	玉髓	chalcedony	玉髓
鹰眼石	hawk's-eye	石英	月光石	moonstone	正长石
萤石	fluorite	萤石			
\multicolumn{6}{c}{Z}					
重晶石	barite	重晶石	祖母绿	emerald	绿柱石
柱晶石	kornerupine	柱晶石	钻石	diamond	金刚石
紫晶	amethyst	石英			

附录 1 常见宝石矿物的中英文对照表

附录2 宝石矿物材料的主要化学成分、性质及应用

宝石矿物材料	主要化学成分	折射率	光性	密度/(g/cm³)	莫氏硬度	应用
欧泊	$SiO_2 \cdot nH_2O$	1.37~1.46	—	1.72~2.30	5~6.5	一种重要的玉石材料，也可用于塑料、橡胶、涂料等的填料，也可作催化剂载体。在高密度聚乙烯（HDPE）、ABS树脂、织物纤维等材料中具有增强、增韧、填充作用
天然玻璃	SiO_2	1.48~1.65	I	2.32~3.00	5~6	宝石材料，工艺品及部分工业材料制品的原料
各种方解石	$CaCO_3$	1.486~1.658	U—	2.6~2.9	3	宝石材料，工艺品，颜料
青金石	$(Na,Ca)_8(AlSiO_4)_6(SO_4,Cl,S)_2$	1.50±	I	2.7~2.9	5~5.5	玉石材料，颜料
珍珠	$CaCO_3$	1.500~1.685	—	2.80~2.95	2.5~4.5	中药原料，化妆品原料及装饰品
各种长石	$KAlSi_3O_8\text{-}NaAlSi_3O_8\text{-}CaAl_2Si_3O_8$	1.52~1.57	B+/—	2.85~2.93	6~6.5	宝石材料，玻璃原料，陶瓷原料，坯体原料，耐火材料
多晶质石英	SiO_2	1.53~1.55	—	2.65±	6~7	常用于玉石材料，此外石英岩还可作为制造玻璃、陶瓷、冶金、化工、机械、电子、橡胶、塑料、涂料等行业的重要原料及耐火材料
青田石	SiO_2、Al_2O_3、H_2O、K_2O	1.53~1.60	—	2.65~2.90	1~1.5	图章石材料
象牙	无机成分主要为磷酸钙，NaO等，有机成分主要为胶原质和弹性蛋白	1.535~1.540	—	1.85±	2~2.5	首饰及工艺品
贝壳	$CaCO_3$	1.530~1.685	—	2.70~2.89	3~4	宝石材料，工艺品及部分工业材料制品的原料
蛇纹石玉	$Mg_3[Si_2O_5](OH)_4$	1.537~1.574	—	2.36~3.20	2.5~4	玉石材料，制造化肥、耐火材料、制造泻利盐的原料，提炼金属镁、生产铸石或岩棉的辅助原料铸石或岩棉配料

续表

宝石矿物材料	主要化学成分	折射率	光性	密度/(g/cm³)	莫氏硬度	应用
琥珀	$C_{10}H_6O$	1.54±	I	1.05～1.09	2～3	中药原料、化妆品原料及装饰品
珊瑚	$CaCO_3$	1.56～1.65	—	1.30～2.70	2～4	中药原料、首饰及工艺品
水晶	SiO_2	1.544～1.553	U+	2.66±	7	玻璃制造原料、部分仪器的光学器件（激光器、显微镜、望远镜、电子传感器等）、钟表、电子产品、磨料等
查罗石	$(K,Na)_5(Ca,Ba,Sr)_8(Si_6O_{15})_2$-$Si_4O_9(OH,F) \cdot 11H_2O$	1.550～1.559	B+	2.54～2.78	5～6	玉石材料
高岭石	$Al_4[Si_4O_{10}](OH)_8$	1.553～1.570	B—	2.62±	2～2.5	陶瓷原料、造纸原料、橡胶和塑料的填料、耐火材料原料
寿山石	$Al_4[Si_4O_{10}](OH)_8$、$Al_2[Si_4O_{10}](OH)_2$	1.56±	—	2.57～2.84	2～3	图章石材料
鸡血石	Al_2O_3、SiO_2	1.56±	—	2.5～2.8	2～7	图章石材料
巴林石	Al_2O_3、SiO_2	1.56±	—	2.5～2.8	2～4	图章石材料
独山玉	$CaAl_2[Si_2O_8]$、$CaAl_3[Si_2O_7][Si_2O_4]O(OH)$	1.56～1.70	U—	2.70～3.18	6～7	玉石材料
各种绿柱石	$Be_3Al_2(SiO_3)_6$	1.566～1.602	—	2.6～2.9	7.5～8	宝石材料、耐火材料、防辐射材料
软玉	$Ca_2(Mg,Fe)_5[Si_4O_{11}]_2(OH)_2$	1.606～1.632	—	2.9～3.1	6～6.5	玉石材料、玻璃原料、陶瓷原料、冶金保护渣、工业填料
苏纪石	$KNa_2(Fe,Mn,Al)_2Li_3Si_{12}O_{30}$	1.607～1.610	U—	2.74～2.80	6～6.5	玉石材料
托帕石	$Al_2SiO_4(F,OH)_2$	1.609～1.627	B+	3.5～3.6	8	宝石材料、研磨材料、精密仪表轴承
绿松石	$CuAl_6[PO_4]_4(OH)_8 \cdot 5H_2O$	1.61～1.67	—	2.4～2.9	5～6	玉石材料、中药原料
葡萄石	$Ca_2Al(AlSi_3O_{10})(OH)_2$	1.611～1.665	B+	2.80～2.95	6～7	玉石材料

附录2 宝石矿物材料的主要化学成分、性质及应用

续表

宝石矿物材料	主要化学成分	折射率	光性	密度/(g/cm³)	莫氏硬度	应用
碧玺	(Ca,Na)(Mg,Fe,Li,Al)$_3$Al$_3$(Si$_6$O$_{18}$)(BO$_3$)$_3$(OH,F)	1.624~1.644	U−	3.00~3.26	7~7.5	宝石材料，压电性较好的晶体可用于无线电工业中的波长调整器，偏光仪中的偏光片，测定空气和水冲压性的压电计，研磨材料，利用电气石的自发电极性可净化工业废水，电气石-PE塑料复合薄膜用于种子发芽、水果保鲜、活化水体性能等用途
煤精	C	1.64~1.68	—	1.3~1.4	2.5~4	宝石材料，工艺品
橄榄石	(Mg,Fe)$_2$SiO$_4$	1.654~1.690	B+/−	3.28~3.38	6.5~7	宝石材料，耐火材料，型砂材料，冶金溶剂，喷砂材料，发光材料
翡翠	NaAl(Si$_2$O$_6$)	1.66~1.69	—	3.25~3.40	5~7	玉石材料
孔雀石	Cu$_2$CO$_3$(OH)$_2$	1.69~1.91	B−	3.6~4.0	3.5~4	玉石材料，颜料，中药原料，化妆品原料
镁铝榴石	Mg$_3$Al$_2$(SiO$_4$)$_3$	1.724~1.742	—	3.62~3.87	7~7.5	宝石材料，陶瓷材料，高温材料
尖晶石	MgAl$_2$O$_4$	1.718	I	3.58~4.06	8	宝石材料，磨料
钙铝榴石	Ca$_3$Al$_2$(SiO$_4$)$_3$	1.72~1.75	I	3.57~3.76	7~7.5	宝石材料，耐磨材料，耐火材料
金绿宝石	BeAl$_2$O$_4$	1.740~1.770	B+	3.63~3.83	8~8.5	宝石材料，可用作伸表和速度计的轴承，掺Cr^{3+}金绿宝石是重要的激光晶体材料
各种刚玉	Al$_2$O$_3$	1.762~1.770	U−	3.90~4.10	9	宝石材料，高级磨料，耐火材料，激光材料及窗口材料
铁铝榴石	Fe$_3$Al$_2$(SiO$_4$)$_3$	1.76~1.82	I	3.93~4.30	7~7.5	宝石材料，磨料，水质滤料
锆石	ZrSiO$_4$	1.81~1.98	U+	3.90~4.80	6~6.75	宝石材料，耐火材料，型砂材料，陶瓷原料
锰铝榴石	Mn$_3$Al$_2$(SiO$_4$)$_3$	1.79~1.90	I	4.12~4.20	6.5~7.5	宝石材料，磨料
钙铬榴石	Ca$_3$Cr$_2$(SiO$_4$)$_3$	1.82~1.88	I	3.72~3.81	6.5~7.5	宝石材料，磨料
钙铁榴石	Ca$_3$Fe$_2$(SiO$_4$)$_3$	1.856~1.895	I	3.81~3.87	6.5~7	宝石材料，磨料
翠榴石	Ca$_3$(Fe,Al,Cr)$_2$(SiO$_4$)$_3$	1.880~1.889	I	3.84	6.5~7	宝石材料，磨料
钻石	C	2.417		3.52	10	宝石材料，拉丝模，刀具，砂轮刀，测量刀，固体激光器件的散热片，红外激光器窗口材料及固体整流器，高级磨料

参考文献

[1] 王濮,潘兆橹,翁玲宝.系统矿物学[M].北京:地质出版社,1987.
[2] 张培莉.系统宝石学[M].北京:地质出版社,1997.
[3] 李胜容.结晶学与矿物学[M].北京:地质出版社,2008.
[4] 王长秋,张丽葵.珠宝玉石学[M].北京:地质出版社,2017.
[5] 岳素伟.宝玉石矿床与资源[M].广州:华南理工大学出版社,2018.
[6] 秦善,王长秋.矿物学基础[M].北京:北京大学出版社,2006.
[7] 于炳松,赵志丹,苏尚国.岩石学[M].北京:地质出版社,2017.
[8] 韩秀丽,陈稳,李昌存,等.宝石知识与鉴赏[M].北京:冶金工业出版社,2014.
[9] 余晓艳.有色宝石学教程[M].北京:地质出版社,2016.
[10] 李娅莉,薛秦芳,李立平,等.宝石学教程[M].武汉:中国地质大学出版社,2016.
[11] 张娟.宝石学基础[M].武汉:中国地质大学出版社,2016.
[12] 董振信.天然宝石[M].北京:地质出版社,1994.
[13] 王曙.珠宝玉石和首饰[M].北京:中国发展出版社,1992.
[14] 袁心强.应用翡翠宝石学[M].武汉:中国地质大学出版社,2009.
[15] 马鸿文.工业矿物与岩石[M].北京:化学工业出版社,2018.
[16] 夏先清,杨子佩,肖艳青.培育钻石能否孕育千亿元赛道[N].经济日报,2022-08-20(006).
[17] 黄紫煊,李耿,刘燕.合成钻石首饰的设计特色及其发展趋势初探[J].中国宝玉石,2022(01):43-50.
[18] 马迪.培育钻石与克拉自由[J].今日中国,2022,71(04):39.
[19] 石鲁川,朱红伟.一种蓝白色磷光钻石的宝石学和光谱学特征研究[J].超硬材料工程,2022,34(01):62-66.
[20] 杨琬澄,陆太进,宋中华,等.CVD合成钻石黑色多晶边框的结构及其谱学特征[C].2021国际珠宝首饰学术交流会论文集,2021:46-51.
[21] 吕戍生,李正坤,张家勤,等.镁改性烧结刚玉的特性及应用[C].2017年全国耐火原料学术交流会暨展览会论文集,2017:71-74.
[22] 朱立杰.刚玉的特性及在仪表的应用[J].科技视界,2013(26):417-418.
[23] 邓翔宇,陈叶雅慧,李汶娟,等.合成变色刚玉的谱学特征研究[J].中国宝玉石,2021(06):8-13.
[24] 李恩祺,张宇菲,许博.泰国玄武岩红宝石的宝石学及化学成分特征[J].现代地质,2022(08):1-18.
[25] 何珊珊.不同方法合成的同种宝石对比研究[D].昆明:昆明理工大学,2021.
[26] 唐文奇,颜丽红,郑晓彬,等.蓝宝石的应用及单晶强韧化研究进展[J].功能材料,2022,53(05):5001-5008.
[27] 李盈青."达碧兹"红宝石和蓝宝石的宝石学特征研究[D].北京:中国地质大学,2016.
[28] 姜雪,余晓艳,郭碧君,等.云南麻栗坡祖母绿的矿物包裹体特征研究[J].岩石矿物学杂志,2019,38(02):279-286.
[29] 高寒.阿富汗祖母绿的宝石学及产地特征研究[D].石家庄:河北地质大学,2019.
[30] 韩浩宇.巴基斯坦斯瓦特祖母绿的宝石矿物学特征研究[D].北京:中国地质大学,2018.

[31] 黄惠臻,罗洁,徐亚兰,等."达碧兹"海蓝宝石的谱学特征及结构研究[J].激光与光电子学进展,2021,58(09):410-416.

[32] GB/T 34545—2017.祖母绿分级.

[33] 马垠策,洪涛,刘善科,等.金绿宝石矿床类型与成因机制[J].岩石学报,2022,38(04):943-962.

[34] 芮海锋.金绿宝石型铍矿中铍的提取工艺研究[D].湘潭:湘潭大学,2017.

[35] 杨如增,李敏捷,陈建.合成变石的宝石学特征及紫外-可见光吸收光谱分析[J].宝石和宝石学杂志,2007(04):7-10+68.

[36] 陶隆凤,金翠玲,韩秀丽.坦桑尼亚绿碧玺的矿物学特征及颜色成因[J].岩矿测试,2022,41(02):324-331.

[37] 戴苏兰,曲蔚,夏玉梅,等.碧玺充填处理鉴定与充填程度分级研究[J].矿物岩石,2017,37(03):6-15.

[38] 刘嘉.碧玺的宝石学特征及其内部包裹体研究[D].成都:成都理工大学,2017.

[39] 徐强,杨光敏,秦宏宇,等.碧玺的注胶染色处理及其鉴定[J].山东工业技术,2015(21):12.

[40] 陶隆凤,史淼,韩秀丽,等.天然钴尖晶石的谱学特征及颜色成因[J].光谱学与光谱分析,2022,42(07):2130-2134.

[41] 周倍汇,毕菲,李运成,等.尖晶石型氧化物光催化材料的研究进展[J].化工技术与开发,2022,51(06):52-56.

[42] 王玮琦,李耿.尖晶石的资源与商贸现状[J].中国宝玉石,2022(02):70-78.

[43] 朱静然.塔吉克斯坦、缅甸尖晶石宝石学特征及包裹体研究[D].北京:中国地质大学,2020.

[44] 杨菩月.铁镁铝榴石成分特征及其颜色质量评价[D].北京:中国地质大学,2021.

[45] 朱琳.红色—黄色系列石榴石的宝石学特征研究[D].北京:中国地质大学,2015.

[46] 陶隆凤,胡孝霆,童榆岚,等.斯里兰卡 Elahera 矿区中镁铝榴石的宝石学性质及致色机理研究[J].硅酸盐通报,2017,36(S1):179-183.

[47] 沈雁翱,叶鹏.罕见三变色石榴石的颜色成因初探[J].宝石和宝石学杂志,2018,20(02):17-23.

[48] 汪嘉伟,汤红云,韩刚,等.辐照处理托帕石光谱学分析和放射性检测[J].上海计量测试,2021,48(06):30-32.

[49] 王妮.蓝色托帕石的宝石学特征及放射性研究[D].北京:中国地质大学,2016.

[50] 李溪,吴怡悦,白俊杰,等.水晶与合成水晶的宝石学特征及检测鉴别[J].科技创新与应用,2019(26):53-55.

[51] 裴育.水晶的宝石学特性、雕刻工艺及评价[D].北京:中国地质大学,2015.

[52] 刘雅琨.河北姚家庄辉石正长岩紫色正长石致色因子研究[D].北京:中国地质大学,2021.

[53] 李帅,张快,李运刚.钙长石材料的研究现状综述[J].中国陶瓷,2022,58(04):16-21.

[54] 陶隆凤,苏慧慧,郝楠楠,等.张家口及蛟河天然橄榄石的振动光谱研究[J].河北地质大学学报,2022,45(02):52-55.

[55] 韩思璟.吉林大石河橄榄石宝石矿物学特征研究[D].北京:中国地质大学,2021.

[56] 刘光华.吉林蛟河橄榄石的矿物学研究[D].北京:中国地质大学,2016.

[57] 肖琴,易睿,张婷婷,等.锆石的成因类型及其地质应用[J].内蒙古科技与经济,2021(15):82-83,85.

[58] 张黎力.基于 HSL 色度学的绿色翡翠颜色分级技术研究[D].武汉:中国地质大学,2017.

[59] 宋丹妮.清代翡翠玉器、首饰的特点及应用[D].北京:中国地质大学,2019.

[60] 欧阳柳章,何飞,邢莹莹.人工合成翡翠研究进展[J].人工晶体学报,2022,51(03):559-570.

[61] 杨春梅,黄梓芸,覃静雯,等.应用钻石观测仪-红外光谱仪-激光诱导击穿光谱仪鉴定无机材料充填翡翠[J].岩矿测试,2022,41(02):281-290.

[62] 于海燕.青海软玉致色机制及成矿机制研究[D].南京:南京大学,2016.

[63] 杨晓丹.新疆和田软玉成矿带的成矿作用探讨[D].北京:中国地质大学,2013.

[64] 王景腾,尚志辉,刘俊,等.贵州罗甸软玉矿辉绿岩岩浆热液成矿规律研究[J].矿物学报,2022,42(01):83-94.

[65] 曹冉.白色至青色系列软玉的宝石学特征研究[D].北京:中国地质大学,2019.

[66] 于海燕,阮青锋,孙媛,等.不同颜色青海软玉微观形貌和矿物组成特征[J].岩矿测试,2018,37(06):626-636.

[67] 郝楠楠,陶隆凤,王宁,等.青海野牛沟透闪石玉的谱学特征及颜色成因分析[J].河北地质大学学报,2021,44(06):11-15.

[68] 郑金宇,刘云贵,陈涛,等.蓝色蛇纹石玉的谱学特征[J].光谱学与光谱分析,2021,41(02):643-647.

[69] 珠铭睿.辽宁岫岩黄～绿色蛇纹石玉的颜色质量评价[D].北京:中国地质大学,2019.

[70] 张旖旎.南阳粉红色独山玉的宝石矿物学特征研究[D].北京:中国地质大学,2020.

[71] 罗勇,江富建,岳紫龙,等.南阳玉文化产业动态及发展趋势研究[C].珠宝与科技——中国珠宝首饰学术交流会论文集,2015:430-433.

[72] 刘皓.石英质玉"筋脉石"宝石学特征研究[D].北京:中国地质大学,2020.

[73] 刘欣悦.石英质玉尾矿微晶玻璃制备、结构及性能的研究[D].武汉:武汉理工大学,2018.

[74] GB/T 34098—2017.石英质玉分类与定名.

[75] 陈文君.湖北竹山绿松石的特征及成因分析[D].北京:中国地质大学,2018.

[76] 陈全莉.绿松石的再生利用工艺和机理研究[D].武汉:中国地质大学,2009.

[77] 先怡衡,李欣桐,周雪琪,等.新疆两处遗址出土绿松石文物的成分分析和产源判别[J].光谱学与光谱分析,2020,40(03):967-970.

[78] 沈崇辉.安徽省大黄山假象绿松石矿物学特征与成因[J].矿物学报,2020,40(03):313-322.

[79] 钱伟吉.青金石的质量评价与保养[J].质量与标准化,2019(12):30-33.

[80] 童榆岚.青金石玉品质影响因素研究[D].石家庄:河北地质大学,2018.

[81] 朱红伟,马霄,李婷,等.一例孔雀石仿制品的宝石学特征[J].超硬材料工程,2020,32(04):57-61.

[82] 王倩倩,郭庆,葛笑.黄绿色葡萄石的矿物学特征及谱学研究[J].人工晶体学报,2022,51(04):723-729.

[83] 汪洋,况守英,王士元,等.苏纪石的矿物组成与鉴定特征研究[J].宝石和宝石学杂志,2009,11(02):30-33,48,3.

[84] 李雯雯,吴瑞华,陈鸣鹤.俄罗斯穆伦地区查罗石玉矿物学特征的研究[J].硅酸盐通报,2008(01):71-76.

[85] 张咪,宋彦军,徐子维,等.黑双色火山玻璃的宝石矿物学特征与显微包裹体研究[J].矿物学报,2022,42(04):547-554.

[86] 刘云贵,郑金宇,姚春茂,等.田黄"红格"的宝石学特征研究[J].宝石和宝石学杂志(中英文),202,24(02):31-36.

[87] 陶隆凤,郝楠楠,王宁,等.寿山"芙蓉石"的谱学特征研究[J].河北地质大学学报,2021,44(01):

7-10.

[88] 杨萧亦,周征宇,戚筱曼,等.淡水有核珍珠拉曼光谱特征及致色机理探讨[J].激光与光电子学进展,2021,58(24):514-520.

[89] 陶金波.中国国家《养殖珍珠分级》标准出台[J].宝石和宝石学杂志,2003(02):43-44.

[90] 王洁宁.淡水与海水有核养殖珍珠对比研究[D].北京:中国地质大学,2016.

[91] 陈芳有,陈志,罗永明.草珊瑚化学成分及生物活性研究进展[J].中国中药杂志,2022,47(04):872-879.

[92] 刘美颖.钙质珊瑚红色色貌及其质量评价研究[D].北京:中国地质大学,2021.

[93] 纳秀溪.缅甸琥珀宝石学特征及颜色分级研究[D].昆明:昆明理工大学,2020.

[94] 曾嘉浩.琥珀的优化处理工艺及鉴别[D].广州:华南理工大学,2018.

[95] 赵彤,王雅玫,刘玲,等.墨西哥红蓝料琥珀的宝石学及谱学特征[J].光谱学与光谱分析,2021,41(08):2618-2625.

[96] 郑金宇,陈涛,陈倩,等.西藏"象牙玉"的矿物学及谱学特征[J].光谱学与光谱分析,2020,40(09):2908-2912.

[97] 尹作为,罗琴凤,郑晨,等.猛犸牙的谱学特征分析[J].光谱学与光谱分析,2013,33(09):2338-2342.

[98] 冯卓意,陈雪梅.贝壳资源的深加工利用[J].材料科学与工程学报,2022,40(01):123-128.

[99] 王建刚,曾波,张金喜,等.基于贝壳细料的低强度填充材料性能研究[J].新型建筑材料,2021,48(09):50-53,73.

[100] 郭靖雯,先怡衡,肖薇,等.红外光谱的煤精类文物材质判别方法[J].光谱学与光谱分析,2021,41(05):1424-1429.

[101] 刘嘉.煤精的岩矿特征与质量分级[J].中国科技信息,2016(12):27.

[102] Allen J B,Charsley T J. Nepheline Syenite and Phonolite[M]. London:Institue of Geological Sciences,1968.

[103] Bell P M,Roseboom E H. Melting relationships of jadeite and albite to 45 kilobars with comments on melting diagrams of binary systems at high pressures[J]. Min. Soc. Am. Spec. Pap,1969,2:151-161.

[104] Rondeau B,Gauthier J P,Mazzero F,et al. On the origin of digit patterns in gemopal[J]. Gems & Gemology,Fall,2013,49(3):138-147.

[105] Breese R O,Bodycomb F M,Diatomite,et al. Industrial Minerals and Rocks[J]. 7th ed. Society for Mining,Metallurge,and Exploration. 2006:433-450.

[106] Laurs B M,Simmons W B,Rossman G R,et al. Pezzottaite from Ambatovita Madagascar:a new gem mineral[J]. Gems & Gemology,2003,39(4):284-301.

[107] Brendan M L,Zwaan J C,Breeding Christopher M,et al. Copper-bearing(Paraiba-type)tourmaline from Mozambique[J]. Gems & Gemology,2008,44(1):4-30.

[108] Li L,Wang M. Structural features of new varieties of freshwater cultured pearls in China[J]. The Journal of Gemmology,2013,133(5-6):131-136.

[109] Smith C P,Mcclure SF,Eaton Magafia S,et al. Pink-to-red coral:a guide to determining origin of color[J]. Gems & Gemology,2007. 43(1):4-15.

[110] Coleman R G. Jadeite deposits of the clear Creek area,New Idria district,San Benito County,California[J]. Journal of Petrology. 1961,2(2):209-247.

[111] Gubelin E J, Koivula J I. Photoatlas of Inclusions in Gemstones[J]. Zurich: ABC Edition, 1986.

[112] Gubelin E J. An Attempt to Explain the Instigation of the Formation of the Natural Pearl[J]. The Journal of Gemmology, 1995, 24(8): 539-545.

[113] Collins A T. The polarized adsorption and cathodolurninescenceassociated with the 1.40 ev center in synthetic diamond[J]. Journal of Physics Condensed Matter, 1998, 1(2): 439-450.

[114] Kondo D, Beaton D. Hackmanite/sodalite from Myanmar and Afghanistan[J]. Gems & Gemology, 2009, 45(1): 38-43.

[115] Epstein D S. The Capoeirana emerald deposit near Nova Era, Minas Gerais, Brazil[J]. Gems & Gemology, 1989, 15(2): 150-158.

[116] Haissen F, Cambeses A, Montero P, et al. The Archean kalsilite-nepheline syenites of the Awsardintrusive massif (Reguibat Shield, West African Craton, Morocco) and its relationship to the alkaline magmatism of Africa[J]. Journal of African Earth Sciences, 2017, 127: 16-50.

[117] Laporte D, Lambartd S, Schiano P, et al. Experimental derivation of nepheline syenite and phonolite liquids by partial melting of upper mantle peridotites[J]. Earth & Planetary Science Letters, 2014, 404: 319-331.

[118] Hoover D B. The thermal properties of gemstones and their application to thermal diamond probes [J]. J. Gem, 1982, 18(3): 229-239.

[119] Ma H, Yang J, Su S, et al. 20 years advances in preparation of potassium salts from potassic rocks: A review[J]. Acta Geologica Sinica (English edition), 2015, 89(6): 2058-2071.

[120] Fritsch E, McClure S F, Ostroolumov M, et al. The identification of Zachery-treated turquoise[J]. Gems & Gemology, 1999, 35(1): 4-16.

[121] Ma X, Yang J, Ma H W, et al. Synthesis and characterization of analcime using quartz syenite powder by alkali-hydrothermal treatment[J]. Microporous and Mesoporous Materials, 2015, 201: 134-140.

[122] Fritsch E, Rossman G R. An update on color in gems. Part3: Colors caused by band gaps and physical phenomena[J]. Gems & Gemology, 1988, 24(2): 81-102.

[123] Choudhary G, Bhandari R. A new type of synthetic fire opal: Mexifire[J]. Gems & Gemology, 2008, 44(4): 228-233.

[124] Su S Q, Ma H W, Yang J, et al. Synthesis and characterization of kalsilite from microcline powder [J]. Journal of the Chinese Ceramic Society, 2012, 40(1): 145-148.

[125] Su S Q, Ma H W. Convenient hydrothermal synthesis of zeolite A from po tassium-extracted residue of potassium feldspar[J]. Advanced Materials Research, 2012, 418-420: 297-302.

[126] Choudhary G. A new type of composite turquoise[J]. Gems & Gemology, 2010, 46(2): 106-113.

[127] Choudhary G. Turquoise rock crystal composite, gem news international[J]. Gems & Gemology, 2013, 49(2): 124.

[128] Rockwell K M, Breeding C M. IRubies clarity enhanced with a lead glass filler[J]. Gems & Gemology, 2004, 40(3): 247-249.

[129] Koivula J I, Kammerling R C, DeGhionno D, et al. Gemological investigation of a new type of Russian hydrothermal synthetic emerald[J]. Gems & Gemology, 1996, 32(1): 32-39.

[130] Mcclure S F, Shen A H. Coated tanzanite[J]. Gems & Gemology, 2008. 44(2): 147.

[131] Yu X, Niu X, Zhao L. Claracterization and origin of zonal sapphire from Shandong province, China

[J]. The Journal of the Minerals, Metals & Materials Society, 2015, 67(2): 391-397.

[132] Zhou C, Homkrajae A, Ho J, et al. Update on the identification of dye treatment in yellow or "golde" cultured pearls[J]. Gems & Gemology, 2012, 48(4): 284-291.

[133] Martin K, Bernd W, Iris W, et al. Raman spectroscopic quantification of tetrahedral boron in syntheticaluminum-rich tourmaline[J]. American Mineralogist, 2021, 106(6): 872-882.

[134] Spivak A V, Borovikova E Y, Setkova T V. Raman spectroscopy and high pressure study of synthetic Ga, Ge-rich tourmaline[J]. Spectrochimica Acta Part A: Molecular and Biomolecular Spectroscopy, 2021, 248: 1-12.

[135] Physics R. Color change of tourmaline by heat treatment and electron beam irradiation: UV-visible, EPR, and mid-IR spectroscopic analyses[J]. Journal of Technology & Science, 2016, 68(1): 83-92.

[136] Patel S, Upadhyay D, Mishra B, et al. Multiple episodes of hydrothermal alteration and uranium mineralization in the Singhbhum Shear Zone, eastern India: Constraints from chemical and boron isotope composition of tourmaline[J]. Lithos, 2021, 388: 106084.

[137] Liu T, Jiang S Y. Multiple generations of tourmaline from Yushishanxi leucogranite in South Qilian of western China record a complex formation history from B-rich melt to hydrothermal fluid[J]. American Mineralogist, 2021, 106(6): 994-1008.

[138] Vereshchagin O, Wunder B, Britvin S, et al. Synthesisandcrystalstructureof Pb-dominant tourmaline [J]. American Mineralogist, 2020, 105(10): 1589-1592.

[139] Shirey S B, Shigley J E. Recent Advances in Understanding the Geology of Diamonds[J]. Gems & Gemology, 2013, 49(4): 188-222.

[140] Nguyen T M T, Hauzenberger C, Khoi N N, et al. Peridot from the Central Highlands of Vietnam: Properties, Origin, and Formation[J]. Gems & Gemology, 2016, 52(3): 276-287.

[141] Adamo I, Bocchio R, Diella V, et al. Characterization of Peri dot from Sardinia, Italy[J]. Gems & Gemology, 2009, 45(2): 130-133.

[142] Nhung N T, Huong L T T, Thuyet N T M, et al. An Update on Tourmaline from Luc Yen, Vietnam[J]. Gems & Gemology, 2017, 53(2): 190-203.

[143] Troil F, Harfi A E, Mouaddib S, et al. Amethyst from Boudi, Morocco[J]. Gems & Gemology, 2015, 51(1): 32-40.

[144] Pezzotta F, Adamo I, Diella V. Demantoid and Topazolite from Antetezamhato, Northern Madagascar: Review and New Data[J]. Gems & Gemology, 2011, 47(1): 2-14.

[145] Rondeau, B. Play-of-Color Opal from Wegeltena, Wollo Province, Ethiopia[J]. Gems & Gemology, 2010, 46(2): 90-105.